Ben Stacy Jerrik (Ed.)

Serena Sutcliffe

Ben Stacy Jerrik (Ed.)

# Serena Sutcliffe

## David Peppercorn, Sotheby's, Master of Wine

Part Press

**Imprint**



Publisher:
Part Press is a trademark of
International Book Market Service Ltd., 17 Rue Meldrum, Beau Bassin, 1713-01 Mauritius
Email: info@bookmarketservice.com
Website: www.bookmarketservice.com

Published in 2013

Printed in: U.S.A., U.K., Germany. This book was not produced in Mauritius.

**ISBN: 978-613-9-20653-7**

# Contents

## Articles



## References

# Arbeitsgemeinschaft_Online_Forschung

| **Arbeitsgemeinschaft Online Forschung e.V. (AGOF)** | |
|---|---|
| Zweck: | Untersuchung des Nutzerverhaltens und der Reichweiten von Online-Angeboten im Internet |
| Vorsitz: | Thomas Duhr, Matthias Wahl, Dirk Maurer, Stefan Schumacher |
| Gründungsdatum: | |
| Sitz: | Frankfurt am Main, Deutschland |
| Website: | www.agof.de [1] |

Die **Arbeitsgemeinschaft Online Forschung e.V.** (**AGOF**) ist ein Zusammenschluss von Online-Vermarktern zur Untersuchung des Nutzerverhaltens und der Reichweiten von Online-Angeboten im Medium Internet. Hauptsitz der AGOF ist Frankfurt am Main.

Die AGOF wurde im Dezember 2002 gegründet. Sie bezeichnet sich selbst als „offene Organisation der Online-Vermarkter“. Die AGOF ist hervorgegangen aus allen Mitgliedern der AGIREV (Arbeitsgemeinschaft Internet Research e.V), Auftraggebern des Online-Reichweiten-Monitors (ORM) und den Trägern und Lizenznehmern der Arbeitsgemeinschaft @facts, dabei arbeitet sie eng mit der Arbeitsgemeinschaft Media-Analyse e. V. zusammen und wird von weiteren Internetdienstleistern unterstützt.

## Struktur

Die AGOF ist organisiert in zwei Sektionen, *Internet* und *Mobile*.

Mitglieder der Sektion Internet sind (Stand März 2011): Axel Springer AG, Bauer Media KG, eBay Advertising Group GmbH, freeXmedia GmbH, G+J Electronic Media Sales GmbH, Hi-media (United Internet AG), iq digital media (früher: GWP online-marketing) / Verlagsgruppe Handelsblatt GmbH, InteractiveMedia CCSP GmbH, IP Deutschland, Microsoft Advertising, OMS Vermarktungs GmbH, SevenOne Interactive GmbH, Spiegel QC / Spiegel-Verlag, Tomorrow Focus AG, United Internet Media AG und Yahoo! Deutschland GmbH.[2]

Die Sektion Mobile wird gebildet durch Axel Springer AG, Contnet AG, Deutsche Telekom, G+J Electronic Media Sales GmbH, iq digital media (Verlagsgruppe Handelsblatt), InteractiveMedia CCSP GmbH, IP Deutschland, SevenOne Interactive GmbH, Telefónica Germany GmbH & Co. OHG, Tomorrow Focus AG, United Internet Media AG, Vodafone Ds GmbH, Yahoo! Deutschland GmbH und YOC Mobile Advertising GmbH.[3]

Neben den Mitgliedern gibt es 54 weiter Studienteilnehmer (Stand März 2012), deren Online-Angebote mit erhoben und ausgewiesen werden, die aber in den AGOF-Gremien kein Mitspracherecht haben.[4]

Zusätzlich wird die AGOF vom BVDW (Bundesverband Digitale Wirtschaft) unterstützt.

Der Vorstand besteht aus Thomas Duhr (United Internet Media), Matthias Wahl (OMS), Dirk Maurer (IP Deutschland) und Stefan Schumacher (Gruner+Jahr EMS). Vorstandsvorsitzender der AGOF ist Thomas W. Duhr, Leiter Executive Sales Management der United Internet Media AG.[5]

## Studien

Die Markt-Ergebnisse der Studien (*internet facts* vierteljährlich sowie im September 2010 auch erstmals die *mobile facts*) sind auf der Webseite des Vereins zu finden. Für Medienauswertungen (Rangreihen, Medienstrukturen, Mediaplanung) bietet die AGOF das Auswertungs- und Planungsprogramm TOP 2.0 an, das für eine Lizenzgebühr erworben werden kann.[6]

Die Ergebnisse der internet facts stützen sich auf drei Untersuchungsmethoden[7] :

- Technische Messung des Nutzverhaltens (Seitenaufrufe usw.)
- OnSite-Befragung (Soziodemographische Daten, wie Alter, Geschlecht, Einkommen usw.) der Nutzer
- Telefonische Basisbefragung von Verbrauchern

Diese drei Methoden werden durch statistische Verfahren miteinander verknüpft, so dass die Ergebnisse der Studie repräsentativ sind für die deutschsprachige Bevölkerung in Deutschland ab 14 Jahren. Die Studien bezeichnet die AGOF als *Reichweitenwährung*, da sich der Werbungtreibende auf eine einheitliche und anerkannte Mediastudie beziehen kann. Dies ermöglicht es, Online-Kampagnen zielgruppengerechter zu schalten.

## Kritik

Die AGOF wird wegen ihrer Langsamkeit kritisiert – nach dem Ablauf eines Dreimonatszeitraums benötigt die Datenverarbeitung derzeit etwa zweieinhalb Monate. So sind die Daten des vierten Quartals 2011 am 22. März 2012 veröffentlicht worden. Darüber hinaus wird besonders von kleineren Vermarktern Kritik an der Preispolitik der AGOF geäußert – sie seien für kleine Vermarkter kaum finanzierbar, da die Gewinnmargen hier oft unter den Kosten einer AGOF-Teilnahme liegen. Die Kritiker erkennen hier eine Zweiklassen-Vermarktung mit den AGOF-Premiumvermarktern auf der einen Seite, die durch die Mitgliedschaft an noch mehr lukrative Kampagnen gelangen, und den Nicht-AGOF-Vermarktern auf der anderen Seite, die weiter um jede größere Kampagne kämpfen müssen. Das Problem zeige sich auch darin, dass selbst mittelgroße Vermarkter aus Kostengründen nur einzelne Seiten bei der AGOF anmelden, wodurch sich das Bild des Onlinewerbemarktes stark verzerre.

Dem kann man entgegenhalten, dass unter den mehr als 60 Lizenznehmern (s. o.) der AGOF auch viele kleine Vermarkter sind und sich auch extrem kleine Websites mit nur 10.000 Nutzern unter den mehr als 700 teilnehmenden Websites finden.

Mehrere Webseiten mit den höchsten Besucherzahlen in Deutschland sind keine Mitglieder und werden in den AGOF-Studien gar nicht erwähnt; darunter Google, Facebook, Youtube und Wikipedia.

## Weblinks

- Website der Arbeitsgemeinschaft Online Forschung [1]

## Einzelnachweise

[1] http://www.agof.de/

[2] *Die Mitglieder der Sektion Internet in der AGOF* (http://www.agof.de/mitglieder.981.de.html). Website der AGOF. Abgerufen am 18. März 2011.

[3] *Die Mitglieder der Sektion Mobile in der AGOF* (http://www.agof.de/mitglieder.985.de.html). Website der AGOF. Abgerufen am 18. März 2011.

[4] *Satzung - Das Regelwerk der AGOF* (http://www.agof.de/satzung.579.de.html). Website der AGOF. Abgerufen am 18. März 2011.

[5] *AGOF Gesamtvorstand* (http://www.agof.de/vorstand.974.de.html). Website der AGOF. Abgerufen am 18. März 2011.

[6] *Das AGOF Planungstool TOP 2.0* (http://www.agof.de/top.567.de.html). Website der AGOF. Abgerufen am 18. März 2011.

[7] Sandra Gärtner: *Die Währung der Online-Werbung.*, 2007, S. 125ff.

# Internet

Das **Internet** (von englisch *interconnected network*), kurz *das Netz*, ist ein weltweites Netzwerk, bestehend aus vielen Rechnernetzwerken, durch das Daten ausgetauscht werden. Es ermöglicht die Nutzung von Internetdiensten wie E-Mail, Telnet, Usenet, Dateiübertragung, WWW und in letzter Zeit zunehmend auch Telefonie, Radio und Fernsehen. Im Prinzip kann dabei jeder Rechner weltweit mit jedem anderen Rechner verbunden werden. Der Datenaustausch zwischen den einzelnen Internetrechnern erfolgt über die technisch normierten Internetprotokolle. Die Technik des Internets wird durch die RFCs der Internet Engineering Task Force (IETF) beschrieben. Umgangssprachlich wird „Internet" häufig synonym zum World Wide Web verwendet, da dieses einer der meistgenutzten Internetdienste ist und wesentlich zum Wachstum und der Popularität des Mediums beigetragen hat. Im Gegensatz dazu sind andere Mediendienste wie Telefonie, Fernsehen und Radio erst kürzlich über das Internet erreichbar geworden und haben parallel dazu ihre ursprüngliche Verbreitungstechnik.[1] Das Internet hat durch seine neuartige Technik und Verwendung eine eigene Sprachlichkeit hervorgebracht.

## Begriff

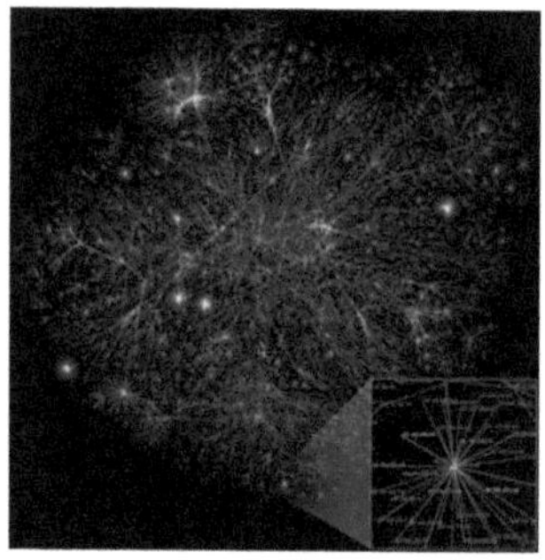

Visualisierung der verschiedenen Routen durch Teile des Internets.

Der Begriff ‚Internet' ist ein Anglizismus, der sich aus der ursprünglich rein fachbezogenen Benutzung im Rahmen der gesellschaftlichen Durchdringung unverändert in der Alltagssprache als Eigenname zusammen mit der Kurzform *Netz* etabliert hat. Er wurde aus der Beschreibung „Interconnected Networks", also „mit-/untereinander verbundene Netzwerke", auch „Zusammengeschaltete Netzwerke", gebildet, da das Internet aus einem Zusammenschluss zahlreicher Teilnetze mittels der technischen Standards des sehr dezentral strukturierten ARPANETs entstand.

Sprachkritiker, wie beispielsweise verschiedene Sprachvereine verwenden selber für Internet deutsche Synonyme wie *Weltnetz*, *Zwischennetz* oder *Internetz*. Obwohl seit Mitte der 1990er Jahre bekannt, sind diese Synonyme zwar in diversen sprachkritischen Publikationen zu finden[2] , haben aber in der Alltagssprache keine praktische Bedeutung erlangt.[3] Weder Weltnetz[4] noch Zwischennetz[5] sind – im Gegensatz zu Internet – bis heute in den Duden (24. Auflage) aufgenommen worden. Eine besondere Verbreitung findet der Begriff *Weltnetz* in rechtsextremen Kreisen.[6] [7]

Der Begriff Internet kann auch nach den Methoden der wissenschaftlichen Definitionslehre definiert werden. Danach handelt es sich beim Internet um ein Kommunikationsmittel, das durch die weltweite Verknüpfung von Computern zwecks Austausch von Text-, Bild-, Musik- und Videodateien gekennzeichnet ist.

## Geschichte

Das Internet ging aus dem im Jahr 1969 entstandenen ARPANET hervor, einem Projekt der *Advanced Research Project Agency* (ARPA) des US-Verteidigungsministeriums. Es wurde zur Vernetzung von Universitäten und Forschungseinrichtungen benutzt. Ziel des Projekts war zunächst, die knappen Rechenkapazitäten der teuren Großrechner sinnvoll zu nutzen, erst in den USA, später weltweit. Die Computer waren untereinander über Interface Message Processors verbunden, die die Netzwerkkommunikation mittels Packet Switching übernahmen. Die verwendeten Protokolle waren unzuverlässig in heterogenen Umgebungen, da sie für ein bestimmtes Übertragungsmedium optimiert waren. Vint Cerf und Bob Kahn entwickelten 1973/74 eine frühe Version von TCP, um andersartige Netze miteinander zu verbinden. Nach Weiterentwicklung in den kommenden Jahren wurde es als TCP/IP-Suite bekannt und sollte nach einer knapp zweijährigen Ankündigungszeit am 1. Januar 1983 auf allen Hosts aktiv sein. Mit der Umstellung von den ARPANET-Protokollen auf das Internet Protocol begann sich auch der Name Internet durchzusetzen. Dies stellt die erste globale Protokollumstellung in der Geschichte des Internets dar und dauerte laut Kahn fast sechs Monate[8] . Die anfängliche Verbreitung des Internets ist eng mit der Entwicklung des Betriebssystems Unix verbunden.

Nach einer weit verbreiteten Legende bestand das ursprüngliche Ziel des Projektes vor dem Hintergrund des Kalten Krieges in der Schaffung eines verteilten Kommunikationssystems, um im Falle eines Atomkrieges eine störungsfreie Kommunikation zu ermöglichen.[9] [10] In Wirklichkeit wurden vorwiegend zivile Projekte gefördert, auch wenn die ersten Knoten von der ARPA finanziert wurden.

Die wichtigste Applikation in den Anfängen war die E-Mail. Bereits im Jahr 1971 überstieg das Gesamtvolumen des E-Mail-Verkehrs das Datenvolumen, das über die anderen Protokolle des Arpanet, Telnet und FTP, abgewickelt wurde. Im Jahr 1990 beschloss die US-amerikanische National Science Foundation, das Internet für kommerzielle Zwecke nutzbar zu machen, wodurch es über die Universitäten hinaus öffentlich zugänglich wurde. Tim Berners-Lee entwickelte um das Jahr 1989 am CERN die Grundlagen des World Wide Web. Am 6. August 1991 machte er dieses Projekt eines Hypertext-Dienstes im Internet mit einem Beitrag zur Newsgroup alt.hypertext öffentlich und weltweit verfügbar.[11]

Rasanten Auftrieb erhielt das Internet seit dem Jahr 1993, als der erste grafikfähige Webbrowser namens Mosaic veröffentlicht und zum kostenlosen Download angeboten wurde, der die Darstellung von Inhalten des WWW ermöglichte. Schließlich konnten auch Amateure auf das Netz zugreifen, was mit der wachsenden Zahl von Nutzern zu vielen kommerziellen Angeboten im Netz führte. Der Webbrowser wird deswegen auch als die „Killerapplikation" des Internets bezeichnet. Das Internet ist ein wesentlicher Katalysator der Digitalen Revolution.

Erster Web-Server am CERN

Als sich eine Verknappung des noch freien IP-Adressraums abzeichnete, begann die Entwicklung eines Nachfolgeprotokolls. Im Dezember 1995 wurde die erste Spezifikation von IPv6 veröffentlicht[12] und fortan in Pilotprojekten getestet, etwa im globalen Testnetzwerk 6Bone und im deutschsprachigen Raum im JOIN-Projekt. Im Februar 2011 hat die ICANN die letzten IPv4-Adressblöcke an die Regional Internet Registrys zur Weiterverteilung zugewiesen. Je nach Registry werden die restlichen IPv4-Adressblöcke noch zugeteilt oder sind bereits aufgebraucht. In Folge des World IPv6 Day und World IPv6 Launch Day in Juni 2011 und Juni 2012 stieg der Anteil von IPv6 am Internetverkehr, betrug insgesamt jedoch weniger als 1 %.[13]

Das rasante Wachstum des Internets sowie Unzulänglichkeiten[14] für immer anspruchsvollere Anwendungen bringen es jedoch möglicherweise in Zukunft an seine Grenzen[15] , so dass inzwischen Forschungsinitiativen begonnen haben, das Internet der Zukunft zu entwickeln.

Eine weitere Entwicklung betrifft die Ausdehnung. Im November 2008 wurde von der US-amerikanischen Raumfahrtbehörde *NASA* erstmals erfolgreich ein speziell für Weltraumbedingungen angepasstes Internet-Protokoll getestet,[16] [17] welches später einmal als Grundlage für ein *interplanetares Internet* (englisch *interplanetary Internet*) dienen soll, über das beispielsweise Raumstationen und -Schiffe miteinander kommunizieren können.[18] Im Januar 2010 wurde zum ersten Mal ein Rechner im Weltraum mit dem Internet verbunden.[19]

## Gesellschaftliche Aspekte

Das Internet gilt bei vielen Experten als eine der größten Veränderungen des Informationswesens seit der Erfindung des Buchdruckes mit großen Auswirkungen auf diverse Bereiche des alltäglichen Lebens.

Ein kleiner Ausschnitt des World Wide Web, dargestellt durch Hyperlinks.

Schon Anfang der 1980er Jahre waren Mailbox-Netze entstanden, basierend auf Datenfernübertragung über das Telefonnetz oder auf Netzen wie Datex-P. Diese Technik blieb aber Experten vorbehalten, wie auch der Zugang zu weltweiten TCP/IP-Netzen lange Zeit nur über Universitäten möglich war. Erst mit der kommerziellen Verbreitung der Internet-E-Mail Anfang der 1990er und durchgreifend dann mit dem World Wide Web etablierte sich das Internet seit Mitte der 1990er Jahre zunehmend als Standard für die Verbreitung von Informationen jeder Art.

Waren dies in der Anfangszeit vor allem Kommunikation per E-Mail und der Selbstdarstellung von Personen und Firmen, folgte im Zuge der New Economy zum Ende des letzten Jahrtausends der Online-Handel. Mit steigenden Datenübertragungsraten und sinkenden Preisen und nicht zuletzt durch die Verfügbarkeit von DSL-Flatrates dient es auch der Verbreitung größerer Datenmengen. Hiermit verbunden sind vor allem massenhafte Urheberrechtsverletzungen, deren Bekämpfung heute einen Großteil der Internet-Gesetzgebung ausmachen.

Eine zunehmende Bedeutung erhält auch der Online-Journalismus, der heute zu einem großen Konkurrenten der klassischen Medienlandschaft geworden ist. Aktuell sehen Beobachter zudem einen Wandel des Nutzers vom „surfenden" (passiven) Medienkonsumenten zum aktiven User-Generated-Content-Autor, der sich zu vielerlei Themen in Online-Communitys mit Gleichgesinnten vernetzt, die die klassische, bisher eher techniklastige Netzkultur ergänzt. Örtlich bedingte Grenzen sind im Internet völlig aufgehoben und werden durch themenbezogene Gruppen ersetzt. Durch die Vielzahl der Informationsquellen stellt der sinnvolle Umgang mit dem Internet größere Anforderungen an die Medienkompetenz der Benutzer als klassische Medien.

Das Internet wird häufig in politischen Kontexten als rechtsfreier Raum bezeichnet, da nationale Gesetze durch die internationale Struktur des Netzes und durch Anonymität als schwer durchsetzbar angesehen werden. Bei Anwendungen wie E-Mail zeigt sich, dass die Technik auf das Phänomen des Spam überhaupt nicht vorbereitet ist. Dienste wie MySpace oder Facebook sollen den Aufbau Sozialer Netzwerke ermöglichen; Funktionen wie Instant Messaging erlauben online nahezu verzögerungsfreie Kommunikation. Mit der steigenden Verbreitung des Internets wird in den Medien der Begriff Internetsucht immer wieder thematisiert, der wissenschaftlich jedoch umstritten ist. Ob und wann die exzessive Nutzung des Internets einen „schädlichen Gebrauch" oder Missbrauch darstellt und zur Abhängigkeit führt, wird in verschiedenen Studien aktuell untersucht.

Staatliche Stellen hatten lange Zeit von der Funktion des Internets wenig Kenntnisse und wenig Erfahrung mit der Anwendung der Gesetze. Bis zur New Economy-Entwicklung ab dem Jahr 1998 war zudem die Bedeutung des Internets seitens der Politik unterschätzt worden. Dies änderte sich erst danach, Gesetze wurden angepasst und die Rechtsprechung hat eine Reihe von Unsicherheiten zumindest de jure beseitigt. Der zunehmende Einfluss des Staates wird dabei teils als Steigerung der Rechtssicherheit begrüßt, teils als Fortschreiten in Richtung auf einen Überwachungsstaat kritisiert, etwa durch das am 1. Januar 2008 in Kraft getretene Gesetz zur

Vorratsdatenspeicherung, das am 3. März 2010 vom Bundesverfassungsgericht als verfassungswidrig eingestuft wurde. Auch international wird die Kontrolle des Internets durch den Staat aufmerksam beobachtet, etwa beim Internet in der Volksrepublik China.

## Internet-Charta der EU

Die EU-Kommission plante 1998 die Erstellung einer globalen Internet-Charta. Die Regeln sollten zuerst von den Teilnehmerländern und von Vertretern der Industrie und der Verbraucher innerhalb der EU besprochen werden und dann auf einer internationalen Konferenz als Grundlage einer Beratung dienen. Die Regelungen sollten nicht rechtsgültig verpflichtend sein, sondern nur als Leitlinie dienen. Vorgeschlagene Themenbereiche waren Sicherheit, Datenschutz und die Verschlüsselung. Dies solle internationale Geschäfte erleichtern.[20]

# Technik

## Infrastruktur

Das Internet besteht aus Netzwerken unterschiedlicher administrativer Verwaltung, welche zusammengeschaltet werden. Darunter sind hauptsächlich:

- Providernetzwerke, an die die Rechner der Kunden eines Internetproviders angeschlossen sind,
- Firmennetzwerke (Intranets), über welche die Computer einer Firma verbunden sind, sowie
- Universitäts- und Forschungsnetzwerke.

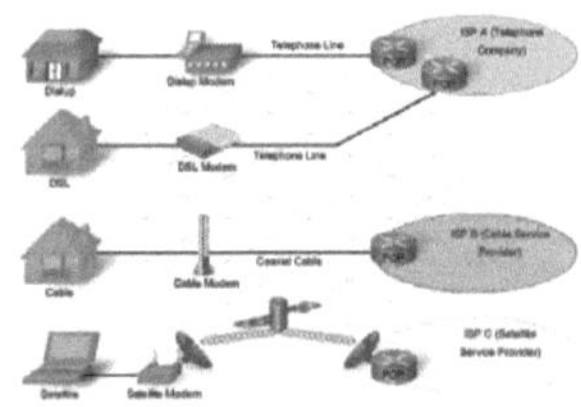

Typische Verbindung zum Internet bei Heimanwendern

Physikalisch besteht das Internet im Kernbereich (in den Backbone-Netzwerken) sowohl kontinental als auch interkontinental hauptsächlich aus Glasfaserkabeln, die durch Router zu einem Netz verbunden sind. Glasfaserkabel bieten eine enorme Übertragungskapazität und wurden vor einigen Jahren zahlreich sowohl als Land- als auch als Seekabel in Erwartung sehr großen Datenverkehr-Wachstums verlegt. Da sich die physikalisch mögliche Übertragungsrate pro Faserpaar mit fortschrittlicher Lichteinspeisetechnik (DWDM) aber immens vergrößerte, besitzt das Internet hier zur Zeit teilweise Überkapazitäten. Schätzungen zufolge wurden im Jahr 2005 nur etwa 3 % der zwischen europäischen oder US-amerikanischen Städten verlegten Glasfasern benutzt[21] . Auch Satelliten und Richtfunkstrecken sind in die globale Internet-Struktur eingebunden, haben jedoch einen geringen Anteil.

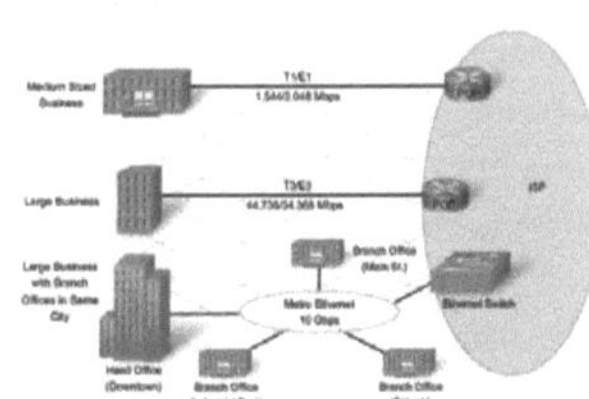

Typische Verbindung zum Internet bei Firmen

Auf der sogenannten letzten Meile, also bei den Hausanschlüssen, werden die Daten oft auf Kupferleitungen von Telefon- oder Fernsehanschlüssen und vermehrt auch über Funk, mittels WLAN oder UMTS, übertragen. Glasfasern bis zum Haus (FTTH) sind in Deutschland noch nicht sehr weit verbreitet. Privatpersonen greifen auf das Internet entweder über einen Schmalbandanschluss, zum Beispiel per Modem oder ISDN (siehe auch Internet by Call), oder über einen Breitbandzugang, zum Beispiel mit DSL, Kabelmodem oder UMTS, eines Internetproviders zu. Firmen oder staatliche Einrichtungen sind häufig per Standleitung auf Kupfer- oder Glasfaserbasis mit dem Internet verbunden, wobei Techniken wie Kanalbündelung, ATM, SDH oder - immer häufiger - Ethernet in allen Geschwindigkeitsvarianten zum Einsatz kommen.

In privaten Haushalten werden oft Computer zum Abrufen von Diensten ans Internet angeschlossen, die selbst wenige oder keine solche Dienste für andere Teilnehmer bereitstellen und welche nicht dauerhaft erreichbar sind.

Solche Rechner werden als Client-Rechner bezeichnet. Server dagegen sind Rechner, welche in erster Linie Internetdienste bereitstellen. Sie stehen meistens in sogenannten Rechenzentren, sind dort schnell angebunden und die klimatisierten Räumlichkeiten sind gegen Strom- und Netzwerkausfall sowie Einbruch und Brand gesichert. Peer-to-Peer-Anwendungen versetzen auch obige Client-Rechner in die Lage zeitweilig selbst Dienste anzubieten, die sie bei anderen Rechnern dieses Verbunds abrufen und so wird hier die strenge Unterscheidung des Client-Server-Modells aufgelöst.

An Internet-Knoten werden viele verschiedene Backbone-Netzwerke über leistungsstarke Verbindungen und Geräte (Router und Switches) miteinander verbunden. Darauf wird der Austausch von Erreichbarkeitsinformationen zwischen jeweils zwei Netzen vertraglich und technisch als *Peering*, also auf der Basis von Gegenseitigkeit organisiert und somit der Datenaustausch ermöglicht. Am DE-CIX in Frankfurt am Main, dem größten deutschen Austauschpunkt dieser Art, sind beispielsweise mehr als hundert Netzwerke zusammengeschaltet. Eine solche Übergabe von Datenverkehr zwischen getrennten administrativen Bereichen, sogenannten autonomen Systemen, kann auch an jedem anderen Ort geschaltet werden, es ist meist jedoch wirtschaftlich sinnvoller, dies gebündelt an Internet-Knoten vorzunehmen. Da in der Regel ein autonomes System, wie z. B. ein Internetprovider, nicht alle anderen auf diese Art erreichen kann, benötigt es selbst mindestens einen Provider, der den verbleibenden Datenverkehr gegen Bezahlung zustellt. Dieser Vorgang ist technisch dem Peering ähnlich, nur stellt der sog. Upstream- oder Transitprovider dem Kunden alle im Internet verfügbaren Erreichbarkeitsinformationen zur Verfügung, auch diejenigen, bei denen er selbst für die Zustellung des zu ihnen führenden Datenverkehrs bezahlen muss. Es gibt derzeit neun sehr große, sogenannte Tier-1-Provider, die ihren gesamten Datenverkehr auf Gegenseitigkeit abwickeln oder an ihre Kunden zustellen können, ohne einen Upstreamprovider zu benötigen.

Da das Arpanet als dezentrales Netzwerk möglichst ausfallsicher sein sollte, wurde schon bei der Planung beachtet, dass es keinen Zentralrechner sowie keinen Ort geben sollte, an dem alle Verbindungen zusammenlaufen. Diese Dezentralität wurde jedoch auf der politischen Ebene des Internets nicht eingehalten. Die Internet Corporation for Assigned Names and Numbers (ICANN), ist die hierarchisch höchste Organisation zuständig für die Vergabe von IP-Adressen, die Koordination des Domain Name Systems (DNS) und der dafür nötigen Root-Nameserver-Infrastruktur, sowie die Festlegung anderer Parameter der Internetprotokollfamilie, welche weltweite Eindeutigkeit verlangen. Sie untersteht wenigstens indirekt dem Einfluss des US-Wirtschaftsministeriums. Um diesen Einfluss zumindest auf das DNS einzugrenzen, wurde das in erster Linie europäische Open Root Server Network aufgebaut, das jedoch mit dem Jahresende 2008 aus nachlassendem Interesse wieder abgeschaltet wurde.[22] [23]

Die netzartige Struktur sowie die Heterogenität des Internets tragen zu einer hohen Ausfallsicherheit bei. Für die Kommunikation zwischen zwei Nutzern existieren meistens mehrere mögliche Wege über Router mit verschiedenen Betriebssystemen und erst bei der tatsächlichen Datenübertragung wird entschieden, welcher benutzt wird. Dabei können zwei hintereinander versandte Datenpakete, beziehungsweise eine Anfrage und die Antwort, je nach Auslastung und Verfügbarkeit verschiedene Pfade durchlaufen. Deshalb hat der Ausfall einer physikalischen Verbindung im Kernbereich des Internets meistens keine schwerwiegenden Auswirkungen, ein Ausfall der einzigen Verbindung auf der letzten Meile lässt sich jedoch nicht ausgleichen. Im Bereich der Katastrophenforschung werden flächendeckende Missbräuche oder Ausfälle des Internets, sog. D-Gefahren, sehr ernst genommen.

## Internetprotokoll und Domain Name System

Das Internet basiert auf der Internetprotokollfamilie, welche die Adressierung und den Datenaustausch zwischen verschiedenen Computern und Netzwerken in Form von offenen Standards regelt. Das Protokoll, in welchem die weltweit eindeutige Adressierung von angebundenen Rechnern festgelegt und benutzt wird, heißt Internetprotokoll (IP). Die Kommunikation damit geschieht nicht verbindungsorientiert, wie ein Telefonat, sondern paketorientiert. Das heißt, dass die zu übertragenden Daten in IP-Paketen einer Größe von bis zu ca. 65.000 Byte, meist aber nur 1500 Byte, übermittelt werden, welche jeweils IP-Adressen als Absende- und Zielinformation beinhalten. Der

Empfänger setzt die Daten aus den Paketinhalten, auch Nutzdaten genannt, in festgelegter Reihenfolge wieder zusammen.

Die Netzwerkprotokolle sind je nach Aufgabe verschiedenen Schichten zugeordnet, wobei Protokolle höherer Schicht samt Nutzdaten in den Nutzdaten niederer Schichten transportiert werden. Die Standards und Protokolle des Internets werden in RFCs beschrieben und festgelegt. Ein großer Vorteil des Internetprotokolls ist, dass die Paketübertragung unabhängig von der Wahl der verwendeten Betriebssysteme und unabhängig von den Netzwerktechniken der Protokollschichten unterhalb von IP geschehen kann, so wie ein 40-Fuß-ISO-Container im Güterverkehr nacheinander per Schiff, Bahn oder Lastwagen transportiert werden kann, um an sein Ziel zu gelangen.

Um einen bestimmten Computer ansprechen zu können, identifiziert ihn das Internetprotokoll mit einer eindeutigen IP-Adresse. Dabei handelt es sich bei der heute üblichen Version IPv4 um 4 Byte (32 Bit), die als 4 Dezimalzahlen im Bereich von 0 bis 255 durch einen Punkt getrennt angegeben werden, beispielsweise `66.230.200.100`. Bei der neuen Version IPv6 sind dies 16 Byte (128 Bit), die als 8 durch Doppelpunkt getrennte Blöcke aus je 4 hexadezimalen Ziffern angegeben werden, z. B. `2001:0db8:85a3:08d3:1319:8a2e:0370:7344`. Man kann sich diese Adressen wie Telefonnummern für Computer mit dem Domain Name System (DNS) als automatischem Telefonbuch vorstellen.

Das DNS ist ein wichtiger Teil der Internet-Infrastruktur. Es ist eine über viele administrative Bereiche verteilte, hierarchisch strukturierte Datenbank, die einen Übersetzungsmechanismus zur Verfügung stellt: Ein für Menschen gut merkbarer Domänenname (zum Beispiel „wikipedia.de") kann in eine IP-Adresse übersetzt werden und umgekehrt. Dies geschieht – vom Nutzer unbemerkt – immer dann, wenn er etwa im Webbrowser auf einen neuen Hyperlink klickt oder direkt eine Webadresse eingibt. Der Browser fragt dann zuerst mittels IP-Paket einen ihm bekannten DNS-Server nach der IP-Adresse des fremden Namens und tauscht dann IP-Pakete mit dieser Adresse aus, um die Inhalte der dort angebotenen Dienste wie beispielsweise Webseiten abzurufen. Zum Ermitteln der IP-Adresse befragt oft der DNS-Server selbst der Hierarchie folgend andere DNS-Server. Die Wurzel der Hierarchie, welche in den Namen durch die Punkte erkennbar wird, bilden die Root-Nameserver. So wird also das Erreichen der erwähnten Dienste mit IP-Paketen ermöglicht, durch die den Anwendern erst ein Nutzen aus dem Internet entsteht. Auch das DNS selbst ist genau genommen schon ein solcher, wenn auch sehr grundlegender Dienst, ohne den die Nutzer zum Verbinden mit anderen Rechnern IP-Adressen statt Namen angeben müssten.

Im Kernbereich des Internets müssen die IP-Pakete durch ein weit verzweigtes Netz. Die Verzweigungsstellen sind Router, welche über den kürzesten Weg zur Ziel-IP-Adresse des Paketes entscheiden. Sie verwenden dazu Routingtabellen, die über Routingprotokolle automatisch erstellt und aktuell gehalten werden, so wird automatisch auf ausgefallene Verbindungen reagiert. In Routingtabellen werden mehrere mögliche Ziel-IP-Adressen mit Hilfe von Netzmasken, bei IPv6 spricht man von Präfixlängen, zu Zielnetzen zusammengefasst und diesen wird jeweils ein Ausgang des Routers, zum Beispiel in Form der Sprungadresse zum nächsten Router (*Next Hop IP Address*), zum Weiterleiten zugeordnet. Zwischen autonomen Systemen geschieht der Austausch dieser Erreichbarkeitsinformationen heute ausschließlich über das *Border Gateway Protocol*, innerhalb eines autonomen Systems stehen viele andere Routingprotokolle zu Verfügung. Für Computer und Router, die nicht im Kernbereich des Internets stehen, reicht eine statische, nicht durch Routingprotokolle erzeugte, Routingtabelle aus. Diese enthält dann eine *Default-Route*, oft auch *Standard-* oder *Default-Gateway* genannt, welche für alle Zielnetze, die nicht anders eingetragen sind, in Richtung des Kernbereichs des Internets weist, ähnlich dem französischen Wegweiser *„Toutes Directions"* (Alle Richtungen) im Straßenverkehr. Die Router im Kernbereich verwalten zurzeit Routingtabellen mit bis zu 400.000 Zielnetzen für IPv4 und 9000 für IPv6.[24]

In den Nutzdaten des Internetprotokolls werden abhängig vom verwendeten Dienst immer noch Protokolle höherer Schichten (wie TCP oder UDP) übertragen, so wie ein ISO-Container im Güterverkehr Postpakete beinhalten kann, in denen wiederum Güter eingepackt sind. Die meisten Webseiten benutzen, aufbauend auf TCP, das *Hypertext Transfer Protocol* (HTTP) und das *Hypertext Transfer Protocol Secure* (HTTPS) für verschlüsselte Seiten. E-Mails benutzen das *Simple Mail Transfer Protocol* (SMTP), ebenfalls aufbauend auf TCP, das DNS wird dagegen weitgehend mittels UDP abgewickelt.

Bei IPv4 erhalten oft viele Arbeitsplatzrechner in dem Netzwerk einer Firma oder Organisation private IP-Adressen, die bei nach außen gerichteter Kommunikation per *Network Address Translation* (NAT) auf wenige öffentliche, global eindeutige, IP-Adressen übersetzt werden. Auf diese Rechner kann aus dem Internet nicht direkt zugegriffen werden, was meistens zwar aus Sicherheitsgründen erwünscht ist (siehe auch: Firewall), aber auch offensichtliche Nachteile hat. Für IPv6 stehen erheblich mehr öffentliche Adressen zur Verfügung, so kann laut RFC 4864 auf NAT verzichtet werden und es ist freier wählbar, wie die Filterung des Datenverkehrs erfolgen soll.

### Energieverbrauch

Der Strombedarf in den Privathaushalten für die Nutzung des Internets ist in den letzten Jahren erheblich angestiegen und wird seriösen Schätzungen zufolge auch in den nächsten Jahren weiter steigen. Im Jahr 2003 wurden in Deutschland etwa 6,8 Milliarden Kilowattstunden elektrischer Strom für den Betrieb des Internets benötigt, für das Jahr 2010 gehen Schätzungen von einem Energiebedarf des Internets von 31,3 Milliarden Kilowattstunden nur in Deutschland aus. Berücksichtigt wurden sowohl die Endgeräte von Privathaushalt und Gewerbe sowie der Energieaufwand zur Bereitstellung der notwendigen Infrastruktur des Internets an Serverstandorten. Nicht in diese Rechnung eingegangen ist der Energiebedarf von Serverstandorten im Ausland.[25] Am Stromverbrauch eines Privathaushaltes ist die Nutzung des Internets zu einem großen Teil beteiligt.

Für das Jahr 2005 wird weltweit von einem Energieverbrauch von 123 Milliarden Kilowattstunden nur für den Betrieb der Infrastruktur für das Internet ausgegangen. Unberücksichtigt bleiben nach dieser Studie die Geräte der Endverbraucher.[26] Damit werden derzeit etwa 0,8 % der weltweiten Stromerzeugung für den Betrieb des Internets benötigt.[27] Aufgrund der stetigen Vergrößerung des Netzes auch in den Entwicklungsländern ist mit einem weiteren Anstieg des Verbrauches zu rechnen.

## Datenaufkommen

Im Jahr 2012 beläuft sich das Datenaufkommen im festverkabelten, öffentlich zugänglichen, Internet auf mehr als 26,7 Exabyte (1 Exabyte = 1 Mrd. Gigabyte) pro Monat, was einem täglichen Datenaufkommen von annähernd einem Exabyte entspricht. Die Datenmenge von einem Exabyte ist vergleichbar mit der mehr als 2500-fachen Datenmenge aller Bücher, die jemals in jeder Sprache auf der Welt geschrieben wurden.[28] Das mobile Datenaufkommen (Datenaustausch über Mobilfunknetze) beläuft sich im Jahr 2012 auf über 1,1 Exabyte Daten monatlich.

Bis zum Jahr 2015 wird das Datenaufkommen im festverkabelten Internet voraussichtlich auf annähernd 60 Exabyte pro Monat wachsen. Im mobilen Internet wird ein Datenaufkommen von mehr als 6,2 Exabyte monatlich prognostiziert. Der größte Anteil der übertragenen Daten (über 50 %) wird hierbei von Videodiensten (Video-on-Demand) ausgemacht. [29]

## Nutzerzahlen

## Verbreitung des Internets in Europa

| Land | Anteil der Internetnutzer |
|---|---|
| Island | 91 % |
| Norwegen | 87 % |
| Dänemark | 83 % |
| Niederlande | 82 % |
| Finnland / Luxemburg | 81 % |
| Schweden | 80 % |
| Schweiz | 79 % |
| Österreich | 74 % |
| England / Estland | 69 % |
| Deutschland / Slowenien | 66 % |
| Spanien | 46 % |
| Italien | 41 % |
| Russland | 26 % |
| Ukraine | 15 % |

*Dieser Abschnitt behandelt den Zugang zum Internet unter demographischen Aspekten; ein separater Artikel behandelt technische Prinzipien und Varianten des Internetzugangs.*

Die Anzahl der Teilnehmer oder angeschlossenen Geräte im Internet ist nicht exakt bestimmbar, da Nutzer mit unterschiedlichen technischen Geräten (PC, Mobilgeräte) über verschiedene Anschlusstechniken kurzfristig Teil des Internets werden und dieses auch wieder verlassen. Laut IWS hatten im März 2007 etwa 16,9 Prozent der Weltbevölkerung Zugang zum Internet.[30] Laut EITO nutzen Anfang 2008 1,23 Milliarden Menschen das Internet.[31] In der EU nutzen Anfang 2008 mehr als die Hälfte (51 Prozent) der 500 Millionen EU-Bürger regelmäßig das Internet, wobei 40 Prozent das Internet gar nicht benutzen. In Europa gibt es starke Unterschiede bei den regelmäßigen Internetbenutzern: siehe Tabelle. 80 Prozent der Haushalte mit Internetanschluss verfügen über einen Breitbandzugang.[32] In den USA sind es bereits 75 Prozent, skandinavische Länder 70 Prozent, osteuropäische Staaten teilweise bei 14 Prozent. Besonders verbreitet ist das Internet in Estland, da Estland per Gesetz den kostenlosen Zugang ins Internet garantiert.

In China hatten nach dem Report über die Entwicklung des Internets Mitte 2007 162 Millionen Menschen einen Internetzugang, davon besaßen 122 Millionen einen Breitbandanschluss.[33] Bei jungen Europäern verdrängt das Internet das Fernsehen und andere traditionelle Medien.[34] US-Amerikaner nutzen als Nachrichtenquellen vorwiegend (48 Prozent) das Internet.[35]

### In Deutschland

Etwa 60 Prozent aller Deutschen nutzten im Jahr 2007 regelmäßig das Internet, Tendenz steigend um 2 bis 3 Prozent jährlich. In etwa 75 Prozent der deutschen Haushalte stehen PCs mit Internetanschluss, die jedoch mehr von jungen Menschen als von alten Menschen genutzt werden. In Deutschland verfügen ungefähr 68 Prozent der Erwachsenen über einen Internetanschluss.[36] Etwa 80 Prozent der deutschen Jugendlichen (10-13 Jahre) nutzen das Internet.[37] Neben alten Menschen nutzen in Deutschland auch sozial Schwache und Arbeitslose das Internet weniger[38] [39] (siehe auch Digitale Kluft). In Deutschland verfügen ca. 60 Prozent der Internetnutzer über einen Breitbandzugang.[40] In der Schweiz verfügen im Jahr 2006 67 Prozent der Bevölkerung über einen privaten Internetzugang.[41]

Deutsche besuchen statistisch gesehen regelmäßig acht Internet-Seiten. (Männer: durchschnittlich 9,4; Frauen: 6,4 Seiten / 14- bis 19-jährige: 5,8; 30 bis 39 Jahre alte: 9,1 Seiten). Die Jungen nutzen bevorzugt Unterhaltungsangebote.[42] Die deutschen Männer sind im Durchschnitt 1,3 Stunden am Tag online, bei den deutschen Frauen sind es durchschnittlich 0,8 Stunden.[43]

## Digitale Schriftlichkeit

Das Internet hat eine eigene Art der Schriftlichkeit hervorgebracht. Ebenso haben soziale Netzwerke zur Entwicklung einer eigenen Netzkultur mit verschiedenen sprachlichen Ausprägungen beigetragen.

### Charakteristika

Das Internet eignet sich dafür, über zeitliche und räumliche Distanzen hinweg schriftlich zu kommunizieren. Es vereint dabei multimediale Aspekte und integriert diese in seine Schriftlichkeit (z. B. Emoticons – Symbole, die sich bewegen und bestimmte Gefühlszustände darstellen sollen). Außerdem unterliegt es einer beständigen Metamorphose und hat keinen Anspruch auf endgültigen Werkscharakter. Die Texte im Internet sind kodiert, somit immateriell und exteriorial. Die schriftlichen Produkte im Internet lassen sich schnell verändern und verlangen die Bereitschaft, sich beständig auf Neues einzustellen.

### Literatur im Netz

Im Internet wird Literatur zur Verfügung gestellt und Literatur geschrieben. So entstanden etwa literarische Gattungen wie Digitale Poesie, Weblogs oder kollaboratives Schreiben im Netz. Literarische Produktion im Internet folgt anderen Kriterien als herkömmliche Literatur und Textproduktion. Literatur im Internet ist von Aspekten der Technik, Ästhetik und Kommunikation geprägt. So haben beispielsweise Neal Stephenson und sein Team mit dem Schreiben eines Romans („The Mongoliad") im Internet begonnen, bei dem eine Community von Autoren interaktiv mitschreibt. Neben dem eigentlichen Text gibt es eine eigene E-Publishing-Plattform („Subutai") mit Videos, Bildern, einer Art Wikipedia und einem Diskussionsforum zum Roman.

## Siehe auch

- Anonymität im Internet
- Internetrecht
- Internet Archive
- Internet-Backbone
- Internetkriminalität
- Internetworking
- Internet2
- Internet Society
- Netzneutralität
- Zensur im Internet

## Literatur


- Jannis Androutsopoulos: *Neue Medien – neue Schriftlichkeit?* In: Mitteilungen des Deutschen Germanistenverbandes 1/07, 2007, S. 72–97 (PDF [44]).
- Holger Bleich: *Bosse der Fasern. Die Infrastruktur des Internet* [45]. In: c't 7/2005, S. 88–93 (21. März 2005)
- Christine Böhler: *Literatur im Netz.* Triton, Wien, 2001. ISBN 3-85486-103-6.
- Manuel Castells: *Die Internet-Galaxie - Internet, Wirtschaft und Gesellschaft.* Wiesbaden 2005, ISBN 3-8100-3593-9.
- Johannes Fehr (Hg.): *Schreiben am Netz.* Haymon, Innsbruck, 2003. ISBN 3-85218-422-3.
- Christiane Heibach: *Literatur im Internet: Theorie und Praxis einer kooperativen Ästhetik.* Dissertation, Heidelberg 1999, ISBN 3-89825-126-8.
- Philip Kiefer: *Internet & Web 2.0 von A bis Z einfach erklärt.* Data Becker, Düsseldorf 2008, ISBN 978-3-8158-2947-9.
- Ch. Meinel, H. Sack: *WWW - Kommunikation, Internetworking, Web-Technologien* [46]. Springer-Verlag, Berlin Heidelberg New York 2004.
- Andreas Metzner-Szigeth: *Internet & Gesellschaft: Ein Humanes Projekt?* [47]. In: Sic et Non – Zeitschrift für Philosophie und Kultur – im Netz, No. 8, 2007
- Andreas Schelske: *Soziologie vernetzter Medien. Grundlagen computervermittelter Vergesellschaftung.* Oldenbourg Verlag, München 2006, ISBN 3-486-27396-5 (Reihe: Interaktive Medien. Herausgeber: Michael Herczeg).
- Stefan Scholz: *Internet-Politik in Deutschland. Vom Mythos der Unregulierbarkeit.* Münster 2004, ISBN 3-8258-7698-5.
- Bridgette Wessels: *Understanding the Internet : a socio-cultural perspective.* Palgrave Macmillan, Basingstoke 2010, ISBN 978-0-230-51733-2.


## Weblinks

- Die Sendung mit der Maus: Der Datenweg durchs Internet [48]
- Modul „Wissen, wie's geht" [49] soll Eltern und Kinder unterstützen, das Internet sicher zu nutzen
- Internetsicherheit: Aktion des Wirtschaftsministeriums [50]
- *Internet Explained* [51] – Eingehender Überblick und Erklärung über den Ursprung des Internets (englisch)
- Links zum Thema Internet [52] im Open Directory Project
- ARD/ZDF Online-Studie 1997–2007, Strukturdaten zur deutschen Internetnutzung [53] – jährliche, bevölkerungsrepräsentative Online-Studie von ARD und ZDF
- (N)ONLINER Atlas, Deutschlands größte Studie zur Nutzung und Nicht-Nutzung des Internets [54]
- Internet Traffic Report – Globale Statistik des Internets [55] (englisch)
- Internet World Stats [56] (englisch)

## Einzelnachweise

[1] Vinton Cerf, Yogen Dalal, Carl Sunshine: RFC 675: (*Internet Transmission Control Program*, December 1974)

[2] Thomas Paulwitz, Stefan Micko: Engleutsch? Nein, danke! Wie sag ich's auf deutsch? Ein Volks-Wörterbuch, Erlangen und Wien, 2000, ISBN 3-00-005949-0, S. 71

[3] Siehe Leipziger Wortschatz (http://wortschatz.uni-leipzig.de/) zu den Häufigkeitsklassen von Internet (http://wortschatz.uni-leipzig.de/cgi-portal/de/wort_www?site=208&Wort_id=38267) (HK 8), Weltnetz (http://wortschatz.uni-leipzig.de/cgi-portal/de/wort_www?site=208&Wort_id=29884210) (HK 20), Zwischennetz (http://wortschatz.uni-leipzig.de/cgi-portal/de/wort_www?site=208&Wort_id=59369329) (HK21) und Internetz (http://wortschatz.uni-leipzig.de/cgi-portal/de/wort_www?site=208&Wort_id=280761777) (HK 22); bei 'Weltnetz' ein Verhältnis von 4096:1 bzw. ein Anteil von 0,0244 %, die anderen Begriffe entsprechend geringer

[4] Weltnetz (http://www.duden.de/suche/index.php?begriff=Weltnetz&bereich=mixed&pneu=)

[5] Zwischennetz (http://www.duden.de/suche/index.php?begriff=Zwischennetz&bereich=mixed&pneu=&x=0&y=0)

[6] *Neonazis im "Weltnetz": Wenige Aktivisten - mit viel Raum* (http://www.npd-blog.info/?p=669), NPD-Blog, 7. März 2007

[7] *Den Extremisten auf der Spur* (http://www.welt.de/print-welt/article529570/Den_Extremisten_auf_der_Spur.html), Die Welt, 23. August 2000

[8] Public Interest Registry, Eric Wybenga: @10Million.ORG – A Quarter Century In The Life Of A Domain. 2012. Seite 18.

[9] *Stimmt's - Eine bombige Legende*, Die Zeit, Drösser (http://www.zeit.de/2001/28/200128_stimmts_internet_xml)

[10] *A Brief History of the Internet* bei e-OnTheInternet (http://www.isoc.org/oti/articles/0597/leiner.html) von Barry Leiner, David D. Clark, Robert E. Kahn, Jonathan Postel, u.a.

[11] Tim Berners-Lee: *WorldWideWeb - Executive Summary* (http://groups.google.com/group/alt.hypertext/msg/395f282a67a1916c), 6. August 1991

[12] S. Deering, R. Hinden: Internet Protocol, Version 6 (IPv6) Specification, RFC 1883, Dezember 1995.

[13] *World IPv6 Day: Final Look and „Wagon's Ho!"* (http://asert.arbornetworks.com/2011/06/world-ipv6-day-final-look-and-wagons-ho/). asert.arbornetworks.com (9. Juni 2011). Abgerufen am 12. Dezember 2011.

[14] M. Handley: *Why the Internet only just works* (http://www.cs.ucl.ac.uk/staff/M.Handley/papers/only-just-works.pdf) BT Technology Journal, Vol 24, No 3, July 2006.

[15] RFC 4984 Report from the IAB Workshop on Routing and Addressing (http://www.ietf.org/rfc/rfc4984.txt), September 2007

[16] *NASA testet Internet im All.* (http://www.golem.de/0811/63644.html) Datenübertragung in den Weltraum über unterbrechungstolerantes Protokoll. golem.de, 19. November 2008, abgerufen am 5. Mai 2012.

[17] Dominik Erlinger: *Erster Knoten für interplanetares Internet in Betrieb.* (http://www.pressetext4joomla.com/hightech/forschungtechnologie/3344-Erster Knoten fÃ¼r interplanetares Internet in Betrieb.html) 9. Juli 2009, abgerufen am 5. Mai 2012.

[18] *NASA testet interplanetares Internet.* (http://www.heise.de/newsticker/meldung/NASA-testet-interplanetares-Internet-217381.html) heise, 19. November 2008, abgerufen am 5. Mai 2012.

[19] *Weltraum-Internet mit Bordmitteln.* (http://www.heise.de/newsticker/meldung/Weltraum-Internet-mit-Bordmitteln-912403.html) heise, 25. Januar 2010, abgerufen am 5. Mai 2012.

[20] *Neue EU-Initiative für globale Internet-Regeln* (http://www.welt.de/print-welt/article599146/Neue_EU_Initiative_fuer_globale_Internet_Regeln.html). In: *Die Welt* (5. Februar 1998). Abgerufen am 8. März 2011.

[21] Glasfasern sind nur zu 3 % beleuchtet (http://www.heise.de/newsticker/Glasfasern-sind-ein-Reich-der-Finsternis--/meldung/58930)

[22] Alternative DNS-Root-Server vor der Abschaltung (http://www.heise.de/newsticker/Alternative-DNS-Root-Server-vor-der-Abschaltung--/meldung/117863)

[23] https://lists.dns-oarc.net/pipermail/dns-operations/2008-October/003339.html

[24] BGP Analysis Reports (http://bgp.potaroo.net/index-bgp.html)

[25] Benedikt Ziegenfuss: *Internet Grund für hohen Stromverbrauch.* (http://winfuture.de/news,7539.html) WinFuture.de, vom 27. Januar 2003]

[26] *Schadet Surfen dem Klima?*, WDR.de, Jörg Schieb, 19. Februar 2007 (http://www.wdr.de/themen/computer/schiebwoche/2007/index_08.jhtml?rubrikenstyle=computer)

[27] Stephen Shankland: *U.S. servers slurp more power than Mississippi.* (http://news.com.com/U.S.+servers+slurp+more+power+than+Mississippi/2100-1010_3-6159583.html) c|net news.com, vom 14. Februar 2007]

[28] *Cisco Visual Networking Index - What is a Zettabyte?* (http://www.cisco.com/en/US/netsol/ns827/networking_solutions_sub_solution.html)

[29] *Cisco Visual Networking Index* (http://www.cisco.com/en/US/solutions/collateral/ns341/ns525/ns537/ns705/ns827/white_paper_c11-481360_ns827_Networking_Solutions_White_Paper.html)

[30] *World Internet Users and Population Stats* (http://www.internetworldstats.com/stats.htm)

[31] bitkom.de: (http://www.bitkom.org/46074_46069.aspx) Fast jeder fünfte Mensch auf der Welt ist online: 2010 werden voraussichtlich 1,5 Milliarden Menschen online sein

[32] golem.de: (http://www.golem.de/0804/59130.html) EU: Mehr als die Hälfte der EU-Bürger nutzt das Internet

[33] heise.de: *China hat 162 Millionen Internetnutzer*, 19. Juli 2007 (http://www.heise.de/newsticker/meldung/92980). Originalbericht (chinesisch) (http://www.cnnic.net.cn/uploadfiles/pdf/2007/7/18/113918.pdf)

[34] heise.de: (http://www.heise.de/newsticker/meldung/101120) Bei den jungen Europäern verdrängt das Internet das Fernsehen und andere Medien

[35] heise.de: (http://www.heise.de/newsticker/meldung/104320) Internet ist für die Hälfte der Amerikaner primäre Nachrichtenquelle

[36] heise.de: (http://www.heise.de/newsticker/meldung/83774) Studie: 68 Prozent der erwachsenen Deutschen sind online

[37] golem.de: (http://www.golem.de/0708/53966.html) Klassisches wird von elektronischem Spielzeug verdrängt: „Während schon 80 Prozent der 10- bis 13-jährigen mindestens ab und zu im Netz unterwegs sind, ist es bei den 6- bis 9-jährigen jeder Dritte."

[38] spiegel.de: (http://www.spiegel.de/netzwelt/web/0,1518,474402,00.html) 60 Prozent der Deutschen sind online

[39] golem.de: (http://www.golem.de/0705/52216.html) Studie: Mehr als 40 Millionen Deutsche sind im Netz

[40] heise.de: (http://www.heise.de/newsticker/meldung/90364) Zahl der deutschen Internetnutzer wuchs um 5 Prozent

[41] heise.de: (http://www.heise.de/newsticker/meldung/88382) „... im Jahr 2006 verfügen 67 Prozent der Schweizer Bevölkerung über einen privaten Internetzugang."

[42] http://www.sevenonemedia.de/web/sevenone/relevant-set Relevant Set 2011

[43] Allensbacher Computer- und Technik-Analyse 2007: *Durchschnittliche Internetnutzung am Tag* (http://de.statista.org/statistik/stats_graph_average/studie/22639/filter/20003/fcode/1,2/umfrage/nutzungsdauer-des-internets-(stunden-pro-tag)/), angeboten durch:

statista.org (http://www.statista.org/)

[44] http://jannisandroutsopoulos.files.wordpress.com/2009/12/androutsopoulos_2007-neue-medien-neue-schriftlichkeit.pdf

[45] http://www.heise.de/ct/05/07/088/

[46] http://www.minet.uni-jena.de/~sack/WWWBuch/

[47] http://www.sicetnon.org/content/pdf/internet&gesellschaft.pdf

[48] http://www.wdrmaus.de/sachgeschichten/sachgeschichten/sachgeschichte.php5?id=84

[49] http://www.internet-abc.de

[50] https://www.sicher-im-netz.de

[51] http://www.searchandgo.com/articles/internet/net-explained-1.php

[52] http://www.dmoz.org/World/Deutsch/Computer/Internet/

[53] http://www.ard-zdf-onlinestudie.de/

[54] http://www.nonliner-atlas.de/

[55] http://www.internettrafficreport.com

[56] http://www.internetworldstats.com/stats.htm

**Normdaten (Sachbegriff):** GND: 4308416-3 (http://d-nb.info/gnd/4308416-3)

# IP_Deutschland

| IP Deutschland GmbH | |
|---|---|
| Rechtsform | GmbH |
| Gründung | 1985 |
| Sitz | Köln, Deutschland |
| Leitung | Matthias Dang |
| Branche | Werbezeitenvermarktung |
| Website | www.ip-deutschland.de [1] |

ehemaliges Logo

**IP Deutschland GmbH** ist eine Vermarktungsgesellschaft mit Sitz in Köln. IP Deutschland ist eine 100-prozentige Tochterfirma der RTL Television, die wiederum zur börsennotierten RTL Group mit Sitz in Luxemburg gehört. IP betreut den Werbezeitenverkauf für die Fernsehsender RTL, VOX, Super RTL, n-tv und RTL Nitro. IP Deutschland ist außerdem verantwortlich für die Vermarktung der Internetangebote RTL.de, RTLNOW.de, VOX.de, VOXNOW.de, n-tv.de, teleboerse.de, RTL2NOW.de, VIP.de, gzsz.de, wetter.de, sport.de, elementgirls.de, wer-kennt-wen.de, kochbar.de, frauenzimmer.de, clipfish.de, SuperRTLnow.de und RTLnitronow.de sowie die Teletextangebote von RTL, VOX, RTL2 und n-tv, wie auch die Mobilangebote der Mediengruppe RTL Deutschland.

Laut Nielsen Media Research war der deutsche TV-Werbemarkt im Jahr 2010 rund 10 Mrd. Euro groß.[2] IP Deutschland hatte daran einen Anteil von 34,5 Prozent.

IP Deutschland berät bei der Mediaplanung, bietet kampagnenbegleitende Recherche und übernimmt die Abwicklung der Spot-, Online-, und Teletextbuchungen. Über die Schwesterfirma IP Network können Werbekunden Fernseh- und Radiowerbung im europäischen Ausland buchen. Rund 250 Mitarbeiter arbeiten am Hauptsitz in Köln sowie in den Verkaufsdirektionen in Hamburg, Düsseldorf, Frankfurt und München.

## Geschichte

1928 wird die IP unter dem Namen "Information et Publicité" in Paris gegründet. Zu den ersten Mandanten der Vermarktungsagentur gehört Radio Paris. Nach dem 2. Weltkrieg wird die Havas Hauptgesellschafterin der IP. Das französische Werbeunternehmen geht auf die erste Nachrichtenagentur des Landes zurück, aus der auch die heutige Agence France-Presse entstand. 1976 gab es Tochterfirmen in Belgien, Luxemburg und Deutschland.

1985 gründete der deutsche Ableger IPA ("Information et Publicité Allemagne") gemeinsam mit RTL Plus ein Gemeinschaftsunternehmen zur Vermarktung des Senders. 1998 übernimmt RTL Television alle Anteile an der Firma, die bereits 1990 in IP Deutschland umbenannt wurde.

## Weblinks

- IP Deutschland [1]

## Einzelnachweise

[1] http://www.ip-deutschland.de/

[2] *Aktueller Werbetrend in Deutschland.* (http://www.nielsen-media.de/pages/template.aspx?level=1&treeViewID=3.0.0.0.0#) In: *nielsen-media.de.* Nielsen Media Research GmbH, abgerufen am 18. Februar 2011.

# Organisation

Der Begriff **Organisation** (gr. ὄργανον *órganon* „Werkzeug") lässt sich am treffendsten mit „Bewerkstelligung" übersetzen, eindeutige Definitionen bestehen jedoch nicht.[1] [2] In den Wissenschaften werden dem Begriff drei allgemeine Bedeutungen zugeschrieben: als *Instrument*, als *Funktion* und als *Institution*.

## Wortbedeutung

Etymologisch ist „Organisation" gem. Duden[3] vom Verb „organisieren" abgeleitet („planmäßig ordnen, gestalten, einrichten, aufbauen"), das auf frz. *organe* („Werkzeug; mit Organen versehen; zu einem lebensfähigen Ganzen zusammenfügen") zurückgeht.

*Organisation* steht auch für den Prozess des Organisierens, durch den *fortlaufende unabhängige Handlungen zu vernünftigen Folgen* zusammengefügt werden, *so dass vernünftige Ergebnisse erzielt werden.*[4]

Eine *Organisation* kann eine soziale Struktur sein, die aus dem planmäßigen und zielorientierten Zusammenwirken von Menschen entsteht, sich zur Umwelt abgrenzt und – als korporativer Akteur (Coleman) – mit anderen Akteuren interagieren kann.

In der Biologie kennt man *Organisationen* in Form von „Staatenbildung" (z. B. Ameisenstaat, auch als Superorganismus bezeichnet).

## Abgrenzung

Sowohl im allgemeinen Sprachgebrauch als auch in der Wissenschaft (etwa Soziologie, Politikwissenschaft, Betriebswirtschaftslehre, Informatik) wird der Begriff vieldeutig und unter wechselnden Aspekten benutzt. In der Umgangssprache z. B. ist 'organisieren' (nach[5] ) *als verhüllender Ausdruck für „sich etwas [auf nicht ganz rechtmäßige Weise] beschaffen"* bekannt.

### Instrumentale und funktionale Sicht

Der *instrumentale* Ansatz sieht Organisation als die Gesamtheit aller Regelungen, die sich auf die Verteilung von Aufgaben und Kompetenzen sowie die Abwicklung von Arbeitsprozessen beziehen. Er findet vor allem in der BWL Anwendung.

Die *funktionale* oder *prozessuale* Sicht betrachtet Organisation als Handeln des *Organisierens*, d.h. das Verteilen von Aufgaben auf Organisationsmitglieder (Arbeitsteilung) und deren Ausrichtung auf übergeordnete Ziele (Koordination).

Karl Weick definiert den prozessualen Aspekt wie folgt: „Organisieren heißt, fortlaufende, unabhängige Handlungen zu vernünftigen Folgen zusammenfügen, sodass vernünftige Ergebnisse erzielt werden".[4] Sein Organisationsbild ist eine organisationspsychologische Betrachtung, bei der die Organisation eine Gruppe von Leuten bezeichnet, die versuchen, den Vorgängen einen Sinn abzugewinnen, die um sie herum geschehen.[6]

Instrumentale und funktionale Sicht thematisieren Regeln zur Schaffung einer Ordnung. Man kann auch sagen, ein System *hat* eine Organisation.

### Strukturelle Sicht

Zum anderen gibt es ein *strukturelles* Verständnis, das auf das organisierte Gebilde bezogen ist. Unter strukturellem Aspekt ist die Organisation „ein Gebilde interdependenter Handlungen", die in „arbeitsteiliger Kooperation und hierarchischer Koordination [...] zielgerichtet miteinander verknüpft sind".[7] Jede Organisation ist auch ein System, aber umgekehrt ist nicht jedes System eine Organisation. Die gesellschaftlichen Teilsysteme Wirtschaft, Politik, Wissenschaft beispielsweise bestehen aus Organisationen, Professionen und Institutionen.

### Institution

Da jede Wissenschaft meist eine spezialisierte Sicht auf die verschiedenen Bedeutungen von Organisation hat, ist es entsprechend schwierig, den Begriff dem der Institution gegenüberzustellen. Teilweise kann man analoge Bedeutungen von Institution finden, zum einen als Regelwerk (z. B. die Institution der Ehe) oder als organisiertes Gebilde (z. B. ein Gerichtshof).

Im Unterschied zur Alltagssprache ist in den Sozialwissenschaften der Begriff *Organisation* klar vom Begriff der *Institution* abgegrenzt: Eine Organisation sei ein bewusst geschaffenes, zielgerichtetes Gebilde, das Gründer und auch ein Gründungsdatum hat. Jede Organisation hat Mitglieder. Institution hingegen sei ein „Regelwerk" von Verhaltensmustern und -normen, das aus dem gesellschaftlichen Zusammenleben der Menschen, das heißt aus Regelmäßigkeiten ihres Verhaltens, gleichsam „naturwüchsig" hervorgegangen ist (z. B. die Institution des Wettkampfes, der Gastfreundschaft, der Hochzeit, der Bestattung).

Es gibt weiterhin auch Institutionen, insbesondere rechtliche, die bewusst geschaffen wurden und mit Gesetzeskraft ausgestattet sind, z. B. Erbregelung, Ehe, Eigentum, Mitbestimmung, Wahlrecht. Häufig knüpfen auch diese an die im praktischen Lebenszusammenhang entstandenen Institutionen an.

Für Institutionen gilt generell, dass sie ohne Mitglieder denkbar sind. So lässt sich beispielsweise die Universität einerseits als Organisation und andererseits als Institution beschreiben: Als Organisation ist sie ein soziales Gebilde aus Lehrenden und Lernenden sowie aus Forschern, Verwaltern und anderen Bediensteten, die in einem arbeitsteiligen, planvollen Zusammenspiel miteinander agieren; als Institution ist sie eine gesellschaftliche

Einrichtung, die der Vermittlung, Tradierung und Generierung von praktischem und orientierendem Wissen dient.

Abweichend von der sozialwissenschaftlichen Distinktion beider Begriffe subsumiert die Neue Institutionenökonomik auch Organisationen unter ihren Institutionsbegriff.

## Organisationstheorien

Organisationstheorien haben zum Ziel, die Grundelemente und Funktionen von Organisationen, ihre Entstehung und ihren (Fort-)Bestand in dynamischen Umwelten zu verstehen und zu erklären. Es existiert eine Vielzahl verschiedener Organisationstheorien, die der Tatsache gerecht werden wollen, dass Organisationen hochkomplexe Gebilde sind. Allen theoretischen Ansätzen ist der Objektbereich – die Organisationen und ihre Zielsetzungen – gleich, jedoch erfassen sie jeweils nur bestimmte Aspekte des breiten Gegenstandsbereichs. Wichtige Organisationstheorien sind:

**Die klassischen Theorien**

- Bürokratietheorie
- Scientific Management
- Human-Relations-Ansatz
- Situativer Ansatz
- Sozio-technischer Ansatz
- Verhaltenswissenschaftliche Entscheidungstheorie
- Systemtheorie

**Neuere Theorien**

- Mülleimer-Modell
- Selbstorganisation
- Politische Ökonomie der Organisation
- Strukturationstheorie
- Soziologischer Neoinstitutionalismus

**Ökonomische Ansätze**

- Transaktionskostentheorie
- Prinzipal-Agent-Theorie
- Property-Rights-Ansatz
- Neue Institutionenökonomik
- Evolutionstheoretischer Ansatz

## Organisation in der Betriebswirtschaftslehre

In der Betriebswirtschaftslehre werden die drei Begriffsausprägungen wie folgt erfasst:

- instrumentelle Sicht

Die instrumentelle Sichtweise war jahrzehntelang das vorherrschende Verständnis des Organisationsbegriffes.[8] Mit dem Ziel der auf Spezialisierung beruhenden Strukturierung und Koordination von Personen, Sachmitteln und Informationen zum Zwecke der Erreichung der Unternehmensziele.

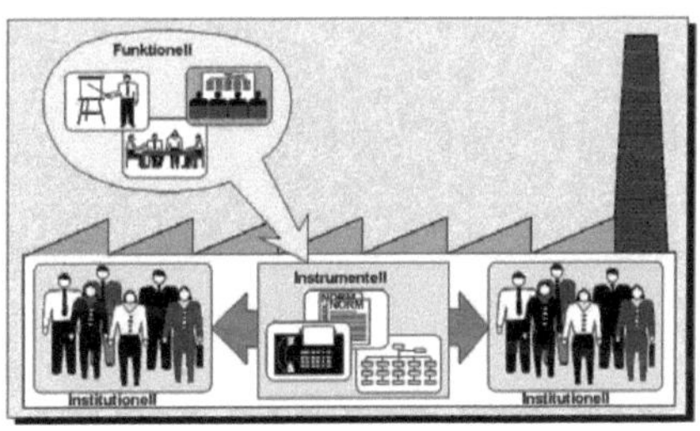

Zusammenhang der Organisationsbegriffe

Es gibt zwei klassische Ausprägungen. Zum einen die *funktionale* Konzeption nach Erich Gutenberg und zum anderen die *konfigurative* Konzeption nach Erich Kosiol.

In diesem Zusammenhang kommen auch Elemente wie Formale Organisation und Informale Organisation ins Spiel.

- institutionelle Sicht

Organisationen sind soziale, zeitlich relativ stabile Systeme, die aus Individuen bestehen, welche gemeinsame Ziele verfolgen.

Oft werden Organisationen nach generellen Zielsystemen wie folgt klassifiziert:

- Organisationen, deren Ziel darin besteht, Leistungen in Form von Sach- und Dienstleistungen zu erbringen (Produktionsbetriebe und Dienstleistungsunternehmen) oder bestimmte Außenwirkungen zu erzielen (zum Beispiel Verwaltungsbehörden, Polizei, Parteien, Interessenverbände, Gewerkschaften, etc.);
- Organisationen, deren Zielerreichung auf die Veränderung von Personen gerichtet ist (zum Beispiel Schulen, Universitäten, Krankenhäuser, Beratungsstellen, Gefängnisse etc.). Dieser Zieltyp wird meist Non-Profit-Organisation genannt.

## Organisation im Fachgebiet Organizational Behaviour

Das interdisziplinäre Fachgebiet Organizational Behaviour analysiert Möglichkeiten und Grenzen des gezielten Umgangs der Gestaltung von sozialen Regeln, Prozessen, Funktionen und Strukturen zur Beeinflussung des menschlichen Verhaltens in Organisationen. Hierbei werden unterschiedliche Kontexte (z. B. Erwartungen, Verhalten oder Sinn) auf ihre verhaltensteuernden Wirkungen hin betrachtet.

Marktfähige Organisationen demnach im Wesentlichen aus der Kommunikation von und über Entscheidungen, wobei jede Einzelentscheidung an vorherige Entscheidungen anknüpft und selbst eine Voraussetzung für Folgeentscheidungen ist. Im Blick auf die wirksamen wechselseitigen Verweisungen der Entscheidungen auf andere Entscheidungen in den Schnittstellen entlang der arbeitsteiligen Wertschöpfungsprozesse ergibt sich ein rekursiver Entscheidungsverbund, dessen Selbstreflexion anhand interner entscheidungsorientierter Kommunikationsprozesse erfolgt.

## Organisation in der Soziologie

Die Soziologie betrachtet die Organisation als einen genuinen Gegenstand ihres Faches. Talcott Parsons sah in der Organisation „den wichtigsten Mechanismus für eine hochdifferenzierte Gesellschaft, um das System 'in Gang zu halten' und Ziele zu verwirklichen, die die Möglichkeiten des einzelnen übersteigen".[9] Obwohl Max Weber als einer der ersten Soziologen die bürokratische Organisation ins Zentrum seiner Soziologie gestellt hat, kam erst über den Umweg der amerikanischen Soziologie, die Weber als ersten Organisationssoziologen entdeckt hatte, nach dem Zweiten Weltkrieg die Organisationssoziologie nach Deutschland, exemplarisch dafür sind die Arbeiten von Renate Mayntz,[10] die in den USA studiert hatte.

## Organisation in der Politikwissenschaft

Eine eigene politologische Organisationslehre ist – trotz der Erforschung von zum Beispiel Parteien – noch nicht durchgesetzt. Doch eröffnen sich mit dem 21. Jahrhundert durch die wachsende Bedeutung der NGO (nichtstaatlichen Organisationen) neue Forschungsfelder. Sie reichen – beispielsweise – vom *Roten Kreuz* bis zu *al-Qaida.*

## Siehe auch

- Lernende Organisation
- Organ (Recht)
- Organisator (Beruf)

## Literatur


- Erich Frese: *Grundlagen der Organisation. Entscheidungsorientiertes Konzept der Organisationsgestaltung.* 9., vollst. überarb. Aufl., Gabler, Wiesbaden 2005, ISBN 3-409-12681-3.
- Erwin Grochla: *Grundlagen der organisatorischen Gestaltung.* Poeschel, Stuttgart 1982, ISBN 3-7910-9207-3.
- Wieland Jäger, Uwe Schimank (Hrsg.): *Organisationsgesellschaft. Facetten und Perspektiven.* VS Verlag für Sozialwiss., Wiesbaden 2005, ISBN 3-531-14336-0.
- Alfred Kieser*: *Organisationstheorien.* 6., erw. Aufl., Kohlhammer, Stuttgart 2006, ISBN 3-17-019281-7.
- Niklas Luhmann: *Funktionen und Folgen formaler Organisation. Mit einem Epilog.* 5. Aufl., Duncker & Humblot, Berlin 1999, ISBN 3-428-08341-5.
- Niklas Luhmann: *Organisation und Entscheidung*, Wiesbaden: VS Verlag, 2. Aufl. 2006, ISBN 3-531-33451-4.
- Elton Mayo: *The social problems of an industrial civilisation*, [1933], dt. *Probleme industrieller Arbeitsbedingungen*, Verlag der Frankfurter Hefte, Frankfurt am Main 1949.
- Dietrich von der Oelsnitz: *Die innovative Organisation*, 2., erw. Aufl., Kohlhammer, Stuttgart 2009, ISBN 978-3-17-020502-4.
- Manfred Schulte-Zurhausen: *Organisation.* 4., überarb. und erw. Aufl., Vahlen, München 2005, ISBN 3-8006-3205-5.
- Klaus Türk, Thomas Lemke, Michael Bruch: *Organisation in der modernen Gesellschaft: eine historische Einführung.* VS Verlag für Sozialwiss., Wiesbaden $^{2}$2006; ISBN 3-531-33752-1.
- Max Weber: *Die legale Herrschaft mit bureaukratischem Verwaltungsstab*; in: Max Weber: *Wirtschaft und Gesellschaft.* 5., rev. Aufl., Mohr, Tübingen 1976, ISBN 3-16-538521-1.


## Weblinks

- Gesellschaft für Organisation [11]
- Schweizerische Gesellschaft für Organisation und Management [12]

## Einzelnachweise

[1] Organisation (http://wirtschaftslexikon.gabler.de/Definition/organisation.html) – Definition im Gabler Wirtschaftslexikon

[2] Friedemann, W. Nerdinger, Gerhard Blickle, Niclas Schaper: *Arbeits- und Organisationspsychologie*, Springer, 1. Auflage 2008, ISBN 3-540-74704-4, S. 48.

[3] Der Duden, 12 Bde., Bd.7, Duden Etymologie Herkunftswörterbuch der deutschen Sprache, neue Rechtschreibung: 7 - *Das Herkunftsworterbuch*, ISBN 3-411-20907-0

[4] Karl E. Weick: *Der Prozess des Organisierens.* Suhrkamp, Frankfurt am Main 1985, S. 11.

[6] Karl E. Weick (2001) *Sensemaking in Organisations: Small Structures with Large Consequences* in Karl E. Weick (2001) *Making Sense of the Organization*, Blackwell Publishing, ISBN 978-0-631-22319-1, S. 5; im Original lautet das Zitat: Thus, I view organizations as collections of people trying to make sense of what is happening around them.

[7] Walther Müller-Jentsch: *Organisationssoziologie. Eine Einführung.* Campus, Frankfurt am Main 2003, S. 19.

[8] Georg Schreyögg: *Organisation: Grundlagen moderner Organisationsgestaltung. Mit Fallstudien*, Gabler, 5. Aufl. 2008, ISBN 3-8349-0703-0, S. 3.

[9] Talcott Parsons: *Structure and Process in Modern Society*, Glencoe 1960, zit. nach Walther Müller-Jentsch *Organisationssoziologie. Eine Einführung*. Campus, Frankfurt am Main 2003, S. 17.

[10] Renate Mayntz: *Soziologie der Organisation*, Rowohlt, Reinbek 1965; dies. (Hrsg.): *Bürokratische Organisation*, 2. Aufl., Kiepenheuer & Witsch, Köln 1971.

[11] http://www.gfuero.org/

[12] http://www.sgo.ch/

# Frankfurt_am_Main

## Basisdaten

- **Bundesland:** Hessen
- **Koordinaten:** [//toolserver.org/~geohack/geohack.php?pagename=Frankfurt_am_Main&language=de&params=50.1105555556_N_8.682 50° 7′ N, 8° 41′ O]
- **Regierungsbezirk:** Darmstadt
- **Höhe:** 112 m ü. NN
- **Fläche:** km²
- **Einwohner:** *(31. Dec 2011)*
- **Postleitzahl:** 60308–60599, 65929–65936
- **Vorwahl:** 069,
  06101 (Harheim, Nieder-Erlenbach),
  06109 (Bergen-Enkheim)
- **Kfz-Kennzeichen:** F
- **Gemeindeschlüssel:** 06412000
- **Stadtgliederung:** 16 Ortsbezirke,
  46 Stadtteile,
  121 Stadtbezirke
- **Adresse:** Römerberg 23
  60311 Frankfurt am Main
- **Webpräsenz:** www.frankfurt.de [1]
- **Oberbürgermeister:** Peter Feldmann (SPD)

Lage der Stadt Frankfurt am Main in Hessen

STADT FRANKFURT AM MAIN

Offizielles Logo der Stadt Frankfurt am Main

**Frankfurt am Main** ist mit mehr als 690.000 Einwohnern[2] die größte Stadt des Landes Hessen und – nach Berlin, Hamburg, München und Köln – die fünftgrößte der Bundesrepublik Deutschland. Der engere Ballungsraum Frankfurt/Rhein-Main hat etwa 2,2 Millionen,[3] der gesamte Metropolregion Rhein-Main 5,5 Millionen Einwohner.

Der Römer ist Frankfurts Rathaus und ein Wahrzeichen der Stadt.

Seit dem Mittelalter gehört Frankfurt zu den bedeutendsten urbanen Zentren Deutschlands. 794 erstmals urkundlich erwähnt, war es seit dem Hochmittelalter Freie Reichsstadt und bis 1806 Wahl-, seit 1562 auch Krönungsstadt der römisch-deutschen Kaiser. Von 1816 an war Frankfurt Freie Stadt, in der die Bundesversammlung des Deutschen Bundes und 1848/49 das ersten frei gewählten deutsche Parlament ihren Sitz hatten. Im Verlauf des Deutschen Krieges von Preußen annektiert, verlor Frankfurt 1866 seine Unabhängigkeit als Stadtstaat. 1875 zählte Frankfurt erstmals über 100.000 Einwohner, 1928 zum ersten Mal mehr als 500.000.

Frankfurter Skyline von der Deutschherrnbrücke aus gesehen, im Vordergrund Main und Flößerbrücke

Heute ist Frankfurt ein bedeutendes europäisches Finanz-, Industrie-, Messe- und Dienstleistungszentrum und wird unter ökonomischen Kriterien zu den Weltstädten gezählt.[4] Die Stadt ist Sitz der Europäischen Zentralbank, der Deutschen Bundesbank, der Frankfurter Wertpapierbörse und der Frankfurter Messe. Durch ihre zentrale Lage gehört sie mit dem Frankfurter Flughafen, dem Hauptbahnhof und dem Frankfurter Kreuz zu den wichtigsten Verkehrsknotenpunkten Europas.[5] Weiterhin ist der DE-CIX in Frankfurt, gemessen am Durchsatz, der größte Internet-Knoten für Datenaustausch weltweit.

Eine Besonderheit ist die Skyline der Stadt: Wegen der Bürogebäude, die zu den höchsten Europas gehören, wird Frankfurt gelegentlich als *Mainhattan* bezeichnet.

## Name

Die Legende der Frankenfurt

*Frankonovurd* auch *Vadum Francorum* lautet der Name der Siedlung auf dem Domhügel in den beiden ersten urkundlichen Erwähnungen 794 in althochdeutscher und lateinischer Sprache. Beides bedeutet *Furt der Franken*, eine Felsbarriere im Untergrund des Mains, die es ermöglichte, an dieser wahrscheinlich etwas oberhalb der Alten Brücke gelegenen Stelle den Fluss – der damals viel breiter war als heute – bei normalem Wasserstand gefahrlos zu überqueren. Die Furt hatte in der Römerzeit wohl noch keine strategische Bedeutung gehabt, da die von Mainz aus in das Innere Germaniens führenden Straßen den Domhügel und die sumpfige Mainniederung umgingen.

Nach dem Abzug der Römer um das Jahr 260 war der Domhügel von den Alamannen übernommen worden. Etwa um 530 lösten die Franken die Alamannen in der Herrschaft über das Untermaingebiet ab. Wahrscheinlich nutzten die neuen Herrscher die Furt nun als wichtigen Verkehrsweg, den ihre Handelspartner deshalb mit dem Namen *Frankenfurt* belegten.[6]

Bereits im Mittelalter erzählt der Chronist Thietmar von Merseburg eine bis heute bekannte Legende von der Gründung der Stadt durch Karl den Großen.[7] Er bringt sie in Verbindung mit den Sachsenkriegen:

> „Die Herkunft dieses Ortsnamens soll dir nicht länger unklar bleiben, lieber Leser. Deshalb will ich dir jetzt erzählen, was ich von glaubwürdigen Männern darüber gehört habe. Unter der Regierung Kaiser Karls des Großen, des Sohnes König Pippins, kam es zwischen den Seinen und unseren Vorfahren (den Sachsen) zum Kriege. In diesem Kampfe wurden die Franken von den Unsrigen besiegt. Als sie nun, unkundig einer Furt, über den Main zurück mußten, ging vor ihnen eine Hirschkuh hinüber und zeigte ihnen so durch Gottes Erbarmen gleichsam den Weg. Ihr folgten sie und erreichten frohen Mutes das rettende Ufer. Danach heißt der Ort Frankfurt. Als sich der Kaiser auf diesem Feldzuge schon von den Feinden überwunden sah, wich er als erster zurück und erklärte: ‚Es ist mir lieber, daß die Leute mich schmähen und sagen, ich sei von hier geflohen, als ich sei hier gefallen. Denn so lange ich lebe, darf ich hoffen, die mir angetane schwere Schmach zu rächen.'"
>
> – Thietmar von Merseburg: Chronicon VII, 75

Tatsächlich führte Karl der Große niemals in der Maingegend Krieg gegen die Sachsen. Auch die Geschichte der Entstehung des Namens von Sachsenhausen, als vermeintlicher Ort der Ansiedlung gefangener Sachsen durch den siegreichen Kaiser, ist eine Legende.

Andere Legenden um den Namen und die Gründung Frankfurts sind heute weniger bekannt. Sie dienten vor allem in der frühen Neuzeit dazu, die Bedeutung Frankfurts mythisch zu überhöhen. Der Humanist Johannes Trithemius prägte im 15. Jahrhundert den Namen Helenopolis als Synonym für Frankfurt, das bis ins 18. Jahrhundert gelegentlich von anderen Humanisten genutzt wurde. Der Ursprung des Namens ist unklar. So soll Helenopolis eine Gründung des Helenos, eines Sohnes des Priamos, gewesen sein, der sich nach der Flucht aus Troja hier niedergelassen habe. Frankfurt hätte danach den gleichen mythischen Ursprung wie Rom, dessen legendäre Gründer Romulus und Remus Nachfahren geflohener Trojaner waren. Andere Autoren führten den Namen auf die Kaiserin Helena, die Mutter Konstantins des Großen, zurück.

Trithemius' Mythos bietet auch eine Erklärung für den Namen Frankfurts an: Demnach soll um das Jahr 130 nach Christus ein gewisser *Francus*, ein Herzog der *Hogier*, die alte Stadt Helenopolis wiederhergestellt und nach seinem Namen *Franckenfurt* genannt haben.[8]

Die ursprüngliche Namensform *Franconofurd* entwickelte sich im Mittelalter zu *Frankenfort* oder *Frankinfort*, in der Neuzeit zu *Franckfort* und *Franckfurth* weiter. Spätestens seit Anfang des 19. Jahrhunderts hat sich die Schreibweise *Frankfurt* gefestigt. Der Namenszusatz *am Main* findet sich bereits in den ältesten Urkunden, seit dem 14. Jahrhundert regelmäßig.[9] Umgangssprachlich wird der amtliche Name fast immer zu *Frankfurt* verkürzt, solange keine Verwechslungsgefahr insbesondere mit Frankfurt (Oder) besteht. Auch Namensformen wie *Frankfurt/Main* oder *Frankfurt a. M.* finden sich häufig, im Eisenbahnverkehr ist *Frankfurt (Main)* üblich. Weithin sind auch die Abkürzungen *Ffm* oder *FFM* in Gebrauch.

# Geographie

## Geographische Lage

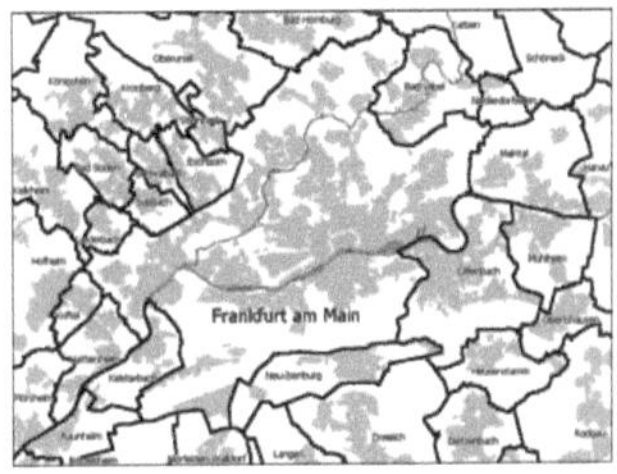

Frankfurt und Nachbargemeinden

Die Stadt liegt auf beiden Seiten des Untermains südöstlich des Taunus in Südwestdeutschland zentral im wichtigsten Wirtschaftsraum Deutschlands. Etwa ein Drittel des Stadtgebiets ist als Landschaftsschutzgebiet Frankfurter Grüngürtel ausgewiesen. Dazu gehört auch der Frankfurter Stadtwald, einer der größten Stadtwälder Deutschlands. Das Stadtgebiet erstreckt sich in Ost-West-Richtung über 23,4 Kilometer, in Nord-Süd-Richtung über 23,3 Kilometer.

Ihren höchsten natürlichen Punkt hat die Stadt an der Berger Warte auf dem Berger Rücken im Stadtteil Seckbach mit 212,6 Metern über Normalnull. Ihr tiefster Punkt liegt am Mainufer in Sindlingen bei 88 Metern über Normalnull. Die Stadt liegt am nördlichsten Rand der Oberrheinischen Tiefebene, die von Basel bis ins Rhein-Main-Gebiet reicht.

Der Flächenschwerpunkt sowie der geographische Mittelpunkt des heutigen Stadtgebietes liegen im Stadtteil Bockenheim in der Nähe des Westbahnhofes, also außerhalb des historischen Stadtkerns.[10]

## Nachbargemeinden und Kreise

Frankfurt grenzt im Westen an den Main-Taunus-Kreis (Städte und Gemeinden Hattersheim am Main, Kriftel, Hofheim am Taunus, Kelkheim (Taunus), Liederbach am Taunus, Sulzbach (Taunus), Schwalbach am Taunus und Eschborn), im Nordwesten an den Hochtaunuskreis (Städte Steinbach (Taunus), Oberursel (Taunus) und Bad Homburg vor der Höhe), im Norden an den Wetteraukreis (Städte Karben und Bad Vilbel), im Nordosten an den Main-Kinzig-Kreis (Gemeinde Niederdorfelden und Stadt Maintal), im Südosten an die Stadt Offenbach am Main, im Süden an den Landkreis Offenbach (Stadt Neu-Isenburg) und im Südwesten an den Kreis Groß-Gerau (Städte Mörfelden-Walldorf, Rüsselsheim, Raunheim und Kelsterbach).

## Geologie

Das Frankfurter Stadtgebiet gehört größtenteils zur westlichen Untermainebene, im Osten zur Hanau-Seligenstädter Senke, im äußersten Norden bereits zur Wetterau.[11] Geologisch sind im Stadtgebiet die seit dem jüngeren Pliozän und im Pleistozän entstandenen vier Flussterrassen von Main und Nidda erkennbar. Die höchste Terrasse setzt sich aus Taunusgesteinen zusammen und ist im Stadtgebiet nur im Bereich des Berger Rückens anzutreffen. Auf der oberen Terrasse von 170 bis 120 Meter liegen die nördlichen und nordöstlichen Stadtteile, die nach Nordwesten zur Nidda und nach Süden am Bornheimer Hang und am Röderberg steil abfallen, sowie der Süden von Sachsenhausen mit dem Mühlberg und dem Sachsenhäuser Berg. Die mittlere Terrasse liegt in einer Höhenlage zwischen 100 und 115 Metern. Sie ist im Stadtgebiet zum Beispiel in der Kelsterbacher Terrasse und im Steilufer der Altstadt von Höchst zu erkennen. Die unterste Terrasse zwischen 95 und 90 Metern entstand im Holozän. Sie begleitet den Main zu beiden Seiten. Auf ihr liegen der Domhügel, die historische Keimzelle der Stadt, und der Karmeliterhügel. An einigen Stellen im Stadtgebiet, beispielsweise in Bockenheim (Basaltstraße) und im Stadtwald, finden sich im Untergrund Schichten von Vogelsberg-Basalt aus dem Miozän, deren Mächtigkeit bis zu 14 Meter erreicht.

## Klima

Die ältesten Temperaturmessungen stammen aus dem Dezember 1695 und sind in der Chronik des Achilles Augustus von Lersner überliefert. Seit 1826 existieren kontinuierliche Messreihen,[12] wenn auch für unterschiedliche Stationen. Heute bestehen in Frankfurt mehrere Stationen des Deutschen Wetterdienstes, darunter diejenige am Flughafen, deren Messreihen bis ins Jahr 1949 zurückreichen.

Frankfurt und das Rhein-Main-Gebiet liegen am nördlichen Ende der Oberrheinischen Tiefebene, die klimatisch zu den wärmsten Regionen in Deutschland zählt. Die Jahresmitteltemperatur liegt mit 9,7 °C (langjähriges Mittel für den Referenzzeitraum 1961–1990) über der anderer deutscher Metropolen (Berlin 8,9 °C, Hamburg 9,0 °C, München 7,6 °C).

Das Frankfurter Klima ist deshalb insgesamt recht mild. In der Zeit von November bis Januar gibt es tagsüber im Mittel nur ein bis zwei Sonnenstunden. Im Winter liegt die mittlere Tageshöchsttemperatur im Januar bei etwa 3,8 °C, die mittlere nächtliche Tiefsttemperatur bei −1,1 °C (Referenzzeitraum 1971–2000). Schnee liegt im Januar im Mittel an etwa sieben Tagen; die Schneehöhe liegt nur selten über zehn Zentimeter und der Schnee bleibt meist auch nicht lange liegen. Nur im Taunus, nordwestlich der Stadt, liegt im Winter häufiger Schnee.

Der Sommer ist mit Höchstwerten um 25 °C (an durchschnittlich zehn Tagen im Jahr auch über 30 °C) recht warm; dazu ist es leicht wechselhaft mit gelegentlichen Schauern oder Gewittern, jedoch ist dies mit täglich sieben bis acht Stunden auch die sonnenreichste Zeit. Vor allem in der Innenstadt kann es im Sommer recht schwül werden.

Die wärmsten Monate sind Juni bis August mit durchschnittlich 17,1 bis 19,4 °C und die kältesten Dezember bis Februar mit 1,6 bis 2,7 °C im Mittel. Die Extremwerte liegen bei –21,6 °C im Januar 1929 und +39,2 °C im August 2003.

Die durchschnittliche Jahrestemperatur stieg im Mittel der Jahre 1971 bis 2000 um 0,4 auf 10,1 °C, die mittlere jährliche Niederschlagsmenge betrug 611 mm. In der Innenstadt liegen die mittleren Temperaturen aufgrund des Mikroklimas um etwa 0,6 °C höher als am Flughafen, während die Niederschläge im Lee des Taunus geringer sind als im Umland.

Die vorherrschende Windrichtung ist West. Der meiste Niederschlag fällt im Juli mit durchschnittlich 65 mm, der geringste im Februar mit 37 mm im Mittel der Jahre 1971 bis 2000.[13]

**Frankfurt am Main**

**Klimadiagramm**

| J | F | M | A | M | J | J | A | S | O | N | D |
|---|---|---|---|---|---|---|---|---|---|---|---|
| unknown operator: u'\u2212'unknown operator: u'\u2212' bis 4 43 | unknown operator: u'\u2212'unknown operator: u'\u2212' bis 6 37 | 2 bis 10 48 | 4 bis 15 43 | 8 bis 20 60 | 12 bis 22 61 | 14 bis 25 65 | 13 bis 25 53 | 10 bis 20 50 | 6 bis 14 55 | 2 bis 8 52 | 0 bis 5 56 |

Temperatur in °C, Niederschlag in mm

**Quelle:** Deutscher Wetterdienst[14]

**Monatliche Durchschnittstemperaturen und -niederschläge für Frankfurt am Main**

| | Jan | Feb | Mär | Apr | Mai | Jun | Jul | Aug | Sep | Okt | Nov | Dez | | |
|---|---|---|---|---|---|---|---|---|---|---|---|---|---|---|
| Max. Temperatur (°C) | 4.0 | 5.6 | 10.4 | 14.5 | 19.5 | 22.3 | 24.8 | 24.8 | 20.1 | 14.0 | 7.7 | 5.0 | **Ø** | **14.4** |
| Min. Temperatur (°C) | −1.3 | −1.2 | 1.9 | 4.1 | 8.4 | 11.7 | 13.7 | 13.4 | 10.1 | 6.0 | 2.1 | 0.0 | **Ø** | **unknown operator: u'strong'** |
| Niederschlag (mm) | 42.5 | 37.1 | 47.6 | 42.8 | 60.2 | 60.6 | 64.9 | 52.9 | 50.0 | 54.6 | 51.8 | 55.7 | **Σ** | **620.7** |
| Regentage (d) | 9.8 | 7.1 | 9.3 | 8.5 | 9.8 | 10.3 | 9.3 | 7.8 | 8.1 | 9.3 | 9.7 | 9.9 | **Σ** | **108.9** |

**Quelle:** Deutscher Wetterdienst[15]

# Stadtgliederung

## Stadtbezirke, Stadtteile und Ortsbezirke

Die Stadt ist statistisch und administrativ in 46 Stadtteile aufgeteilt, die jedoch bis 47 nummeriert werden (die Zahl 23 wird ausgelassen, aus technischen Gründen jedoch auch dem Stadtteil Praunheim zugeordnet). Diese wiederum setzen sich aus 121 Stadtbezirken, 448 Wahlbezirken und 6.130 Blöcken zusammen.[16]

Frankfurter Stadtteile

Politisch ist die Stadt in 16 Ortsbezirke aufgeteilt, die jeweils einen Ortsbeirat mit einem Ortsvorsteher als Vorsitzenden haben. Die in den 1970er Jahren eingemeindeten Orte bilden nach wie vor eigene Ortsbezirke.

Der kleinste Stadtteil nach Einwohnerzahl ist Flughafen, nach Fläche Altstadt. Der größte Stadtteil nach Fläche und Einwohnerzahl ist Sachsenhausen; es folgen (nach Einwohnerzahl) Nordend und Bockenheim.

### Bevölkerung in den 46 Stadtteilen am 31. Dezember 2010

| Nr. | Stadtteil | Fläche (km²)[17] | Einwohner[18] | Ausländer[18] | Ausländer (%)[18] |
|---|---|---|---|---|---|
| 1 | Altstadt | 0,51 km² | 3.569 | 1.201 | 33,7 % |
| 2 | Innenstadt | 1,52 km² | 6.558 | 2.433 | 37,1 % |
| 3 | Bahnhofsviertel | 0,53 km² | 2.187 | 810 | 37,0 % |
| 4 | Westend-Süd | 2,47 km² | 17.544 | 3.369 | 19,2 % |
| 5 | Westend-Nord | 1,67 km² | 9.120 | 2.217 | 24,3 % |
| 6 | Nordend-West | 3,07 km² | 29.086 | 5.048 | 17,4 % |
| 7 | Nordend-Ost | 1,69 km² | 26.733 | 5.439 | 20,3 % |
| 8 | Ostend | 5,40 km² | 27.271 | 7.229 | 26,5 % |
| 9 | Bornheim | 2,66 km² | 27.613 | 6.279 | 22,7 % |

| | | | | | |
|---|---|---|---|---|---|
| 10 | Gutleutviertel | 2,20 km² | 5.810 | 1.888 | 32,5 % |
| 11 | Gallus | 4,22 km² | 27.358 | 11.215 | 41,0 % |
| 12 | Bockenheim | 8,04 km² | 35.529 | 9.091 | 25,6 % |
| 13 | Sachsenhausen-Nord | 4,24 km² | 30.901 | 6.632 | 21,5 % |
| 14 | Sachsenhausen-Süd | 34,91 km² | 26.680 | 4.935 | 18,5 % |
| 15 | Flughafen | 20,00 km² | Einwohnerdaten in Sachsenhausen-Süd integriert | | |
| 16 | Oberrad | 2,74 km² | 13.040 | 3.264 | 25,0 % |
| 17 | Niederrad | 2,93 km² | 23.310 | 6.831 | 29,3 % |
| 18 | Schwanheim | 17,73 km² | 20.303 | 3.596 | 17,7 % |
| 19 | Griesheim | 4,90 km² | 22.944 | 8.163 | 35,6 % |
| 20 | Rödelheim | 5,15 km² | 17.850 | 4.767 | 26,7 % |
| 21 | Hausen | 1,26 km² | 7.311 | 2.172 | 29,7 % |
| 22 (23) | Praunheim | 4,55 km² | 15.845 | 3.269 | 20,6 % |
| 24 | Heddernheim | 2,49 km² | 16.480 | 3.155 | 19,1 % |
| 25 | Niederursel | 7,22 km² | 16.352 | 3.611 | 22,1 % |
| 26 | Ginnheim | 2,73 km² | 16.636 | 4.048 | 24,3 % |
| 27 | Dornbusch | 2,38 km² | 18.677 | 3.535 | 18,9 % |
| 28 | Eschersheim | 3,34 km² | 15.009 | 2.703 | 18,0 % |
| 29 | Eckenheim | 2,23 km² | 14.371 | 3.686 | 25,6 % |
| 30 | Preungesheim | 3,74 km² | 14.022 | 3.563 | 25,4 % |
| 31 | Bonames | 1,24 km² | 6.394 | 1.339 | 20,9 % |
| 32 | Berkersheim | 3,18 km² | 3.435 | 586 | 17,1 % |
| 33 | Riederwald | 1,04 km² | 4.935 | 1.137 | 23,0 % |
| 34 | Seckbach | 8,04 km² | 10.280 | 2.083 | 20,3 % |
| 35 | Fechenheim | 7,18 km² | 16.030 | 5.629 | 35,1 % |
| 36 | Höchst | 4,73 km² | 14.061 | 5.257 | 37,4 % |
| 37 | Nied | 3,82 km² | 18.079 | 5.354 | 29,6 % |
| 38 | Sindlingen | 3,98 km² | 9.009 | 2.136 | 23,7 % |
| 39 | Zeilsheim | 5,47 km² | 12.138 | 2.677 | 22,1 % |
| 40 | Unterliederbach | 5,85 km² | 14.536 | 3.585 | 24,7 % |
| 41 | Sossenheim | 5,97 km² | 15.767 | 4.273 | 27,1 % |
| 42 | Nieder-Erlenbach | 8,34 km² | 4.637 | 526 | 11,3 % |
| 43 | Kalbach-Riedberg | 6,90 km² | 9.463 | 1.510 | 16,0 % |
| 44 | Harheim | 5,02 km² | 4.363 | 435 | 10,0 % |
| 45 | Nieder-Eschbach | 6,35 km² | 11.516 | 1.992 | 17,3 % |
| 46 | Bergen-Enkheim | 12,54 km² | 18.098 | 2.794 | 15,4 % |
| 47 | Frankfurter Berg | 2,16 km² | 7.341 | 1.732 | 23,6 % |
| | **Stadt Frankfurt am Main** | **248,33 km²** | **688.191** | **167.194** | **24,3 %** |

## Eingemeindungen

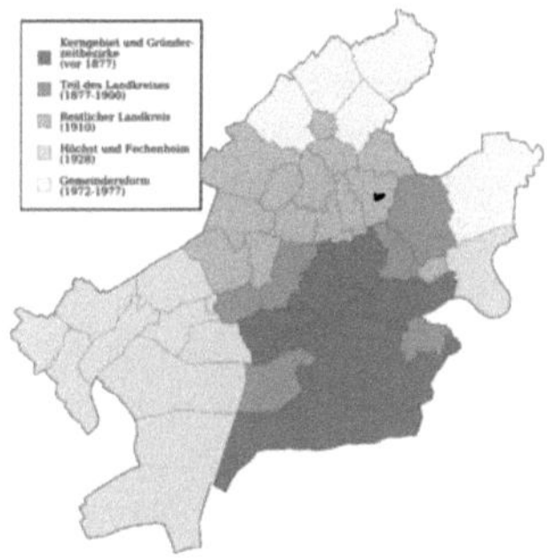

Eingemeindungen von Frankfurt am Main

Bis 1866 bestand das Stadtgebiet von Frankfurt am Main aus dem *Stadtbezirk* mit den heutigen Stadtteilen Altstadt, Innenstadt, Bahnhofsviertel, Gutleutviertel, Gallus, Westend, Nordend. Ostend, Riederwald und Sachsenhausen, einschließlich des Frankfurter Stadtwaldes, sowie aus dem *Landbezirk* mit den acht Dörfern Bornheim, Hausen, Niederursel (zur Hälfte mit dem Großherzogtum Hessen), Bonames, Nieder-Erlenbach, Dortelweil, Oberrad und Niederrad. Nach der Annexion der Freien Stadt Frankfurt durch Preußen bildete deren ehemaliges Territorium den Stadtkreis Frankfurt. Ab 1877 wurden die Gemeinden des Stadtkreises, 1910 auch des 1885 gebildeten Landkreises Frankfurt, nach und nach in die Stadt Frankfurt eingegliedert. Die letzte Eingemeindung erfolgte 1977. Von den ehemaligen Frankfurter Dörfern gehört heute nur Dortelweil nicht wieder zum Stadtgebiet.

*Siehe auch*

- Liste der Ortsbezirke von Frankfurt am Main
- Liste der Stadtteile von Frankfurt am Main
- Liste der Stadtbezirke von Frankfurt am Main
- Liste von Siedlungen in Frankfurt am Main
- Chronik der Frankfurter Eingemeindungen
- Liste der Straßennamen von Frankfurt am Main
- Liste von Straßen und Plätzen in Frankfurt am Main

# Stadtbild

Panoramaansicht vom Main Tower. Die Blickrichtungen sind Nordosten (links), Südosten (Bildmitte) und Süden (rechts).

## Altstadt und Innenstadt

Rekonstruierte Häuser an der Ostseite des Römerbergs

Wie bei vielen anderen deutschen Großstädten hat sich Frankfurts Stadtbild nach dem Zweiten Weltkrieg radikal geändert. Dies war bedingt durch die enormen Bombenschäden des Krieges und den darauf folgenden modernen Wiederaufbau, dem die Stadt ein autogerechtes Straßennetz und eine moderne, aber nicht innenstadttypische Altstadtbebauung verdankt. Von der ehemals größten zusammenhängenden Altstadt Deutschlands ist nur noch wenig übrig geblieben, von rund 3.000 Fachwerkhäusern überlebte nur eines weitgehend unversehrt, das *Haus Wertheym* am Fahrtor. Um die vorletzte Jahrhundertwende wurden Straßendurchbrüche geschaffen *(Braubachstraße)* und ganze Quartiere abgerissen *(Judengasse)*. Die Überreste der historischen Altstadt befinden sich rund um dem Römerberg, einem der bekanntesten Stadtplätze der Bundesrepublik.

Die Grenzen des Stadtviertels Frankfurt-Altstadt entsprechen dem Verlauf der alten Stadtmauer des 12. Jahrhunderts, der sogenannten Staufenmauer. Dies entspricht etwa den Straßenzügen Neue Mainzer Straße-Kaiserstraße-Roßmarkt-Zeil-*Kurt-Schumacher-Straße*. In der Altstadt befinden sich auch der Frankfurter Kaiserdom und die berühmte Paulskirche. Ein Grafiker, der das alte Frankfurt des 17. Jahrhunderts detailgetreu in Stadtansichten darstellte, war Matthäus Merian.

Stadtzentrum mit Bankenviertel, Katharinenkirche und Hauptwache

Die heutige Innenstadt, ab 1333 als *Neustadt* erweiterter Teil der Altstadt, erlebte im frühen 19. Jahrhundert starke Veränderungen. Die barocke Stadtbefestigung mit ihren großen Bastionen, die seit dem 17. Jahrhundert die *Alt-* und die *Neustadt* umfassten, wurde geschleift und stattdessen die Wallanlagen als ringförmiger Park um die alte Stadt geschaffen. Das Fischerfeld wurde bebaut. Der Stadtplaner Georg Heß verfasste ein Statut, in dem geregelt wurde, wie die Neubauten aussehen sollten. Er verlangte, dass sich die Bauherren an den Stil des Klassizismus zu halten hätten. Ein Beispiel für den Frankfurter Klassizismus ist die 1820 bis 1825 entstandene und 1944 teilweise zerstörte Alte Stadtbibliothek, die als „Literaturhaus“ 2005 im Originalzustand wiederaufgebaut worden ist. In der *Wallservitut* wurde 1827 festgelegt, dass die in Spazierwege umgewandelten Wallanlagen nicht bebaut werden dürften. Diese Bestimmung gilt noch heute, auch wenn die Stadt einzelne Ausnahmen zugelassen hat (Alte Oper, Schauspielhaus, Hilton-Hotel).

Goethe-Denkmal auf dem Goetheplatz

Ende des 19. Jahrhunderts entwickelte sich die Hauptwache zum Mittelpunkt der Stadt. Die Zeil wurde zur Hauptgeschäftsstraße. Die 1678–1681 am Eingang der Zeil errichtete barocke Katharinenkirche, heute die größte evangelische Kirche Frankfurts, ist eng mit der Familie Goethe verbunden.

Alte Stadtbibliothek

Eine radikale bauliche Veränderung hat Frankfurt an der Einkaufsstraße Zeil gerade vollzogen. Dort wurde im Februar 2009 auf dem ehemaligen Gelände der Telekom zwischen dem Eschenheimer Tor und der Zeil das Einkaufszentrum MyZeil eröffnet. Zwei Hochhäuser mit Büro- und Hotelnutzung wurden gebaut sowie das zwischen 1737 und 1741 erbaute und 1944 zerstörte Palais Thurn und Taxis annähernd originalgetreu rekonstruiert. Für das Palais Quartier genannte Projekt wurde unter anderem das Fernmeldehochhaus, eines der ersten Frankfurter Hochhäuser aus dem Jahr 1956, abgerissen. Das Gebäudeensembles wurde Mitte 2010 fertiggestellt. Auf dem direkt nördlich angrenzenden Grundstück wurde das 1953 errichtete Rundschau-Haus der Frankfurter Rundschau abgerissen, um Wohn- und Geschäftshäusern Platz zu machen. Das gesamte 2,25 Hektar große Areal soll vom niederländischen Projektentwickler Bouwfonds MAB neu bebaut werden.

Die nächste große Veränderung leitete 2010 der Abriss des Technischen Rathauses zwischen Dom und Römerberg ein. An dessen Stelle soll im Rahmen des Dom-Römer-Projekts der historische Grundriss der Altstadt mit rund 40 Gebäuden wieder entstehen, mindestens acht Fachwerkhäuser werden dabei originalgetreu rekonstruiert.

Palais Quartier an der Zeil

## Gründerzeitliche Bezirke

Kaiserstraße im Bahnhofsviertel

Seit etwa 1830 entstanden außerhalb der Wallanlagen die Stadtteile Westend, Nordend und Ostend. Nach dem Bau des Hauptbahnhofes entstand in den 1890er-Jahren auch das Bahnhofsviertel auf dem Gelände der drei zuvor direkt westlich an den Anlagenring angrenzenden Westbahnhöfe.

Friedberger Warte in Bornheim

Als Wohngebiete wuchsen vor allem die drei erstgenannten Stadtteile sowie das südlich des Mains gelegene Sachsenhausen enorm. Die Frankfurter Bürger wollten an die frische Luft. Heute lebt gerade einmal ein Prozent der Bevölkerung innerhalb der ehemaligen Stadtmauern. Die Bebauung erfolgte entlang breiter Ausfallstraßen wie der Eschersheimer Landstraße oder der Bockenheimer Landstraße. Üblicherweise wurden vier bis fünf Stockwerke im Wilhelminischen Gründerzeit-Stil gebaut – und dabei die Gebäude des Klassizismus größtenteils abgerissen und ersetzt. Die 1877 und 1895 eingemeindeten Stadtteile Bornheim und Bockenheim wurden in dieses Stadtbild integriert, erhielten neue Straßen und einen Anschluss an die Frankfurter Straßenbahn, konnten aber bis heute ihren eigenen Charakter bewahren. Anfang des 20. Jahrhunderts entstand unter Oberbürgermeister Franz Adickes der Frankfurter Alleenring, eine stark befahrene Ringstraße, welche die gründerzeitlichen Stadtviertel miteinander verband. Er folgt in weiten Bereichen etwa dem Verlauf der alten Frankfurter Landwehr.

Koreanischer Pavillon im Grüneburgpark

Neben den Wallanlagen erhielt die Stadt im 19. Jahrhundert weitere Grünanlagen. Im Stadtteil Nordend-Ost befindet sich zum Beispiel der Bethmannpark mit seinem chinesischen Garten des Himmlischen Friedens. Im Nordend befinden sich der Holzhausenpark und der Günthersburgpark. Weiter westlich im Stadtteil Westend-Nord liegt der Grüneburgpark, in dem sich unter anderem eine griechisch-orthodoxe Kirche und ein koreanischer Garten befinden. Der Palmengarten Frankfurt ist ein seit 1871 bestehender international renommierter Botanischer Garten, der etwa 2500 Pflanzenarten kultiviert und Attraktionen wie das Papageno-Musiktheater oder die Parkeisenbahn Palmen-Express beherbergt. Direkt an diesen anschließend befindet sich der Botanische Garten der Universität. Diese drei aneinander grenzenden Gärten bilden die größte innenstadtnahe Grünanlage Frankfurts. Der Ostpark im Ostend war 1907 der erste Volkspark in Frankfurt und wurde als Erholungsort für die Anwohner, wie z. B. der Arbeiter der angrenzenden Industriegebiete, konzipiert.

Ebbelwoi-Viertel in Alt-Sachsenhausen

## Höchst und die äußeren Stadtteile

Panorama des Mainufers in Höchst

Zu Beginn des 20. Jahrhunderts wurden in mehreren Schritten die nördlich der Innenstadt gelegenen Stadtteile eingemeindet. Einige dieser Stadtteile hatten bereits bis 1866 zum Besitz der Freien Stadt Frankfurt gehört, andere waren zuvor nie mit Frankfurt verbunden. Um 1914 gehörte Frankfurt zu den flächenmäßig größten Städten Deutschlands. In den neuen Stadtvierteln errichtete Ernst May in den 1920er-Jahren große Wohnsiedlungen außerhalb des Alleenrings, die das Neue Frankfurt symbolisieren: Dazu gehören die Siedlungen Praunheim, Römerstadt und Westhausen im Norden, die Siedlung Bornheimer Hang im Osten, die Hellerhofsiedlung sowie die Heimatsiedlung im Süden.

Das Stadtgebiet wuchs 1928 durch Eingemeindungen weiter. Die Stadt Höchst am Main bereicherte Frankfurt um eine Altstadt, die noch heute sehr gut erhalten ist und seit 1972 unter Denkmalschutz steht. Das älteste Gebäude Frankfurts befindet sich ebenfalls dort, die Justinuskirche. Die spätesten Eingemeindungen fanden 1972 und 1977 im Nordosten statt. Diese Stadtteile haben sich zum Teil bis heute ihren ländlichen Charakter bewahrt (Kalbach, Harheim, Nieder-Eschbach und Nieder-Erlenbach; dazu im Osten Bergen-Enkheim).

## Grüngürtel

Das Enkheimer Ried im Stadtteil Bergen-Enkheim

Der seit 1994 ausgewiesene Frankfurter Grüngürtel ist ein ringförmig um den Stadtkern gelagertes Landschaftsschutzgebiet. Es umfasst mit 8.000 Hektar etwa ein Drittel des Frankfurter Stadtgebiets und soll den weiteren Landschaftsverbrauch durch zersiedelnde Bebauung verhindern. Teile des Grüngürtels gehen nahtlos in den noch größeren Schutz- und Erholungsraum „Regionalpark RheinMain" über.

Zum Grüngürtel gehört auch der 4902 Hektar große Frankfurter Stadtwald im Süden der Stadt. Dieser zählt zu den größten innerstädtischen Wäldern in Deutschland und bedeckt die südlichen Teile von Schwanheim, Niederrad, Sachsenhausen und Oberrad sowie den nördlichen Teil des Stadtteils Flughafen.

Daneben zählen die Schwanheimer Düne, das Niddatal und der Niddapark, der Lohrberg, der Huthpark, das Enkheimer Ried, das Seckbacher Ried, der Fechenheimer Mainbogen und zahlreiche Kleingartenanlagen zum Grüngürtel.

## Geschichte

Das abgebaute Standbild Kaiser Karls des Großen vor dem Historischen Museum

Frankfurt am Main wurde erstmals am 22. Februar 794 in einer Urkunde Karls des Großen für das Regensburger Kloster St. Emmeram erwähnt. In dem in Latein verfassten Dokument heißt es: *„ ..actum super fluvium Moin in loco nuncupante Franconofurd" – „gegeben (ausgestellt) am Flusse Main in einem Orte, genannt Frankfurt."* Eine kontinuierliche Besiedlung des Domhügels ist allerdings schon seit jungsteinzeitlicher Zeit nachgewiesen. Am selben Ort entstand in der Folge vermutlich ein römisches Militärlager und in merowingischer Zeit ein fränkischer Königshof. 843 wurde Frankfurt die zeitweise wichtigste königliche Pfalz der Ostfranken und Ort von Reichstagen. 1220 wurde Frankfurt freie Reichsstadt.

Die Goldene Bulle von 1356 bestätigte Frankfurt ab 1356 als ständige Wahlstadt der römischen Könige, nachdem hier schon seit 1147 die meisten Königswahlen stattgefunden hatten. Ab 1562 wurde der Kaiser auch in Frankfurt gekrönt, als letzter 1792 der Habsburger Franz II.

1806, mit dem Ende des Alten Reiches, fiel Frankfurt unter die Herrschaft des Fürstprimas Karl Theodor von Dalberg, der es mit seinen Fürstentümern Regensburg und Aschaffenburg zu einem selbständigen Staat innerhalb des Rheinbunds vereinigte. 1810 trat Dalberg Regensburg an Bayern ab und wurde mit den Gebieten von Hanau und Fulda entschädigt. Zusammen mit der Stadt Frankfurt und dem Aschaffenburger Gebiet bildete dieser Territorialkomplex schließlich von 1810 bis 1813 das kurzlebige Großherzogtum Frankfurt.

Stadtansicht (etwa 1612)

Mit dem Zusammenbruch des napoleonischen Systems wurde Frankfurt am 14. Dezember 1813 von den siegreichen Alliierten einer provisorischen Verwaltung unter dem Präfekten Friedrich Maximilian von Günderrode unterstellt.

Die Nationalversammlung in der Paulskirche 1848

Auf dem Wiener Kongress plante das Königreich Bayern die Annexion Frankfurts, doch beschloss der Kongress am 8. Juni 1815 die Wiederherstellung Frankfurts als Freie Stadt innerhalb des Deutschen Bundes. Es war damit neben Hamburg, Bremen und Lübeck eine von vier Freien Städten, die ihre traditionelle Stadtfreiheit bis in die Zeit der Moderne behaupten konnten. Der Bundestag des Deutschen Bundes richtete sich in Frankfurt ein. 1848 kam es in den deutschen Staaten zur Märzrevolution. Die einberufene Nationalversammlung tagte in der Frankfurter Paulskirche.

Im Preußisch-Österreichischen Krieg 1866 blieb Frankfurt bundestreu. Die öffentliche Meinung stand eher auf Seiten Österreichs und des Kaisers, obwohl es auch in Frankfurt schon länger Stimmen gab, die aus wirtschaftlichen und außenpolitischen Gründen für einen freiwilligen Anschluss an Preußen plädierten. Am 18. Juli wurde die Stadt von der preußischen Rheinarmee besetzt und mit schweren Kontributionen belegt. Am 2. Oktober annektierte Preußen die Stadt, die damit endgültig ihre Unabhängigkeit verlor; Frankfurt wurde dem Regierungsbezirk Wiesbaden der Provinz Hessen-Nassau zugeordnet, die Zahlung der Kontributionen später erlassen. 1868 führte Preußen in Frankfurt die Magistratsverfassung mit einem Oberbürgermeister als Stadtoberhaupt ein. Als versöhnendes Symbol wurde 1871 in Frankfurt der Deutsch-Französische Krieg mit dem Frankfurter Frieden offiziell beendet.

Für die wirtschaftliche Entwicklung der Stadt zu einem Industriezentrum mit raschem Bevölkerungswachstum war die Annexion vorteilhaft. Frankfurt gemeindete zwischen 1877 und 1910 in mehreren Etappen zahlreiche umliegende Orte ein und vergrößerte seine Fläche von 70 auf 135 Quadratkilometer. Damit wurde es schließlich sogar Anfang des 20. Jahrhunderts für kurze Zeit Deutschlands flächengrößte Stadt. Mit dem raschen Bevölkerungswachstum baute die Stadt ihre öffentliche Infrastruktur aus, darunter zahlreiche Schulen, mehrere Mainbrücken, Wasserversorgung, Kanalisation, eine moderne Berufsfeuerwehr, Vieh- und Schlachthof, die Markthalle, Straßenbahnen, Bahnhöfe und Häfen. Nachdem sich die Industrie zunächst vor allem in Bockenheim, entlang der Mainzer Landstraße und in Sachsenhausen angesiedelt hatte, entstand 1909 bis 1912 der Osthafen mit einem Industriegebiet, dessen neu erschlossene Fläche so groß war wie das gesamte Ende des 19. Jahrhunderts bebaute Stadtgebiet nördlich des Mains. Neben den traditionellen Frankfurter Branchen, Gießereien und Metallwaren, Schriftgießereien und Druckereien, entstanden nun Brauereien, chemische Fabriken und, nach der Internationalen Elektrotechnischen Ausstellung 1891, auch eine Elektroindustrie. 1914 wurde die von Frankfurter Bürgern gestiftete Universität eröffnet.

Im Ersten Weltkrieg blieb Frankfurt von Zerstörungen verschont, litt aber aufgrund seiner Lage als preußische Grenzstadt mit hessischem und bayrischem Hinterland unter einer schlechten Versorgung mit Lebensmitteln und anderen Dingen des täglichen Bedarfs. Infolge der Novemberrevolution 1918 kam es zu Unruhen und zeitweiligen Straßenkämpfen, die bis Ende 1919 anhielten.

Zerstörte Altstadt mit Dom nach den alliierten Bombenangriffen 1944, Luftbild Juni 1945

In den 1920er Jahren erlebte Frankfurt eine kulturelle Blüte, unter anderem durch seine Theater und das städtebauliche Programm des Neuen Frankfurt (weltweit bekannt durch die Frankfurter Küche, den Urtyp der modernen Einbauküche). 1925 fand im neu erbauten Waldstadion die erste internationale Arbeiterolympiade statt.

In der Zeit des Nationalsozialismus wurden 11.134 Juden aus Frankfurt deportiert und ermordet. Im Zweiten Weltkrieg zerstörten alliierte Luftangriffe auf Frankfurt etwa 70 Prozent der Gebäude, darunter fast die gesamte Alt- und Innenstadt. Das bis 1944 nahezu geschlossen mittelalterliche Stadtbild ging dadurch verloren, da der Wiederaufbau in den 1950er-Jahren sich nicht an den alten Strukturen orientierte. Weite Teile der einstigen Altstadt werden bis heute von den damals entstandenen schlichten modernistischen Zweckbauten und Verkehrsachsen geprägt.

Nach Kriegsende richtete die amerikanische Militärregierung in der Stadt ihren Hauptsitz ein. Anschließend wurde Frankfurt zum Verwaltungssitz der Trizone. Bei der Wahl zur Bundeshauptstadt unterlag Frankfurt am 10. Mai 1949 gegen Konrad Adenauers Favoriten Bonn.[19] Ein Parlamentsgebäude war in Frankfurt bereits gebaut worden. Es beherbergt heute den Hessischen Rundfunk. In der Nachkriegszeit entwickelte sich die Stadt erneut zu einer wirtschaftlichen Metropole und wurde 1998 Sitz der Europäischen Zentralbank.

## Einwohnerentwicklung

Angaben über die Einwohnerentwicklung Frankfurts basieren bis ins 19. Jahrhundert auf ungenauen Schätzungen, erst ab etwa 1810 auf Volkszählungsergebnissen und amtlichen Statistiken. Im Mittelalter gehörte Frankfurt mit rund 10.000 Einwohnern zu den mittelgroßen deutschen Städten. Im 17. Jahrhundert überschritt die Einwohnerzahl 20.000, Mitte des 18. Jahrhunderts 30.000 und um 1810 40.000. Bis zum Ende der Freien Stadt Frankfurt 1866 stieg die Stadtbevölkerung auf über 90.000, von denen rund 78.000 innerhalb der Wallanlagen wohnten. Heute leben hier noch etwa 7000 Menschen.

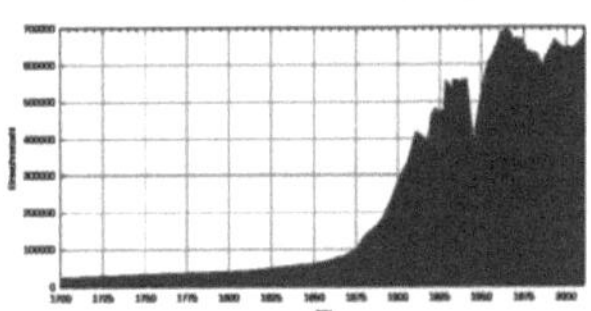

Einwohnerentwicklung von Frankfurt am Main

1875 hatte Frankfurt 100.000 Einwohner. Etwa ab 1880 gehörte es zu den zehn größten Städten Deutschlands. 1910 stand es mit 414.576 Einwohnern an neunter Stelle in Deutschland und an vierter unter den preußischen Großstädten. Bis zum Beginn des Zweiten Weltkriegs stieg die Stadtbevölkerung auf 553.464.

Im Zweiten Weltkrieg kamen mehr als 4800 Zivilisten und 12.700 Frankfurter Soldaten ums Leben, fast 12.000 jüdische Einwohner Frankfurts (von ehemals 30.000) wurden im Holocaust ermordet. Ende 1945 lebten noch 358.000 Menschen in der Stadt, in der etwa die Hälfte der Wohnungen durch den Krieg zerstört worden war.

1951 überschritt die Einwohnerzahl wieder den Stand von 1939 und erreichte 1963 mit 691.257 ihren historischen Höchststand. Durch Wanderungsverluste ins Umland nahm die Zahl der Einwohner bis 1986 auf 592.411 ab, seitdem stieg sie wieder um etwa 14,7 Prozent auf 679.664 (31. Dezember 2010), wobei die jährlich Zunahme der letzten fünf Jahre im Durchschnitt etwa 7000 Personen betrug. Diese Trendumkehr ist verbunden mit einer überproportionalen Zunahme der Einpersonenhaushalte und der Ausweisung neuer Siedlungs- und Wohngebiete für Miet- und Eigentumswohnungen sowie bezahlbaren Eigenheimen.[20]

Gemäß der *Frankfurter Bevölkerungsprognose 2030* vom Dezember 2010, die auf den eigenen Fortschreibungsdaten des *Bürgeramtes Statistik und Wahlen* zum Stichtag 31. Dezember 2009 basiert und alle Einwohner mit Haupt- und Nebenwohnsitz in Frankfurt erfasst, soll Frankfurts Einwohnerzahl bis 2020 auf etwa 725.000 steigen und danach bis 2030 auf etwa 723.000 leicht sinken.[21] Nach der aktuellen Fortschreibung der Stadt lag die Einwohnerzahl am 30. Juni 2012 bei 700.256 und damit erstmals über 700.000.[22]

## Religionen und Weltanschauungen

In Frankfurt existieren zahlreiche religiöse und weltanschauliche Gruppierungen, die nicht alle offiziell registriert sind. Viele Frankfurter, vor allem Atheisten, Agnostiker und Muslime, sind zudem organisatorisch ungebunden.

Der Kaiserdom St. Bartholomäus ist die größte Kirche der Stadt.

Bereits im siebten Jahrhundert existierte an der Stelle des Domes eine kleine Kirche. Seit Ende des 12. Jahrhunderts entstanden in rascher Folge zahlreiche weitere Kirchen und Kapellen, teils als Stiftungen Frankfurter Bürger, teils als Ordensniederlassungen.

1533 führte die Freie Reichsstadt die Reformation ein. Nach dem Augsburger Interim von 1548 wurden die katholischen Stiftskirchen und Klöster in Frankfurt an die katholische Kirche zurückgegeben, um den Konflikt mit dem katholischen Kaiser zu vermeiden und die städtischen Privilegien (vor allem die Messen und die Kaiserwahlen) nicht zu gefährden. Die wenigen verbliebenen Katholiken hatten seit dem Augsburger Religionsfrieden von 1552 Glaubensfreiheit, konnten jedoch bis 1806 nur in Ausnahmefällen das Bürgerrecht erwerben. Aus Frankreich kamen sogenannte Réfugiés, verfolgte Hugenotten, die die erste Gemeinde von Réfugiés in Deutschland im Jahre 1554 entstehen ließen.

Westendsynagoge, die größte Frankfurter Synagoge

Die Reformierte Kirche durfte in Frankfurt erst ab 1786 eigene Kirchen errichten. 1866 schlossen sich die lutherischen und die reformierten Gemeinden zu einer Frankfurter Landeskirche zusammen.

1933 vereinigte sich die Frankfurter Landeskirche unter staatlichem Druck mit den evangelischen Kirchen von Hessen-Darmstadt und Nassau zur *Evangelischen Landeskirche in Nassau-Hessen*, die 1947 zur Evangelischen Kirche in Hessen und Nassau (EKHN) wurde. Das 1976 eingemeindete Bergen-Enkheim gehört weiterhin zur evangelischen Kirche von Kurhessen-Waldeck.

Nuur-Moschee, die erste Moschee in Frankfurt

Durch Zuwanderung im 18., vor allem aber im 19. und 20. Jahrhundert konnten die Katholiken zahlenmäßig nahezu wieder zu den Protestanten aufschließen. Bis 1917 bildeten die damals 86.000 Katholiken Frankfurts eine gemeinsame Stadtgemeinde, dann entstanden nach und nach mehrere Pfarreien. Die katholischen Gemeinden gehören überwiegend zum Bistum Limburg, nur Bergen-Enkheim zum Bistum Fulda sowie die 1972 eingemeindeten Stadtteile Harheim, Nieder-Erlenbach und Nieder-Eschbach zum Bistum Mainz.

Neben den beiden großen christlichen Konfessionen sind auch orthodoxe Kirchen, altorientalische Kirchen, Freikirchen und andere christliche Glaubensgemeinschaften in Frankfurt vertreten, darunter die Altkatholische

Kirche, die Neuapostolische Kirche und die Zeugen Jehovas.

Eine Jüdische Gemeinde wird in Frankfurt erstmals 1150 erwähnt. Zweimal, 1241 und 1349, wurden die Frankfurter Juden im Mittelalter Opfer von Pogromen. Von 1462 bis 1796 mussten sie in einem Ghetto, der Judengasse, leben. Erst 1806 wurden sie den übrigen Konfessionen gleichberechtigt. 1864 gewährte Frankfurt den Juden als einer der ersten deutschen Staaten die uneingeschränkte Gleichberechtigung.

Um 1930 lebten etwa 28.000 Juden in Frankfurt. In der Zeit des Nationalsozialismus wurden fast alle deportiert oder vertrieben, die vier großen Synagogen während der Novemberpogrome 1938 zerstört. 11.134 Frankfurter Juden wurden während des Holocaust ermordet. Bei Kriegsende hatten nur etwa 160 in der Stadt überlebt. Bereits kurz nach Kriegsende wurde von deportierten osteuropäischen Juden eine neue jüdische Gemeinde gegründet. Sie ist heute mit ungefähr 7.200 Mitgliedern eine der großen Gemeinden in der Bundesrepublik. Größte Frankfurter Synagoge ist die Westendsynagoge.

Die 1959 in Sachsenhausen erbaute Nuur-Moschee der Ahmadiyya Muslim Jamaat war die erste Moschee Frankfurts und eine der ersten Deutschlands. Inzwischen gibt es in Frankfurt eine Reihe weiterer Moscheen verschiedener islamischer Glaubensgemeinschaften.

Die Kirche Jesu Christi der Heiligen der Letzten Tage (Mormonen) hat ihren Hauptsitz für das Gebiet *Europa Mitte* in Frankfurt am Main (Eckenheim). Ferner befinden sich zwei Gemeinden in Eckenheim und Höchst. Der Frankfurt-Tempel in Friedrichsdorf war 1987 der erste mormonische Tempel in der damaligen Bundesrepublik.

Außerhalb Frankfurts, in Hofheim-Langenhain, liegt seit 1964 auch das einzige Haus der Andacht der Glaubensgemeinschaft der Bahai in Europa.

Daneben existiert im Zentrum Frankfurts die 1845 gegründete und als Körperschaft des öffentlichen Rechts anerkannte freireligiöse Unitarische Freie Religionsgemeinde mit über 1000 Mitgliedern.

## Politik

Die Hauptsatzung von Frankfurt und die Hessische Gemeindeordnung bestimmen heute den konstitutionellen Aufbau der Stadt.

Frankfurt wird zurzeit von einer Koalition aus CDU und Grünen unter Oberbürgermeister Peter Feldmann verwaltet. 2012 wurden Neuwahlen nötig, da die bisherige Oberbürgermeisterin Petra Roth ihren Rücktritt zum 1. Juli angekündigt hatte. Die Wahl gewann der SPD-Kandidat Peter Feldmann in der Stichwahl am 25. März 2012 mit 57,4 Prozent die absolute Mehrheit gegen den CDU-Kandidaten, Hessens Innenminister Boris Rhein, der im ersten Wahlgang am 11. März 2012 noch vor Peter Feldmann gelegen hatte.[23]

Peter Feldmann

Frankfurt ist seit der Bundestagswahl 2002 in die Wahlkreise 182 und 183 aufgeteilt. Direktmandate bekamen bei der Wahl 2009 Matthias Zimmer (CDU) und Erika Steinbach (CDU). Über die Landesliste zogen Hans-Joachim Otto (FDP) und Omid Nouripour (Grüne) sowie Wolfgang Gehrcke (Die Linke) in den Bundestag ein.

## Wappen

Stadtwappen von ca. 1925–1936 von Hans Leistikow

**Blasonierung:**

„Das Wappen zeigt in Rot einen golden gekrönten silbernen Adler, in Gold und Blau bewehrt und bezungt."[24]

**Beschreibung:**

Der Frankfurter Adler geht auf den einköpfigen Reichsadler aus dem dreizehnten Jahrhundert zurück. Als Zeichen der Abhängigkeit der Reichsstadt zum Reich trägt der Adler eine Krone. Im Jahre 1841 entwarf der Bildhauer Eduard Schmidt von der Launitz die heutige Darstellung des Wappens. Allerdings sollte in den 1920er Jahren eine radikal vereinfachte Version des Grafikers Hans Leistikow das Wappen ersetzen:[25] Oberbürgermeister Ludwig Landmann wollte sich nach dem Zeitgeist richten und setzte sich für diese expressionistische Fassung des Adlers ein. Der Bevölkerung missfiel der Vorschlag allerdings. 1936 wurde das alte Wappen wieder eingeführt. Nach dem Zweiten Weltkrieg folgten erneut verschiedene Darstellungsweisen des Adlers, bis 1952 die Hauptsatzung das Wappen von 1936 festlegte. Der Leistikow-Adler wird heute nur noch in Einzelfällen, auf der Ehrenplakette der Stadt Frankfurt, auf der Fahne des Instituts für Stadtgeschichte, und als Wappen des Feuerwehrsportvereins Frankfurt am Main verwendet.

## Städtepartnerschaften

Städtepartnerschaften gibt es mit folgenden Städten:[26]

- Lyon, Frankreich – seit 1960
- Birmingham, Vereinigtes Königreich – seit 1966
- Mailand, Italien – seit 1970
- Guangzhou (Kanton), Volksrepublik China – seit 1988
- Budapest, Ungarn – seit 1990
- Prag, Tschechien – seit 1990
- Granada, Nicaragua – seit 1991
- Krakau, Polen – seit 1991
- Yokohama, Japan – seit 2011

Ferner besteht seit 1967 eine Partnerschaft zwischen dem damals noch selbständigen Stadtteil Nieder-Eschbach und der Stadt Deuil-la-Barre (Frankreich).

Freundschaftsverträge gibt es mit folgenden Städten:

- Kairo, Ägypten – seit 1979
- Tel Aviv-Jaffa, Israel – seit 1980
- Toronto, Kanada – seit 1989
- Leipzig, Sachsen, Deutschland – seit 1990 Kooperation
- Dubai, Vereinigte Arabische Emirate – seit 2005

Seit 2006 besteht zudem ein Städtekontakt mit der südchinesischen Stadt Shenzhen zur Förderung der wirtschaftlichen Kooperation, seit 2007 auch mit Tianjin und Peking.

## Stadthaushalt

Frankfurt hatte nach einer großzügigen öffentlichen Baupolitik in den 1980er-Jahren unter den CDU-Oberbürgermeistern Walter Wallmann und Wolfram Brück den Schuldenstand von 840 Millionen Euro (1977) auf 2,25 Milliarden (1989) erhöht.[27] Unter dem rot-grünen Magistrat stieg die Verschuldung bis 1993 auf einen Höchststand von 3,4 Milliarden. Frankfurt hatte damit zeitweise die höchste Pro-Kopf-Verschuldung unter den großen Städten (ohne Stadtstaaten) Deutschlands. Da die Auflagen der Kommunalaufsicht einen weiteren Anstieg der Nettoverschuldung untersagten, begann die Stadt ab 1994 mit der Haushaltskonsolidierung. Die Verschuldung ging danach deutlich zurück, unter anderem infolge einer drastischen Erhöhung der Gewerbesteuer, einer gemäßigten Ausgabenpolitik und einer zeitweise sehr guten wirtschaftlichen Entwicklung.

2006 lag Frankfurt mit einer Verschuldung von rund 2200 Euro pro Einwohner auf dem sechsten Platz unter den fünfzehn größten deutschen Städten (Bremen etwa 17.000, Berlin etwa 16.000, Hamburg etwa 13.000, Köln etwa 3800, München rund 2700 Euro pro Kopf).[28] Aufgrund guter Steuereinnahmen und hoher Haushaltsüberschüsse sank die Verschuldung bis Ende 2010 auf 983 Millionen Euro.

Am 13. Juni 2008 veröffentlichte die Stadt ihre Eröffnungsbilanz zum 1. Januar 2007, mit der die Umstellung auf kaufmännische Buchführung eingeleitet wurde. Die Stadt Frankfurt verfügte demnach über ein Vermögen von 12,52 Milliarden Euro, wovon 11,8 Milliarden auf das Anlagevermögen entfielen. Die Stadt ermittelte an Besitztümern unter anderem: 1145 Kilometer Straße; 44.266 Grundstücke; etwa 1800 Gebäude; 58,6 Kilometer U-Bahn-Gleise; etwa 2500 Pflanzenarten im Palmengarten; etwa 4500 Tiere aus 580 Arten im Zoo; 4902 Hektar Stadtwald. Den höchsten Buchwert aller Gebäude hat der Dom mit 58 Millionen Euro. Das städtische Eigenkapital lag bei 8,29 Milliarden, das entspricht einer Eigenkapitalquote von 66,2 Prozent. Die Verbindlichkeiten lagen bei 1,8 Milliarden, die im Wesentlichen zur Deckung von Pensionsansprüchen gebildeten Rückstellungen bei 1,2 Milliarden.[29]

2007 und 2008 erzielte die Stadt Jahresüberschüsse von jeweils über 500 Millionen Euro.[30] Infolge der Finanzkrise sanken die Steuererträge um über 400 Millionen pro Jahr, deshalb erwartet die Stadt nach einem geringen Überschuss 2009 im Produkthaushalt für die Jahre 2010 und 2011 und in den Folgejahren bis mindestens 2013 deutlich negative Ergebnisse.[31]

Hauptgrund ist die Entwicklung der Gewerbesteuer als wichtigste Steuerquelle der Stadt Frankfurt. 2008 wurde ein Rekordwert von 1,64 Milliarden Euro eingenommen. Damit hat Frankfurt nach München (1,9 Mrd. Euro) die bundesweit höchsten Einnahmen aus der Gewerbesteuer, jedoch ist München gemessen an der Einwohnerzahl fast doppelt so groß wie Frankfurt. Ähnlich große Städte wie Stuttgart oder Dortmund erzielen nur etwa die Hälfte oder gar ein Fünftel der Frankfurter Einnahmen.[32] 2010 erzielte die Stadt Gewerbesteuereinnahmen von 1,3 Milliarden Euro, für 2011 werden gemäß Haushaltsplan etwa 1,1 Milliarden Euro erwartet.[33]

## Wirtschaft und Standortfaktoren

Laut einer 2001 erstellten Rangliste der Universität Liverpool kann Frankfurt als die produktivste Stadt Europas (nach Bruttoinlandsprodukt pro Kopf) gelten (vor Karlsruhe, Paris und München).[34] Die Stadt ist heute eine der reichsten und leistungsfähigsten Metropolen Europas. Das macht sich auch an der hohen Anzahl internationaler Unternehmensvertretungen bemerkbar. In einer jährlichen Studie (*European Cities Monitor*, 2009) von Cushman & Wakefield hält Frankfurt seit 20 Jahren den dritten Platz als bester Standort für internationale Konzerne in Europa (nach London und Paris).[35] Für das Bundesland Hessen hat Frankfurt eine zentrale Bedeutung, 40 Prozent der 4,24 Milliarden Euro Gewerbesteuereinnahmen in Hessen stammen aus Frankfurt.[36] Eine Untersuchung seitens der *Economist Intelligence Unit* über die teuersten Städte der Welt mit Bezug auf die Lebenshaltungskosten hat im Dezember 2011 ergeben, dass Frankfurt die teuerste Stadt Deutschlands und zehntteuerste Stadt der Welt ist.[37]

Flughafen Frankfurt am Main

Das Bankenviertel von der Zeilgalerie aus gesehen

Frankfurter Wertpapierbörse

### Arbeiten in Frankfurt

Frankfurt ist mit 622.600 Erwerbstätigen,[38] darunter rund 490.000 sozialversicherungspflichtigen Beschäftigten die Stadt mit der höchsten Arbeitsplatzdichte und den meisten Pendlern in Deutschland. Die Zahl der täglichen Einpendler lag 2010 bei 325.485, während die Zahl der Auspendler 68.080 betrug.[38] Rund 75.000 Menschen arbeiten bei über 500 Unternehmen am Frankfurter Flughafen[39] , der damit als größte lokale Arbeitsstätte Deutschlands gilt. Größter einzelner Wirtschaftsbereich ist *Erbringung von Finanz- und Versicherungsdienstleistungen*, der rund 72.800 Menschen beschäftigt.[38]

Das mittlere Bruttoentgelt von sozialversicherungspflichtigen Vollzeitbeschäftigten in Frankfurt lag 2010 bei 3619 Euro und damit um etwa 600 Euro höher als 2000. Dabei unterscheiden sich die einzelnen Branchen deutlich: Während im Gastgewerbe und bei einfachen Dienstleistungen das mittlere Bruttoentgelt unter 2000 Euro liegt, verdient ein Vollzeitbeschäftigter in der IT-Branche über 4500 und im Finanzgewerbe über 5400 Euro im Monat.[38] Dem hohen Durchschnittseinkommen der Vollzeitbeschäftigten stehen etwa 46700 ausschließlich geringfügig Beschäftigte und etwa 26000 Arbeitslose gegenüber.

Die hohe Wirtschaftskraft der Stadt schlägt sich in den Kassen umliegender Städte und Gemeinden des Speckgürtels hauptsächlich im Vordertaunus nieder, die von überdurchschnittlichen Steuerzahlungen ihrer in Frankfurt verdienenden Pendler profitieren, weshalb sich hier zwei der fünf reichsten Landkreise Deutschlands, nämlich der Hochtaunuskreis mit Bad Homburg vor der Höhe als Kreisstadt und der Main-Taunus-Kreis mit Hofheim am Taunus als Kreisstadt befinden.

Die Stadt hat zudem die höchste Bruttowertschöpfung und das höchste Bruttoinlandsprodukt pro Einwohner sowie pro Erwerbstätigen unter allen deutschen Großstädten (Stand 2007).[40]

Zentrale der Deutschen Bank

## Lebensqualität

Laut einer Untersuchung des Unternehmens Marsh & McLennan Companies von 2010[41] belegt Frankfurt in einer Rangliste internationaler Großstädte mit der höchsten Lebensqualität weltweit den siebenten Platz und teilt sich diesen mit München. Düsseldorf belegt als beste deutsche Stadt im Ranking Platz 6. Eine ähnliche Untersuchung von The Economist (2011)[42] sieht Frankfurt weltweit auf Platz 18, in Deutschland nur geschlagen von Hamburg auf Platz 14. Im *Wealth Report* (2011)[43] erringt Frankfurt Platz 4 im weltweiten Vergleich (beste deutsche Stadt: Berlin auf Platz 2).

Eine Bürgerbefragung der Stadt Frankfurt im Dezember 2010[44] ergab, dass 66 Prozent aller Frankfurter Bürger allgemein zufrieden oder sehr zufrieden mit der Stadt sind, lediglich sechs Prozent gaben an, sie seien mit der Stadt unzufrieden. Seit 1993 ist damit der Anteil der Zufriedenen um 22 Prozent gestiegen, während der Anteil der Unzufriedenen um acht Prozent abnahm. 84 Prozent der Frankfurter leben gerne in ihrer Stadt, 13 Prozent würden lieber woanders wohnen. Die Zufriedenheit mit der öffentlichen Sicherheit in Frankfurt beträgt 37 Prozent (1993: lediglich neun Prozent), unzufrieden sind 22 Prozent (1993: 64 Prozent).

Zentrale der Commerzbank

## Kriminalität

Unter allen deutschen Städten über 200.000 Einwohnern werden in Frankfurt die meisten Straftaten bezogen auf die Einwohnerzahl registriert. 2011 lag diese *Häufigkeitszahl* bei 16.137 Delikten auf 100.000 Einwohner.[45] [46] Da die Stadt in der Kriminalstatistik regelmäßig einen Spitzenplatz belegt, wird sie in den Medien mitunter als *Hauptstadt des Verbrechens*[47] und *Gefährlichstes Pflaster Deutschlands* bezeichnet.[48]

Das Polizeipräsidium Frankfurt warnt in seiner Veröffentlichung davor, die Häufigkeitszahl aller Delikte für einen Vergleich mit anderen Großstädten heranzuziehen, da die Statistik nur die der Polizei bekanntgewordenen und von ihr bearbeiteten Straftaten umfasse. Die Polizei verweist darauf, dass sich durch den bundesweit höchsten Pendlersaldo täglich rund 260.000 Menschen zusätzlich in der Stadt aufhalten. Hinzu kommen noch Besucher und Touristen, rund 1,5 bis 2,5 Millionen Messegäste sowie etwa 53 Millionen Fluggäste jährlich, die sich ebenfalls im Stadtgebiet aufhalten. Rund sechs Prozent aller Straftaten werden am Flughafen registriert, darunter Frachtdiebstähle, Passvergehen sowie Verstöße gegen die Einreisebestimmungen und das Luftverkehrsgesetz.

Zentrale der DZ Bank

Auch die städtischen Behörden und Gremien bemühen sich in ihren eigenen Veröffentlichungen zur Kriminalstatistik um eine andere Interpretation.[49] Bei einer differenzierten Betrachtung nach Deliktgruppen liegt Frankfurt demnach nur bei Rauschgiftdelikten und bei Aufenthaltsdelikten an der Spitze der Statistik, bei Betrug, einfachem Diebstahl und Beförderungserschleichung in der Spitzengruppe. Kreditkarten- und Kontobetrug wird am Hauptsitz der Banken registriert, unabhängig vom tatsächlichen Tatort. Die hohe Zahl aufgedeckter Rauschgiftdelikte und Schwarzfahrten (rund 6,7 Prozent aller in Deutschland registrierten Fälle) ist eine Folge der intensiven Kontrollen am Flughafen sowie an den Verkehrsknotenpunkten der Innenstadt. Bei den sicherheitsrelevanten Straftaten, also Gewaltdelikte wie Mord und Totschlag, Vergewaltigung und sexuelle Nötigung, Raub und Körperverletzung, nimmt Frankfurt einen mittleren Rang in der Statistik ein.[50]

Eine im April 2011 durchgeführte Studie der Universität Greifswald über *Subjektives Sicherheitsempfinden der Bevölkerung von Frankfurt am Main* ergab, dass sich 84 % der befragten Bürger tagsüber sicher oder sehr sicher vor Kriminalität fühlen; nachts sind es noch 71 %.[51]

## Ansässige Unternehmen

In kaum einer anderen deutschen Stadt gibt es so viele international führende Unternehmen aus den verschiedensten Branchen, darunter Chemiekonzerne, Werbeagenturen (u. a. die Deutschlandzentrale von Saatchi & Saatchi sowie eine Niederlassung von JWT), Softwareunternehmen und Call-Center. Die Zentrale des Vorstandsressort Personenverkehr mit der DB Regio AG sowie der DB Fernverkehr AG, die Konzernentwicklung und weitere bedeutende Abteilungen der Deutschen Bahn und die Tochtergesellschaft DB Netz AG befinden sich in der DB-Zentrale im Gallus. Frankfurt galt durch die Hoechst AG jahrelang als „Apotheke der Welt". Der Industriepark Höchst ist einer der drei größten Standorte der chemischen und pharmazeutischen Industrie in Europa. Auch finden sich in Frankfurt die Deutschlandzentralen von großen Lebensmittelkonzernen wie Nestlé und Ferrero, sowie der Sitz der größten Brauereigruppe Deutschlands, der Radeberger Gruppe. Mit KPMG hat eine der vier größten Wirtschaftsprüfungsgesellschaften ihren Europa-Sitz in Frankfurt. PricewaterhouseCoopers hat seine Deutschlandzentrale in Frankfurt, Deloitte Touche Tohmatsu eine Filiale und Ernst & Young eine Niederlassung jenseits der Stadtgrenze in Eschborn. Auch einige der größten Unternehmensberatungen und internationale Anwaltskanzleien sind in Frankfurt vertreten.

### Finanzsektor

Frankfurt am Main ist ein bedeutender Finanzstandort und Börsenplatz und zählt zu den wichtigsten Finanzzentren weltweit. 2010 wurde Frankfurt durch das GaWC (Globalization and World Cities Research Network) aufgrund seiner wirtschaftlichen Bedeutung als „Alpha-Weltstadt" (Kategorie 3) klassifiziert, was eine Verbesserung zum Ranking von 2008 darstellte, in dem Frankfurt in Kategorie 4 vertreten war.[52] [53] Seit 2010 ist auch München als „Alpha-Minus-Weltstadt" (Kategorie 4) vertreten.

In Frankfurt sind, neben der Europäischen Zentralbank und der Deutschen Bundesbank, die vier größten deutschen Banken (Stand: 2010)[54] angesiedelt: Deutsche Bank, Commerzbank, Kfw Bankengruppe und DZ Bank.

Deutsche Bank und Commerzbank sind als Universalbanken tätig und unterhalten Niederlassungen weltweit. Hauptaufgabe der Kfw Bankengruppe ist die Förderung des Mittelstands und von Existenzgründern, die DZ Bank ist ein Zentralinstitut des genossenschaftlichen Finanzsektors. Als Tochtergesellschaften der DZ Bank sind auch Union Investment, DVB Bank und Reisebank in Frankfurt beheimatet, zudem hat die Frankfurter Volksbank als zweitgrößte Volksbank Deutschlands hier ihren Sitz.

Unter den öffentlichen-rechtlichen Kreditinstituten haben auch die Landesbank Hessen-Thüringen (Helaba), die DekaBank, die Rentenbank und die Frankfurter Sparkasse ihren Sitz in Frankfurt.

Die Hauptzentrale von Standard & Poor's befindet sich im Main Tower

Auch die größte deutsche Direktbank, die ING-DiBa, ist in Frankfurt beheimatet. Zudem haben einige bedeutende Privatbanken ihren Hauptsitz oder ihre Deutschlandzentrale in Frankfurt wie die SEB AG, das Bankhaus Metzler, Hauck & Aufhäuser, Delbrück Bethmann Maffei, die BHF-Bank und die Corealcredit Bank. Aus dem Kreis der Nachhaltigkeitsbanken ist die Triodos Bank mit ihrer deutschen Niederlassung und die GLS Gemeinschaftsbank mit einer Filiale in Frankfurt vertreten.

Ende 2010 hatten zudem 154 Auslandsbanken ihren deutschen Hauptsitz in Frankfurt, weitere 40 waren mit einem Büro vertreten.[55]

Mit den von der Deutsche Börse AG betriebenen Handelsplattformen *Frankfurter Wertpapierbörse* und *XETRA* ist Frankfurt der zweitgrößte Aktienmarkt Europas und wickelt den Löwenanteil des deutschen Wertpapierhandels ab. Gemessen an der Marktkapitalisierung ist die Deutsche Börse AG die größte Börse der Welt.

Darüber hinaus befinden sich die Deutschlandzentralen der drei weltweit bedeutendsten (Kredit-)Ratingagenturen in Frankfurt: Standard & Poor's, Moody's und Fitch Ratings. Sie gehören zu den Großen Drei (*Big Three*) dieser Branche.[56] [57] [58]

Die Wichtigkeit von Frankfurt als internationales Finanzzentrum steigt gerade in den letzten Jahren. In Frankfurt wurden zahlreiche supranationale Institutionen ins Leben gerufen wie die Europäische Aufsichtsbehörde für das Versicherungswesen und die betriebliche Altersversorgung (EIOPA) sowie der europäische Ausschuss für Systemrisiken, der Früherkennung, Prävention und Bekämpfung von systemischen Risiken innerhalb des Finanzmarktes der EU vornimmt. Weiterhin überwacht ab 2013 die einheitliche europäische Bankenaufsicht innerhalb der Europäischen Zentralbank mehr als 6000 Banken der Eurozone europaweit.

**Bau- und Immobilienwirtschaft**

Rund 11.300 Unternehmen der Bau- und Immobilienwirtschaft sind in Frankfurt ansässig mit zusammen knapp 29.900 Beschäftigten (Stand: 2008). 1999 hatte die Branche noch über 36.000 Menschen beschäftigt. Zu den größten Unternehmen zählen DTZ Zadelhoff, Jones LangLaSalle, BNP Paribas Real Estate, Bilfinger Berger, Hochtief, Porr Deutschland, Techem, Nassauische Heimstätte, ABG Frankfurt Holding, Wayss & Freytag, Wisag, Ed. Züblin und Albert Speer & Partner.[59] Der grunderwerbsteuerpflichtige Immobilienumsatz betrug 2008 über 4 Milliarden Euro.

### Einzelhandel

Die 600 Meter lange Zeil in der Innenstadt ist die bekannteste und umsatzstärkste Einkaufsstraße in Frankfurt. Mit bis zu 13.120 Passanten pro Stunde (Stichtag 17. Juli 2012) ist sie laut Kemper's Jones Lang LaSalle erstmals die meistbesuchte Einkaufsmeile der Bundesrepublik.[60] Den zweiten Platz nahm die Zeil 2009 im bundesweiten Mietpreisvergleich für Einzelhandelsflächen ein. Ein Ladenbesitzer zahlte hier bis zu 265 Euro pro Quadratmeter. Im Februar 2009 eröffnete das neue Einkaufszentrum MyZeil im Palais Quartier.

Die Zeil ist Frankfurts bekannteste Einkaufsstraße

Während die auf der Zeil ansässigen Geschäfte in der günstigen bis mittleren Preiskategorie liegen, ist die nahe gelegene Goethestraße für ihre Luxusmarken bekannt. Die Goethestraße hatte 2012 die fünfthöchste Besucherfrequenz unter allen deutschen Luxusmeilen mit 1.520 Passanten pro Stunde.[61] Weitere wichtige Einzelhandelsstandorte in Frankfurt sind das Nordwestzentrum in der Nordweststadt, eines der größten Einkaufszentren Deutschlands, das Hessen-Center im Stadtteil Bergen-Enkheim und das unmittelbar an der Stadtgrenze gelegene Main-Taunus-Zentrum in Sulzbach.

Darüber hinaus gibt es diverse Einkaufsstraßen in den Stadtteilen, wie die Berger Straße in Bornheim, die Schweizer Straße in Sachsenhausen, die Leipziger Straße in Bockenheim, die Königsteiner Straße in Höchst oder der Oeder Weg, der sich von der Innenstadt in das Nordend erstreckt.

Ein weiterer Einzelhandelsstandort entsteht durch den 2011 begonnenen Bau des Skyline Plaza,[62] ein Einkaufszentrum, welches auf dem Gelände des ehemaligen Hauptgüterbahnhofs im Europaviertel errichtet wird und Platz für 180 Geschäfte bietet.

### Automobilhersteller

Frankfurt ist Sitz zahlreicher Deutschland- und Europazentralen ausländischer Automobilkonzerne, wie Fiat (mit Alfa Romeo und Lancia) und Kia. Vor den Toren der Stadt residieren neben Opel und Saab in Rüsselsheim auch noch Jaguar (Schwalbach a. Ts.). Im angrenzenden Weiterstadt haben Škoda und Seat Deutschland ihren Hauptsitz. Der japanische Hersteller Mazda betreibt in Oberursel ein Designzentrum. In Offenbach am Main ist der Sitz der Nordeuropa-Zentrale sowie der Entwicklungs- und Designabteilung von Honda und der europäischen Vertriebszentrale von Hyundai.

Darüber hinaus ist auch die Zulieferindustrie stark vertreten. Es gibt die Continental AG mit Produktions-, Verwaltungs- und Entwicklungsstandorten in Frankfurt, Eschborn, Schwalbach, Karben, Babenhausen und Friedberg. Die Automobilhersteller und -zulieferer der Region haben sich im *Automotive Cluster Rhein Main Neckar* zusammengeschlossen.

### IT- und Telekommunikationsunternehmen

Frankfurt ist der Sitz zahlreicher Unternehmen der IT- und Telekommunikationsbranche. Dazu zählen große konzerngebundene Unternehmen wie T-Systems, Finanz Informatik, DB Systel und Lufthansa Systems. Die Telekommunikationsdienstleister Colt und Level 3 sowie der Telekommunikationsausrüster Avaya haben hier ihre Deutschlandzentrale. Die zentrale Registrierung für Deutschland-bezogene Domainnamen erfolgt bei der in Frankfurt ansässigen DENIC. Das Internationale Netzmanagement-Center (INMC) am Europaturm koordiniert und sichert den Betrieb des globalen Sprach- und Datennetzwerkes der Deutschen Telekom AG. Die Firmen Deck13 Interactive, Keen Games und Crytek sind renommierte Entwickler von Computerspielen, ebenso haben

Atari-Deutschland und Konami-Europe hier ihren Sitz. Eine besonders hohe Konzentration von IT-Unternehmen findet sich in ehemaligen Industriegebieten entlang der Hanauer Landstraße, der Mainzer Landstraße und der Gutleutstraße. Im Großraum Frankfurt finden sich IT-Unternehmen vor allem in Bad Homburg, Eschborn, Kronberg, Langen und Neu-Isenburg. Frankfurt ist Teil des IT-Clusters Rhein-Main-Neckar.

### Verbände und Normenkommissionen

Auch Verbände wie der Verband der Chemischen Industrie (VCI), der Verband der Photoindustrie, der Verband Deutscher Maschinen- und Anlagenbau (VDMA), der Verband der Elektrotechnik, Elektronik und Informationstechnik (VDE) mit der angeschlossenen elektrotechnischen Normenkommission (DKE im DIN und VDE), der Verband der Köche Deutschlands, der Bundesverband des Deutschen Versandhandels und der Verband der Automobilindustrie (VDA) siedelten sich in Frankfurt an. Der VDA richtet auch alle zwei Jahre die Internationale Automobil-Ausstellung (IAA) in Frankfurt aus. Zudem hat der Börsenverein des Deutschen Buchhandels, der auch die Buchmesse organisiert, seinen Sitz in Frankfurt. Die DECHEMA *Gesellschaft für Chemische Technik und Biotechnologie e. V.* eine gemeinnützige wissenschaftlich-technische Gesellschaft, verleiht zahlreiche wissenschaftliche Preise und organisiert alle drei Jahre zusammen mit der Messe Frankfurt die Achema, die weltgrößte Messe für Chemische Technik, Umweltschutz und Biotechnologie.

### Gewerkschaften

In Frankfurt befinden sich die Hauptsitze der dem Deutschen Gewerkschaftsbund (DGB) angehörigen Gewerkschaften IG Metall, IG Bauen-Agrar-Umwelt und die Gewerkschaft Erziehung und Wissenschaft (GEW). Außerdem gibt es den Hauptsitz der Gewerkschaft Deutscher Lokomotivführer in Frankfurt.

## Messe

Handelsmessen finden in Frankfurt am Main seit dem Mittelalter statt. 1240 gewährte Kaiser Friedrich II. der Stadt das Messeprivileg, unter dessen Schutz sich die alljährlich stattfindende Herbstmesse zur Drehscheibe für den europäischen Fernhandel entwickelte. 1330 kam die Frühjahrsmesse hinzu. Mit Leipzig, dem zweiten großen Messestandort im Heiligen Römischen Reich deutscher Nation, war Frankfurt durch eine Fernstraße, die Via Regia, verbunden. Nach einer Zeit des Niedergangs seit dem 18. Jahrhundert konnte die Stadt nach dem Zweiten Weltkrieg wieder an die alte Messetradition anknüpfen.

Ein Wahrzeichen der Stadt: der Messeturm am Messegelände

Darüber hinaus gibt es die Frankfurter Buchmesse, die Internationale Automobilausstellung, die Achema und die Ambiente der Messe Frankfurt. Die traditionsreichste Messe, seit einigen Jahren *Tendence* genannte Herbstmesse, hat in den letzten Jahren stark an Bedeutung verloren.

## Jüngere wirtschaftliche Entwicklung

Eine Studiengruppe von Ökonomen untersucht jährlich im Auftrag von MasterCard die wichtigsten Geschäftszentren der Welt. Frankfurt am Main kam dabei 2007 auf den siebten Platz, weit vor allen anderen deutschen Standorten, da diese mehr national als global ausgerichtet sind.[63] Die Bedeutung der Globalisierung für die wirtschaftliche Entwicklung der Stadt zeigt sich auch in einem umfassenden Strukturwandel, dem die Frankfurter Wirtschaft in den letzten Jahrzehnten ausgesetzt war.

Ab 1988 waren fünf, zwischen 1990 und 1996 sogar sechs von 30 DAX-Unternehmen in Frankfurt ansässig, darunter drei Banken (Commerzbank AG, Deutsche Bank AG, Dresdner Bank AG) und drei Industriekonzerne (Degussa AG, Hoechst AG und Metallgesellschaft). Mitte 2007 gab es in Frankfurt nur noch drei DAX-Konzerne, zwei Banken (Commerzbank und Deutsche Bank) und ein Dienstleistungsunternehmen (Deutsche Börse). Der Strukturwandel hatte in den 1980er Jahren zunächst die in Frankfurt traditionell sehr starke Metall- und Elektrobranche erfasst. Unternehmen wie Hartmann & Braun, Vereinigte Deutsche Metallwerke, Demag, Naxos-Union, Adlerwerke oder VDO legten ihre Frankfurter Werke still oder verlagerten ihren Sitz, zumeist nach Fusionen oder Übernahmen. Der ehemals zweitgrößte deutsche Elektronikkonzern AEG wurde 1982 nach einem Vergleich von Daimler-Benz übernommen und 1996 nach jahrelangem wirtschaftlichem Niedergang liquidiert. Die Metallgesellschaft verlegte nach ihrer Umfirmierung als GEA Group 2005 ihren Sitz nach Bochum.

Obwohl Frankfurt einer der größten Standorte der Chemie- und Pharmaindustrie in Europa ist, hat keines der großen Unternehmen mehr seinen Sitz in Frankfurt. Die Hoechst AG war in den 1970er und 1980er Jahren zeitweise das nach Umsatz größte Chemie- und Pharmaunternehmen der Welt. 1997 spaltete sie sich unter ihrem Vorstandsvorsitzenden Jürgen Dormann in mehrere Unternehmen auf, die nach verschiedenen Fusionen und Übernahmen aus den USA (Celanese), der Schweiz (Clariant) und Frankreich (Sanofi-aventis) geführt werden. Der Industriepark Höchst, das ehemalige Werksgelände in Höchst, ist jedoch nach wie vor einer der drei größten Chemiestandorte Europas und hat mehr Arbeitsplätze als in den 1990er Jahren.

1995 wurde die Cassella AG in Fechenheim, einst einer der größten Hersteller von Farbstoffen, mit der Hoechst AG verschmolzen. Der Geschäftsbereich fiel 1997 bei der Aufteilung von Hoechst an Clariant. Das ehemalige Cassella-Werk an der Mainkur besteht weiterhin als Sitz der AllessaChemie GmbH. Der Name des Unternehmens enthält ein Ananym von Cassella.

Die Degussa verlegte 2001 ihren Sitz nach Düsseldorf und gehört zum Essener Evonik-Konzern.

Die Deutsche Bahn zog infolge der Wiedervereinigung im Jahr 2000 mit ihrer Konzernzentrale nach Berlin. Der Bereich Konzernentwicklung und andere zentrale Abteilungen sowie die Tochtergesellschaften DB Netz und DB Systel sind jedoch weiterhin in Frankfurt ansässig.

Die hohe Gewerbesteuer, die hohen Büromieten und die hohen Grundstückspreise Frankfurts brachten einige Unternehmen dazu, in den Speckgürtel vor die Tore der Stadt auszuweichen. So errichtete die Deutsche Bank ihr neues Rechenzentrum in den 1990er Jahren in Eschborn, die BHF-Bank ihr Rechenzentrum 1997 in Offenbach.

Nach der 2012 erschienenen Konjunkturumfrage der IHK Frankfurt am Main hat sich die Stimmung trotz der Finanzmarktkrise in nahezu allen Wirtschaftsbereichen merklich verbessert.[64]

Am 26. September 2011 wurde die neue Produktionsanlage von Ticona eröffnet.[65] [66] Diese Produktion wurde vom Standort Kelsterbach zum Industriepark Höchst verlegt. Ansonsten würde – bedingt durch den weiteren Ausbau des Rhein-Main-Flughafens mit einer zusätzlichen Start- und Landebahn – bei einem eventuellen Flugzeugabsturz die große Gefahr eines Störfalls mit unabsehbaren Folgen für die ganze Region bestehen. Dafür erhielt Ticona von Fraport einen Betrag von 650 Millionen Euro als Entschädigung.

## Kaufkraft

Trotz des Strukturwandels behauptete Frankfurt seine Position beim Bruttoinlandsprodukt pro Kopf und Erwerbstätigen in den Jahren 2002 bis 2007 unter den deutschen Großstädten, ebenso bei der Lebensqualität und der Zuzugsattraktivität (wie oben dargestellt). Der Rückgang klassischer Industrien wurde zum Einen kompensiert durch Wachstum im Dienstleistungssektor, darunter Unternehmen wie Fraport und Deutsche Börse, zum Anderen durch Neuansiedlungen der Deutschland- oder Europazentralen ausländischer Großunternehmen, so in der Automobil- und IT-Industrie. Die Stadt versucht eine einseitige Ausrichtung auf die Finanzbranche zu vermeiden und unterstützt beispielsweise den Ausbau Frankfurts als Forschungsstandort der Biotechnologie. Bei Kriterien wie Zuwachs an Einwohnern, Arbeitslosenrate oder Bruttoinlandsprodukt pro Einwohner und Erwerbstätigen hat Frankfurt daher seine starke Stellung behalten. Die Einkommen sind die höchsten Deutschlands.[67] Die meisten besserverdienenden

Arbeitskräfte wohnen allerdings in den direkt an Frankfurt angrenzenden großen und dichtbesiedelten Landkreisen des Vordertaunus (vor allem in den Städten Königstein im Taunus, Kronberg im Taunus und Bad Soden am Taunus).[68] Trotzdem weist auch Frankfurt mit 116,5 (Stand 2011) einen überdurchschnittlich hohen Kaufkraftindex auf.[69]

### Tourismus

Auch der Tourismus ist von maßgeblicher und wachsender Bedeutung für Frankfurt. Neben Geschäftsreisenden und Messebesuchern wird die Stadt auch immer mehr für Touristen aus aller Welt interessant: 2007 hatte Frankfurt rund 2,5 Millionen Besucher zu verzeichnen und lag damit im Bundesvergleich hinter Berlin und München auf Platz 3 der beliebtesten Städtereiseziele.[70] 2009 stieg die Zahl der Besucher auf 3,0 Millionen und 2010 auf 3,4 Millionen, dennoch rutschte Frankfurt damit hinter Hamburg auf Platz 4 der beliebtesten deutschen Städte. Weiterhin hat Frankfurt jedoch das höchste Einwohner/Gast-Verhältnis: Auf jeden Einwohner kommen statistisch gesehen rund 5 Gäste.[71]

## Verkehr und Infrastruktur

Die Stadt Frankfurt am Main ist dank ihrer zentralen Lage einer der wichtigsten Verkehrsknotenpunkte in Europa. Hier treffen Bahn, Straßenverkehr, Binnenschifffahrt und Luftverkehr aufeinander. Nach einer Untersuchung von Marsh & McLennan Companies (2009)[41] hat Frankfurt die achtbeste Infrastruktur aller Städte weltweit (bezogen u. a. auf Luftverkehr, öffentlicher Personennahverkehr und Verkehrsbelastung) und liegt damit vor Weltstädten wie London, Paris, Sydney, Tokio oder New York. In Deutschland schneiden lediglich München (Platz 2) und Düsseldorf (Platz 6) besser ab.

In Frankfurt wurde 1909 die erste Fluggesellschaft der Welt (DELAG) gegründet.

### Flughafen

Flughafen und Frankfurter Kreuz

Die Stadt verfügt mit dem Flughafen Frankfurt am Main über einen der größten internationalen Flughäfen der Welt. In Europa ist er gemessen an der Zahl der Passagiere der drittgrößte nach den Flughäfen London-Heathrow und Paris-Charles de Gaulle. Beim Frachtaufkommen steht der Frankfurter Flughafen an erster Stelle in Europa. Im Jahr 2010 wurden 53 Millionen Passagiere und 2,2 Millionen Tonnen Fracht befördert.

Anders, als es der Name vermuten lässt, befindet sich der Flughafen Frankfurt-Hahn nicht in Frankfurt, sondern liegt etwa 120 Kilometer westlich in Lautzenhausen (Rheinland-Pfalz). Der elftgrößte Passagierflughafen Deutschlands transportierte 2007 4,0 Millionen Fluggäste.

Der Flugplatz Frankfurt-Egelsbach liegt ebenfalls nicht im Frankfurter Stadtgebiet, sondern 17 Kilometer südlich in Egelsbach.

## Straße

Am Frankfurter Kreuz in der Nähe des Flughafens kreuzen sich die Bundesautobahnen A 5 (Hattenbacher Dreieck–Basel) und A 3 (Arnheim–Linz). Es ist mit etwa 320.000 Fahrzeugen pro Tag das meist befahrene Autobahnkreuz in Deutschland.

Weitere an Frankfurt angeschlossene Autobahnen sind die A 66, die im Westen bis Wiesbaden und im Osten bis Fulda führt, die kurze A 648 als wichtiger Zubringer zum Messegelände und der Innenstadt sowie die A 661, die in Nord-Süd-Richtung von Oberursel nach Egelsbach verläuft. Die A 5 im Westen, die A 661 im Nordosten und die A 3 im Süden umgeben Frankfurt als Autobahnring. Dieser Autobahnring begrenzt die am 1. Oktober 2008 eingerichtete Umweltzone.[72]

Im Einzugsbereich der Stadt liegen ebenfalls die Bundesstraßen B 3, B 8, B 43 und B 44.

In kommunalen Besitz befinden sich 1145 Kilometer Straße. Frankfurt hat mit 715 Autos pro 1000 Einwohner die größte Autodichte aller deutschen Großstädte. Durch zahlreiche Stadtautobahnen (teilweise als Bundesautobahn, teilweise als autobahnähnlich ausgebaute Bundes- oder Landesstraßen) ist die Stadtregion für den Individualverkehr gut erschlossen.

Mehrere Fernbuslinien verbinden Frankfurt unter anderem mit Berlin, Hamburg, Mannheim und München.

## Bahnverkehr

Hauptbahnhof

Im Bahnverkehr besitzt Frankfurt mit dem Frankfurter Hauptbahnhof einen der verkehrsreichsten Personenbahnhöfe Europas. Die Deutsche Bahn bezeichnet ihn als die wichtigste Verkehrsdrehscheibe im Eisenbahnverkehr in Deutschland.[73] Mit 13 Linien ist er der wichtigste Knotenpunkt im nationalen ICE-Netz.

Hbf-Halle mit niederländischem ICE-3M

Mit etwa 350.000 Fahrgästen und Besuchern pro Tag belegt er in Deutschland zusammen mit dem Münchener Hauptbahnhof den zweiten Platz nach dem Hamburger Hauptbahnhof (etwa 450.000 Fahrgäste und Besucher täglich). Seiner Fläche nach gehört er zusammen mit dem Leipziger Hauptbahnhof und dem Zürcher Hauptbahnhof zu den größten Bahnhöfen Europas. Frankfurts längster Zuglauf ist der täglich verkehrende Zug Basel–Moskau. Seit dem Jahr 2002 ist die ICE-Neubaustrecke nach Köln in Betrieb, die die Fahrzeit zwischen beiden Städten auf 75 Minuten verkürzt. Zudem existiert eine Hochgeschwindigkeitsstrecke nach Paris im Rahmen des Rhealys-Projekts. Passagiere können in weniger als vier Stunden zwischen dem Frankfurter Hauptbahnhof und dem Gare de l'Est in Paris verkehren.

Mit dem Flughafen-Fernbahnhof existiert auf dem Stadtgebiet ein weiterer Bahnhof von herausragender Bedeutung vor allem im Hochgeschwindigkeitsnetz. Zusammen mit dem Südbahnhof sorgt er für eine Entlastung des an der Kapazitätsgrenze operierenden Hauptbahnhofs.

Die Bedeutung im Güterverkehr auf der Schiene ist allerdings zurückgegangen: Die Deutsche Bahn hatte 1996 beschlossen, den großen Hauptgüterbahnhof im Westen Frankfurts zu schließen. Die freien Flächen werden heute teilweise von der angrenzenden Frankfurter Messe genutzt; zudem entsteht auf dem Areal der neue Stadtteil Europaviertel. Mit dem Ostbahnhof ist heute nur noch ein kleinerer Rangierbahnhof im Betrieb.

Nahverkehrsnetz

## Öffentlicher Nahverkehr

Das Angebot des öffentlichen Personennahverkehrs (ÖPNV) in Frankfurt und der Region besteht aus dem S-Bahn-Netz, der teilweise zur U-Bahn ausgebauten Stadtbahn, der Straßenbahn, Stadtbussen sowie mehreren Vorort- und Regionalbahnen. Von neun S-Bahn-Linien befahren acht den sieben Stationen umfassenden City-Tunnel durch die Innenstadt. An den Stationen Hauptbahnhof, Hauptwache, Konstablerwache und Südbahnhof bilden S- und U-Bahn gemeinsame unterirdische Schnellbahnknoten.

S-Bahn Rhein-Main

Das größte Verkehrsunternehmen für die lokalen Verkehrsmittel in der Stadt ist die Verkehrsgesellschaft Frankfurt (VGF). Die Lokale Nahverkehrsgesellschaft traffiQ GmbH übernimmt die Koordination und Bestellung des lokalen Nahverkehrsangebots. Sie ist Partner des Rhein-Main-Verkehrsverbunds (RMV), der für die regionalen Verkehre und ein einheitliches Tarifsystem zuständig ist.

Am Frankfurter Flughafen entstand 1994 die 3,8 Kilometer lange vollautomatische fahrerlose Hochbahn SkyLine. Sie verbindet die beiden Terminals und soll durch eine neue Verbindung zwischen Fernbahnhof und zukünftigem Terminal 3 erweitert werden.

U-Bahn

## Binnenschifffahrt

In der Binnenschifffahrt ist Frankfurt über den Rhein mit den wichtigen Industrieregionen in Nordrhein-Westfalen und den Niederlanden und über den Main-Donau-Kanal mit dem südöstlichen Mitteleuropa verbunden. Frankfurt besitzt nach der Umwandlung des Westhafens in ein Wohn- und Büroquartier noch den Osthafen, den Flusshafen Gutleutstraße und den Hafen des Industrieparks Höchst.

Straßenbahn

## Radfernwege

Am Mainufer verlaufen mehrere Radwanderwege:

- Der Hessischen Radfernweg R3 (*Rhein-Main-Kinzig-Radweg*) führt unter dem Motto *Auf den Spuren des Spätlesereiters*. entlang von Rhein, Main und Kinzig über Fulda nach Tann in der Rhön.
- Der Main-Radweg führt von den Quellen des Weißen- und Roten Mains bis nach Mainz zur Mündung in den Rhein.
- Die D-Route 5 (Saar-Mosel-Main) von Saarbrücken über Trier, Koblenz, Mainz, Frankfurt am Main, Würzburg und Bayreuth bis zur tschechischen Grenze (1.021 km).

### Elektronische Kommunikation

Auch für das Internet stellt Frankfurt einen wichtigen Standort dar. Unter anderem befindet sich hier der größte deutsche Internet-Knoten DE-CIX und die DENIC, die Domainregistrierungsstelle für die Top-Level-Domain „de“. Gemessen am gesamten durchschnittlichen Datenverkehr ist der DE-CIX weltweit die Nummer eins.[74]

### Krankenhäuser

In der Stadt befinden sich 27 Kliniken.

### Kanalisation

Das Rohrsystem der Frankfurter Kanalisation verläuft rund 1.600 Kilometer lang unterhalb der Straßen. 1877 wurden die ersten Abwasserkanäle an der *Alten Oper* verlegt, bereits 1897 ging die erste Kläranlage in Betrieb. Frankfurt und Hamburg waren die beiden ersten Städte auf dem Kontinent, die auf diese Weise versuchten, die latente Seuchengefahr zu bekämpfen.

Die Investitionen unterhalb der Straßendecke, die allen Bürgern gleichermaßen nützlich sind, entsprechen einem Buchwert von etwa einer halben Milliarde Euro.

## Staatliche Einrichtungen und Organisationen

Seit 1957 hat die Deutsche Bundesbank ihren Sitz in Frankfurt. Seit 1998 ist die Europäische Zentralbank, verantwortlich für die Geldpolitik der siebzehn EU-Länder in der Eurozone, hier beheimatet. Seit 2004 ist Frankfurt Sitz der Europäischen Versicherungsaufsicht[75] (von 2004 bis 2011 CEIOPS, seither EIOPA. Daneben haben die KfW Bankengruppe und das deutsche International Finance Corporation-Büro (als Teil der Weltbankgruppe) ihren Sitz hier.

Eurotower, der Sitz der Europäischen Zentralbank

Außerdem ist Frankfurt Sitz der Deutschen Nationalbibliothek. Die Gerichtsbarkeit ist mit dem für Hessen zuständigen Oberlandesgericht Frankfurt, dem Hessischen Landesarbeitsgericht, dem Landgericht Frankfurt am Main, dem Sozialgericht Frankfurt am Main, dem Arbeitsgericht Frankfurt am Main, dem Verwaltungsgericht Frankfurt am Main und dem Amtsgericht Frankfurt am Main vertreten. Bis zur Auflösung Ende 2003 war Frankfurt zudem Sitz des Bundesdisziplinargerichts.

Das Polizeipräsidium Frankfurt am Main ist eines der sieben hessischen Polizeipräsidien. Kommunale Sicherheits- und Ordnungsaufgaben sind der Stadtpolizei Frankfurt (Hilfspolizei im Sinne des § 99 HSOG) übertragen. Frankfurt ist Sitz der Oberfinanzdirektion Hessen. In Frankfurt findet man auch ein Hessisches Amt für Versorgung und Soziales. Die aus einer 1874 gegründeten Berufsfeuerwehr und 28 Freiwilligen Feuerwehren bestehende Feuerwehr Frankfurt betreibt zehn Feuerwachen.

Frankfurt ist zudem Sitz von 92 Konsulaten.[76] Nur New York und Hamburg haben mehr ausländische Vertretungen, ohne dabei Hauptstadt eines Staates zu sein. China und Russland haben gerade Generalkonsulate in Frankfurt eröffnet. Das Generalkonsulat der Vereinigten Staaten von Amerika in Eckenheim ist das größte US-amerikanische Konsulat der Welt.

# Medienstandort

## Zeitungen und andere Printmedien

Frankfurt, eine der ältesten Zeitungsstädte der Welt, ist Sitz von zwei überregionalen Tageszeitungen. Die liberal-konservative Frankfurter Allgemeine Zeitung unterhält Redaktion und Verlagshaus an der Mainzer Landstraße im Gallus. Die linksliberale Frankfurter Rundschau hat beides seit Juli 2005 in Sachsenhausen. Zudem erscheint in Frankfurt noch die Börsen-Zeitung. Eine bedeutende (konservative) Regionalzeitung ist die Frankfurter Neue Presse, im Verlag der Frankfurter Societät in direkter Nachbarschaft zur F.A.Z. In Frankfurt erscheint die russischsprachige Wochenzeitung MK-Deutschland als Tochter der russischen Tageszeitung Moskowski Komsomolez.

Neben den Tageszeitungen gibt es in der Frankfurter Medienlandschaft noch einige Magazine. Das Journal Frankfurt ist wohl die bekannteste Zeitschrift der Stadt für Veranstaltungen, Feste und sogenannte Insidertipps. Wie auch die F.A.Z. und die FNP hat das Journal Frankfurt seine Redaktion im Frankfurter Stadtteil Gallus. Auf „ökologische Zeitschriften" hat sich der Öko-Test Verlag in Bockenheim spezialisiert. Am bekanntesten ist darunter wohl die gleichnamige Testzeitschrift. Ebenfalls in Bockenheim befindet sich die Redaktion der Satire-Zeitschrift Titanic. Die führenden Fachzeitschriften in Deutschland für Betriebsräte (Arbeitsrecht im Betrieb) und für Personalräte (Der Personalrat) erscheinen in dem seit 1997 im Frankfurter Stadtteil Heddernheim ansässigen Bund-Verlag.

## Radio, Film und Fernsehen

Frankfurts ältester Rundfunksender war die 1924 gegründete private Südwestdeutsche Rundfunkdienst AG. Heute ist das Nachfolgeunternehmen, der öffentlich-rechtliche Hessische Rundfunk mit seinem „Funkhaus am Dornbusch" eines der wichtigsten Medienunternehmen für Hörfunk und Fernsehen. Hier befinden sich auch die ARD-Sternpunkte, die die Gemeinschaftsprogramme (beispielsweise Das Erste) über ein Hochleistungsnetzwerk auf die einzelnen Sendeanstalten verteilen. Auch der US-amerikanische Soldatensender AFN hatte von August 1945 an sein Hauptquartier in Frankfurt. Im Rahmen der Truppenreduzierung wurde aber auch der AFN-Standort Frankfurt aufgegeben: Seit Oktober 2004 sendet das American Forces' Network sein Europa-Programm aus Mannheim. Der US-amerikanische Medienkonzern Bloomberg TV hat in der Neuen Mainzer Straße in Frankfurts Innenstadt sein Deutschlandstudio. Hinzu kommt noch das Regionalstudio der RTL Group. Auch reine Radiosender senden von Frankfurt aus, etwa Main FM, die nun die Frequenzen an Energy Frankfurt weitergegeben haben. Ein weiterer privater aber nicht kommerzieller Radiosender ist Radio X. Sein Studio ist unweit der Konstablerwache. Der älteste und größte private Radiosender der Region, Hit Radio FFH, wurde 1989 in Frankfurt gegründet. Seit 2001 hat er seinen Sitz in der an Frankfurt angrenzenden Stadt Bad Vilbel. Des Weiteren befindet sich in Frankfurt die Sendezentrale des Jugendszene- und Musiksenders IM1-TV. In der Darmstädter Landstraße befindet sich die Deutschland-Zentrale des Home Entertainment und Kino-Unternehmens 20th Century Fox. Ebenfalls in Frankfurt befindet sich die deutsche Kino-Abteilung von Universal Pictures. Radio Bob hat in Frankfurt eine Zweigstelle für das Marketing in Teilen der Räume der Frankfurter Rundschau.

Auch in Frankfurt beheimatet sind die Nachrichtenagenturen Reuters Deutschland (im Messeturm) und Associated Press Deutschland. Zudem befindet sich die Bildzentrale der Deutschen Presse-Agentur in Frankfurt.

## Bildung und Forschung

In Frankfurt am Main befinden sich zwei Universitäten sowie mehrere Fachhochschulen. Die bekannteste und älteste Universität der Stadt ist die 1914 gegründete Johann-Wolfgang-Goethe-Universität Frankfurt am Main mit ihren vier Standorten Bockenheim, Westend, Riedberg und Uni-Klinik Niederrad.

I.G.-Farben-Haus, heute Teil der Goethe-Universität

Die 1971 aus verschiedenen Vorgängereinrichtungen gegründete Fachhochschule Frankfurt am Main bietet Studiengänge mit Schwerpunkt in den angewandten Ingenieurs- und Wirtschaftswissenschaften.

Max-Planck-Institut für Biophysik auf dem Campus Riedberg

Die Philosophisch-Theologische Hochschule Sankt Georgen ist die älteste private wissenschaftliche Hochschule Frankfurts. Sie wird von der Deutschen Provinz der Jesuiten getragen und hat seit 1926 ihren Sitz im Stadtteil Sachsenhausen. Darüber hinaus gibt es mehrere private Fachhochschulen in Frankfurt. Die Frankfurt School of Finance & Management ist hervorgegangen aus der Bankakademie und der Hochschule für Bankwirtschaft und liegt mit ihrem Campus im Frankfurter Ostend. Seit 2001 betreibt die FOM Hochschule für Oekonomie & Management (FOM) ein Studienzentrum im Westend. Die 2003 gegründete Provadis School of International Management and Technology befindet sich im Industriepark Höchst. Seit 2007 hat die International School of Management einen Studienstandort in Sachsenhausen.

Im künstlerischen Bereich verfügt Frankfurt zum einen über die Staatliche Hochschule für bildende Künste (Städelschule), gegründet 1817 von Johann Friedrich Städel, die später in Besitz der Stadt gelangte und 1942 zur staatlichen Kunsthochschule der freien bildenden Künste erhoben wurde. Die andere bekannte Kunsthochschule ist die aus der 1878 gegründeten privaten Stiftung Dr. Hoch's Konservatorium – Musikakademie hervorgegangene Hochschule für Musik und Darstellende Kunst.

Bis September 2003 gab es auch noch die Bibliotheksschule Frankfurt am Main – Fachhochschule für Bibliothekswesen. Sie war eine Verwaltungsfachhochschule für den gehobenen Dienst in wissenschaftlichen Bibliotheken. Zum 30. September 2003 stellte sie ihren Betrieb ein.

Des Weiteren existieren in der Stadt die Max-Planck-Institute für europäische Rechtsgeschichte (MPIER), Biophysik und Hirnforschung. Mit der Universität eng verbunden ist das Frankfurt Institute for Advanced Studies, eine von zahlreichen institutionellen und privaten gesponserte interdisziplinäre Einrichtung zur theoretischen Grundlagenforschung in der Physik, Chemie, Biologie, Neurologie und Informatik.

Die Frankfurter Volkshochschule ist als Eigenbetrieb der Stadt Frankfurt organisiert und hat ihre Zentrale im Frankfurter Ostend.

Die Katholische Erwachsenenbildung – Landesarbeitsgemeinschaft Hessen, das Diözesanbildungswerk Limburg,[77] die Bildungswerke Frankfurt, Main-Taunus und Hochtaunus haben ihren Sitz im Haus am Dom.

Auch die Games Academy hat eine Niederlassung in Frankfurt.

## Von der Stadt vergebene Auszeichnungen

Ehrenbürger Otto Hahn (1954)

- Ehrenbürgerrecht (höchste städtische Auszeichnung, siehe Liste der Ehrenbürger von Frankfurt am Main)
- Eintrag in das Goldene Buch der Stadt
- Ehrenplakette der Stadt Frankfurt am Main (seit 1952, jährlich an bis zu fünf Personen vergeben)
- Bürgermedaille der Stadt Frankfurt am Main (seit 2002 jährlich an bis zu fünf Personen vergeben)
- Frankfurter Gründerpreis (seit 2001)
- Goetheplakette der Stadt Frankfurt am Main (seit 1947 jährlich an Persönlichkeiten aus dem kulturellen Leben)
- Goethepreis der Stadt Frankfurt (seit 1927, anfangs jährlich, jetzt alle drei Jahre jeweils an Goethes Geburtstag, 50.000 Euro)
- Ignatz-Bubis-Preis (seit 2001 alle drei Jahre)
- Integrationspreis (jährlich an Personen oder Institutionen, 15.000 Euro)
- Internationaler Hochhauspreis (jährlich, finanziert durch Deka-Bank, 50.000 Euro)
- Max-Beckmann-Preis (alle drei Jahre zum Geburtstag, zur Förderung und Anerkennung hervorragender Leistungen in den Bereichen Malerei, Grafik, Bildhauerei und Architektur – 50.000 Euro)
- Otto-Hahn-Preis (alle zwei Jahre, für herausragende Leistungen in der Chemie, Physik oder angewandten Ingenieurwissenschaft, 50.000 Euro)
- Römerplakette der Stadt Frankfurt am Main (für ehrenamtlich tätige Personen, dreistufig: 10, 15 und 20 Jahre)
- Sportplakette (für Titelgewinner und ehrenamtliche aus diesem Bereich)
- Theodor-W.-Adorno-Preis (seit 1977, alle drei Jahre, für hervorragender Leistungen in den Bereichen Philosophie, Musik, Theater und Film – 50.000 Euro)
- Tony-Sender-Preis (alle zwei Jahre, zur Förderung der Gleichberechtigung, 10.000 Euro)
- Walter-Möller-Plakette (alle zwei Jahre, Gruppen, Bürgerinitiativen usw., 10.000 Euro)
- Walter-Kolb-Gedächtnispreis (jährlich für herausragende Dissertation, 2500 Euro)
- Johann-Philipp-von-Bethmann-Studienpreis (jährlich für herausragende Projekte zur Erforschung der Frankfurter Stadtgeschichte)

# Sehenswürdigkeiten

## Altstadt

Drei der wichtigsten Sehenswürdigkeiten der Stadt befinden sich nahe beieinander in der Frankfurter Altstadt: Kaiserdom, Römerberg und Paulskirche.

Frankfurter Paulskirche

Der katholische Kaiserdom St. Bartholomäus mit seinem markanten spätgotischen Westturm war die Wahl- und Krönungsstätte der deutschen Kaiser. Vom Dom zum Römer führte der *Königsweg*, die Prozessionsstrecke der frisch gekrönten Kaiser zum Festbankett im Rathaus. Vor dem Dom befindet sich heute der Archäologische Garten mit Ausgrabungen aus römischer und karolingischer Zeit.

Der Römerberg ist der zentrale Platz der Altstadt mit dem Rathaus (Römer) aus dem 14. Jahrhundert, der frühgotischen Alten Nikolaikirche und der nach Kriegszerstörung rekonstruierten Häuserzeile auf der Ostseite des Platzes. Auf dem Rathausbalkon des Römers, werden die Titelgewinne der regionalen Vereine (Eintracht Frankfurt, Frankfurt Lions) aber auch Fußballweltmeisterschaften mit den Fans zusammen gefeiert.

Die Paulskirche wurde 1789 bis 1833 anstelle der 1786 abgerissenen mittelalterlichen Barfüßerkirche erbaut und diente bis 1944 als evangelische Hauptkirche Frankfurts. In dem klassizistischen Rundbau des Architekten Johann Georg Christian Hess tagte 1848/49 die Nationalversammlung. Der Paulsplatz ist ein belebter Stadtplatz mit Straßencafés.

Kaiserdom und Haus Großer Engel

Zwischen Römerberg und Liebfrauenberg liegt die Neue Kräme. Am Liebfrauenberg befinden sich die im 14. Jahrhundert erbaute Liebfrauenkirche, der Liebfrauenbrunnen von 1770 und das 1775 errichtete Haus *Zum Paradies/Grimmvogel*, einer der wenigen erhaltenen Barockbauten in Frankfurt.

Die Kleinmarkthalle, ein Neubau von 1954 nach der Kriegszerstörung 1944, ist das kulinarische Zentrum der Stadt. Über 150 Marktstände bieten an jedem Werktag alle Arten von Lebensmitteln an. In der westlichen Altstadt liegt das Goethe-Haus im Großen Hirschgraben. Der Kornmarkt, heute eine ruhige Nebenstraße, war im Mittelalter eine der Hauptverkehrsadern der Stadt.

Gerechtigkeitsbrunnen

## Mainufer und Mainbrücken

Die beiden Mainufer entwickeln sich immer mehr zum attraktivsten Stadtraum Frankfurts. Hierzu tragen Projekte wie die Entwicklung des Museumsufers, die Neugestaltung der Uferanlagen, der Aufbau eines neuen Wohn- und Gewerbegebietes im ehemaligen Frankfurter Westhafen oder die architektonisch anspruchsvollen Mainbrücken bei. Die Alte Brücke (1222 erstmals urkundlich erwähnt) galt jahrhundertelang als bedeutendstes Bauwerk der Stadt. Seit 2006 befindet sich auf der Maininsel die Ausstellungshalle Portikus. Der Eiserne Steg, eine 1869 eröffnete Fußgängerbrücke, ist eines der Wahrzeichen der Stadt. Der Saalhof und die katholische Leonhardskirche am nördlichen Brückenkopf sind zwei Baudenkmäler, deren Ursprünge in die Stauferzeit zurückreichen.

Der Eiserne Steg gehört zu den bekanntesten Mainbrücken

Der Blick von einer der östlichen Innenstadt-Mainbrücken auf Altstadt und Skyline wird in den Medien gern als Illustration für Beiträge aus Frankfurt verwendet. In den letzten Jahren entstanden im Osten der Innenstadt zwei große Beach Clubs am nördlichen und südlichen Mainufer. Die Gerbermühle, als Treffpunkt Goethes mit Marianne von Willemer in die Literaturgeschichte eingegangen, ist heute ein beliebtes Ausflugslokal.

Frankfurter Mainbrücken, Blick vom Main Tower

Das Naturschutzgebiet *Schwanheimer Düne* ist eine der wenigen Binnendünen Europas und befindet sich nahe dem Main im Westen des Stadtteils Schwanheim. Es umfasst 58,5 Hektar und beherbergt viele seltene und vom Aussterben bedrohte Tier- sowie Pflanzenarten.

Leonhardskirche

## Dotationskirchen

Eine Besonderheit Frankfurts sind die Dotationskirchen. Die Stadt ist seit 1802 Eigentümerin aller neun Kirchen in der Innenstadt und der Dreikönigskirche in Sachsenhausen und durch einen Staatskirchenvertrag seit 1830 zu ihrem Unterhalt verpflichtet. Viermal im Jahr, zu den Hochfesten des Kirchenjahres, findet in den Citykirchen das traditionelle Frankfurter Stadtgeläute statt.

## The Squaire

The Squaire ist mit einer Gesamtfläche von 140.000 m² das größte Bürogebäude in Deutschland. Es hat eine Länge von 660 Metern, ist mit 9 Etagen 45 Meter hoch und hat eine Breite von 65 Metern. Das Gebäude befindet sich vollständig über dem Fernbahnhof am Flughafen Frankfurt am Main. In ihm befinden sich zwei Hotels sowie mehrere Geschäfte. Mit Baukosten von etwa einer Milliarde Euro gehört es zu den teuersten Immobilien in Frankfurt am Main.

The Squaire ist das größte Bürogebäude in Deutschland

## Wolkenkratzer

Blick auf die Frankfurter Skyline vom Goetheturm (August 2010)

Frankfurt ist eine der wenigen Städte Europas mit einer ausgeprägten Skyline und wird deshalb auch manchmal als *Mainhattan* bezeichnet – eine Anspielung auf Manhattan in New York City. Besonders viele Hochhäuser stehen im sogenannten Bankenviertel, wo die westliche Innenstadt, das östliche Bahnhofsviertel und das südliche Westend aufeinander treffen. Die ersten Hochhäuser entstanden in den 1950er Jahren, seit Mitte der 1970er Jahre auch Wolkenkratzer mit über 150 Metern Höhe.

Seit 1953 beschäftigte sich die Bauleitplanung in Frankfurt auch mit der Reglementierung des Hochhausbaus. 1998 wurde der erste Hochhausrahmenplan aufgestellt, der 2008 fortgeschrieben wurde. Er schreibt fest, wo und wie Hochhäuser gebaut werden dürfen. Ziel ist es Hochhäuser in Gruppen *(Pulks)* anzuordnen, allerdings waren und sind einzelne Ausnahmen möglich, wie zum Beispiel der Neubau der Europäischen Zentralbank im Ostend oder der Bahntower am Hauptbahnhof.

Die Höhe der Neubauten stieg seit den 1950er Jahren ständig an. Das 1951 errichtete Junior-Haus erreichte eine Höhe von 35 Metern, das 1953 eröffnete AEG-Hochhaus 45 Meter. 1956 war das Fernmeldehochhaus an der

Hauptwache mit 69 Metern das höchste Gebäude der Stadt. Ähnliche Höhen erreichten Anfang der 1960er Jahre das Hotel Inter-Continental (67 Meter) und das Zürich-Haus (68 Meter). Bis auf das Junior-Haus und das Hotel sind alle diese Gebäude mittlerweile abgerissen und durch höhere Neubauten ersetzt worden. Der Henninger-Turm in Sachsenhausen war 1961 das erste Frankfurter Bauwerk, das mit seiner Höhe von 120 Metern den Westturm des Kaiserdoms (95 Meter) überragte. Weitere Hochhäuser der 1960er Jahre sind u. a. das BHF-Bank-Hochhaus (82 Meter) und das Rhein-Main-Center (84 Meter).

1972 war der AfE-Turm der Goethe-Universität mit 116 Metern das höchste Gebäude der Stadt, 1974 erreichte das City-Hochhaus eine Höhe von 142 Metern. Die ersten Wolkenkratzer waren das 1976 eröffnete Plaza Büro Center mit 159 Metern und der 1978 errichtete Silberturm der Dresdner Bank mit 166 Metern, damals die höchsten Gebäude der Bundesrepublik. Mit dem Eurotower und dem Helaba-Hochhaus erfolgte eine Verdichtung der Hochhäuser im Stadtzentrum. Die in den 1980er Jahren entstandenen Gebäude überschritten die bisherigen Höhen nicht. Die bekanntesten Gebäude aus dieser Zeit sind die 1984 fertiggestellten 155 Meter hohen Zwillingstürme der Deutschen Bank, die im Volksmund auch *Soll und Haben* genannt werden.

In den 1990er Jahren stellte die zweite Hochhausgeneration wieder neue Rekorde auf: Der Messeturm war 1991 mit seiner Höhe von 257 Metern das höchste Gebäude Europas, 1997 erreichte der Commerzbank Tower 259 Meter. Zwei weitere Gebäude überschritten in dieser Zeit ebenfalls die 200-Meter-Marke: Der Westend Tower der DZ Bank und der Main Tower. Heute ist der Main Tower das einzige Hochhaus in Frankfurt mit einer öffentlich zugänglichen Aussichtsplattform auf dem Dach, darüber hinaus gibt es ein Restaurant im 25. Stockwerk des Japan Centers und eine Bar im 22. Stock des Eurotheums. Während des Wolkenkratzer-Festivals, welches in unregelmäßigen Abständen veranstaltet wird, sind aber auch andere Hochhäuser für die Öffentlichkeit geöffnet.

Im 21. Jahrhundert sind in Frankfurt weitere Hochhäuser entstanden, darunter Tower 185, Opernturm, Skyper, Gallileo, Nextower und Westhafen Tower. 2011 gab es in Frankfurt zwölf Gebäude mit einer Höhe ab 150 Metern, darunter die acht höchsten Gebäude Deutschlands. Mit dem Neubau der Europäischen Zentralbank und dem Taunusturm sind gegenwärtig zwei weitere Wolkenkratzer in Bau.

Höchstes Bauwerk der Stadt ist seit 1978 der Europaturm (von den Frankfurtern *Ginnheimer Spargel* genannt), ein Fernmeldeturm der Telekom, mit einer Höhe von 337,5 Metern. Der Europaturm verfügt über Besucherbereiche, diese sind mangels Wirtschaftlichkeit allerdings seit 1999 geschlossen.

## Sachsenhausen

Der 1192 erstmals erwähnte Stadtteil Sachsenhausen auf der südlichen Mainseite wird in Frankfurter Mundart auch *Dribbdebach* (dribbe = drüben, jenseits des Flusses) genannt, im Gegensatz zur *Hibbdebach* (diesseits des Flusses) gelegenen Innenstadt. Seit dem Mittelalter wohnten hier hauptsächlich Fischer, Landarbeiter und Handwerker, deren derbe Sprache und Umgangsformen sprichwörtlich waren. Im 18. und 19. Jahrhundert siedelten sich zunehmend auch wohlhabende Bürger an. Die Sachsenhäuser Altstadt wurde ein beliebtes Ausgeh- und Kneipenviertel. Doch der Besucherrückgang nach dem Wegfall der amerikanischen Militärstandorte machte dem Viertel zu schaffen. Leerstand und Verfall waren seitdem nicht mehr zu übersehen. Es gibt allerdings noch einige traditionelle und teilweise sehr alte Apfelwein-Kneipen. Die Stadt bemüht sich seit einiger Zeit, das Viertel wieder voranzubringen. Ziel ist es, neben Kneipen auch kleine Geschäfte und Ateliers zu etablieren, um das Viertel auch tagsüber stärker zu beleben.

Schweizer Straße, März 2011

Das dominierende Bauwerk am Sachsenhäuser Mainufer ist die 1875 bis 1881 errichtete Dreikönigskirche. Entlang des Mains liegen die Museen des Museumsufers. Hier findet auch jeden zweiten Samstag einer der größten Flohmärkte Deutschlands statt.

Main Plaza und Dreikönigskirche

Die Altbauten im nördlichen Sachsenhausen rund um den *Schweizer Platz* sind ein beliebtes Wohnviertel mit einer ausgewogenen Mischung aus Einzelhandel und Gastronomie. Neben bekannten Apfelweinlokalen wie dem *Wagner* und dem *Gemalten Haus* finden sich moderne Cocktailbars.

Weiter im Süden liegen Villenviertel wie der Lerchesberg, der in den 1960er-Jahren entstand. Seit den 1990er-Jahren entstand auf dem ehemaligen Schlachthofgelände östlich der Sachsenhäuser Altstadt das Deutschherrnviertel, das sich inzwischen zum beliebten Wohngebiet entwickelt hat. Wahrzeichen des neuen Viertels ist das Hochhaus Main Plaza.

Sachsenhäuser Wahrzeichen – der Henninger Turm

Auf Sachsenhäuser Gebiet stehen auch der Goetheturm im Stadtwald, eines der höchsten Holzbauwerke in Deutschland, und der Henninger-Turm, ein ehemaliges Getreidesilo und bekannt durch das Radrennen Rund um den Henninger-Turm.

### Hauptbahnhof und Bahnhofsviertel

Beleuchteter Hauptbahnhof während der Luminale

Kaiserstraße im Bahnhofsviertel

Der Hauptbahnhof, eröffnet 1888, ist nach der Anzahl der Fernverkehrszüge und am Passagieraufkommen gemessen einer der größten seiner Art in Europa. Die riesige fünfschiffige Bahnsteighalle, deren Tragwerk und Dach zuletzt vollständig restauriert wurden, das stilgleich erhaltene Empfangsgebäude und das unüberschaubare Gewirr über- und unterirdischer Anlagen macht ein beeindruckendes Bauwerk aus, das eine Sehenswürdigkeit für sich ist.

Das Bahnhofsviertel ist ein Schmelztiegel der Kulturen. Dort befinden sich Geschäfte und Restaurants verschiedenster Art aus den unterschiedlichsten Kulturkreisen. Das Bahnhofsviertel lebt 24 Stunden am Tag, nicht nur wegen des Rotlicht-Milieus, das sich vor allem rund um die Taunusstraße erstreckt. Das Viertel kann auch als ein Musterbeispiel für urbane Gegensätze angesehen werden, die ein internationaler Verkehrsknotenpunkt mit sich bringt. Bettler, Alkoholiker und Junkies sind dort neben den Strömen angestellter Berufspendler ebenso gegenwärtig wie Banker, internationale Messegäste und Tagestouristen. Die Kaiserstraße, auf die der Besucher direkt vom Haupteingang des Hauptbahnhofs aus blickt, ist ein städtischer Boulevard, auf dem Reichtum und Elend, multikultureller Einzelhandel, moderne Bankhochhäuser in nächster Nachbarschaft zu Rotlichtbetrieben in gründerzeitlichen Altbauten zu beobachten sind.

## Kultur

### Museen und Galerien

Das Städel

Die Stadt bietet ein vielfältiges kulturelles Programm. Dazu zählt die einzigartige Museumslandschaft mit über 60 größeren und kleineren Museen und Ausstellungshäusern, die sich vor allem auf beiden Seiten des Mains angesiedelt hat. Die von Till Behrens bereits 1968 entworfene Frankfurter Grüngürtel-Mainufer-Konzeption, die als Vorlage für das Museumsufer diente, wurde durch die Politik seit Anfang der 1980er Jahre umgesetzt und wird auch heute noch verfolgt.

Das Museumsufer auf der Sachsenhäuser Mainseite umfasst bekannte Häuser wie das Städel, das Liebieghaus, das Museum für Kommunikation (ehemals: Postmuseum), das Deutsche Architekturmuseum (DAM), das Deutsche Filmmuseum, das Museum der Weltkulturen und das Museum für Angewandte Kunst (ehemals: Kunstgewerbemuseum). Hier findet auch alljährlich das Museumsuferfest statt.

An *Kunstmuseen* und Galerien finden sich das Städel (Gemälde), das Liebieghaus (Skulpturen), das Museum für Moderne Kunst (MMK), die Kunsthalle Schirn, das Deutsche Architekturmuseum (DAM), das Deutsche Filmmuseum und das Museum für Angewandte Kunst.

Senckenbergmuseum

*Historische Museen* sind das Archäologische Museum im Karmeliterkloster, das Historische Museum (Stadtgeschichte) und das Jüdische Museum.

*Technikmuseen* sind das Museum für Kommunikation, das Frankfurter Feldbahnmuseum, das Verkehrsmuseum Frankfurt am Main, die Experiminta, die Museumseisenbahn des Vereins Historische Eisenbahn Frankfurt und die Technische Sammlung Hochhut. Im Nordend ist die *EXPLORA*, ein Museum für optische und andere Täuschungen zu finden. Dort können viele Anaglyphenbilder, Stereobildpaare, SIRDs, Hologramme und andere Formen der optischen Wahrnehmung ausprobiert werden.

Liebieghaus

Ein *naturwissenschaftliches Museum* ist das weltberühmte Naturmuseum Senckenberg, in dem unter anderen Fossilienfunde aus der Welterbestätte Grube Messel zu sehen sind, ein *ethnologisches Museum* das Museum der Weltkulturen.

Die *Kunstszene* trifft man im Frankfurter Kunstverein gegenüber der Schirn, der Städelschule (Staatliche Hochschule für Bildende Künste Städelschule), privaten Kunstgalerien und auch in einer Reihe von alternativen Ausstellungsräumen. Die Galerien zeigen Kunst von Alter Kunst über verschiedene Spezialgebiete bis hin zur Gegenwart. Von den alternativen Ausstellungsräumen werden viele von Künstlern oder jungen Kunstwissenschaftlern betrieben, u. a. die Ausstellungshalle in Sachsenhausen oder der *ausstellungsraum EULENGASSE 65* in Bornheim.

C- D- und F-Triebwagen in der Westhalle des Verkehrsmuseums in Schwanheim

Frankfurter Kunstverein im Steinernen Haus

## Oper, Konzerthäuser und Bühnen

Festhalle auf dem Messegelände

Frankfurt weist eine lebendige Theaterszene auf. Die Städtischen Bühnen vereinen mehrere Sparten unter einem Dach: Die Oper Frankfurt ist ein weltweit renommiertes Haus und erhielt mehrmals (zuletzt im Jahr 2003) die Auszeichnung Opernhaus des Jahres. Das Schauspiel Frankfurt machte vor allem in den 1960er – durch Harry Buckwitz – sowie in den 1970er- und 1980er-Jahren unter der Leitung von Peter Palitzsch durch sein Mitbestimmungsmodell von sich reden. Zwei weitere Sparten der städtischen Bühnen, das *Ballett Frankfurt* und das Theater am Turm (TAT), mussten im Jahr 2004 schließen, jedoch besteht seit 2005 wieder eine Tanzkompanie als privates Ensemble unter dem Namen The Forsythe Company.

Alte Oper am Opernplatz

Die Alte Oper, eröffnet 1881, wurde im Zweiten Weltkrieg zerstört und 1981 als Konzerthaus wiedereröffnet. Die Alte Oper besitzt einen sehr schönen Konzertsaal und hat heute große Bedeutung als ein wichtiges Musikzentrum in Europa. Weitere bekannte Konzerthäuser sind die Jahrhunderthalle in Unterliederbach, die Festhalle in Bockenheim und der Sendesaal der Hessischen Rundfunks.

Die Komödie in der Neuen Mainzer Straße und das Fritz Rémond Theater im Zoo-Gesellschaftshaus sind die zwei bekannten Boulevardtheater Frankfurts. Das Volkstheater Frankfurt pflegt neben klassischen Mundartstücken auch mundartliche Bearbeitungen von Klassikern und zeitgenössischen Dramen. Ein ähnliches Konzept verfolgt auch die *Fliegende Volksbühne* des Schauspielers Michael Quast. Das English Theatre ist die größte englischsprachige Bühne auf dem Kontinent.

Die größte und überregional bekannteste Bühne für moderne Darstellungskunst (Performance, Tanz u. a.) in Frankfurt ist das Künstlerhaus Mousonturm in Bornheim. Als Spielstätte für Theatergruppen und Ensembles aus der freien Szene fungieren das alteingesessene Gallus Theater in den ehemaligen Adlerwerken im Gallus, die Landungsbrücken Frankfurt als Plattform für modernes Spreachtheater im Gutleutviertel sowie das Kellertheater Frankfurt.

Städtische Bühnen am Willy-Brandt-Platz

Freie Theater mit fester Spielstätte sind Die Dramatische Bühne im Café Exzess in Bockenheim, Michael Herls Stalburg Theater im Nordend, das Theater Willy Praml in der Naxoshalle im Ostend, das *Freie Schauspiel Ensemble* in Bockenheim und das Frankfurter Autoren Theater in der Brotfabrik in Hausen.

Das English Theatre im Gallileo

Im Bereich Varieté, Kabarett und Kleinkunst haben sich Johnny Klinkes Tigerpalast, die *KÄS*, Die Schmiere (seit 1950 das selbsternannt „schlechteste Theater der Welt") im Karmeliterkloster und das Neue Theater im Stadtteil Höchst etabliert.

Das Theaterhaus Frankfurt beherbergt zahlreiche Kindertheaterensembles wie z. B. die „Grüne Soße" und zählt neben dem Kinder- und Jugendtheaterzentrum in der Nordweststadt und dem Papageno Musiktheater im Palmengarten zur lebendigen Frankfurter Kinder- und Jugendtheaterszene. Ein besonderes Kindertheater bestand von 1975 bis 2005 mit dem Klappmaul-Puppentheater.

## Musiker

In Frankfurt haben zwei große symphonische Orchester ihre Heimat, das 1808 gegründete Frankfurter Opern- und Museumsorchester der städtischen Bühnen und das hr-Sinfonieorchester. Auch das Ensemble Modern und die Junge Deutsche Philharmonie haben ihren Sitz in Frankfurt. Bekannte Chöre sind der 1818 gegründete Cäcilien-Chor, die Frankfurter Singakademie und die Frankfurter Kantorei.

Auch der Rapper Moses Pelham, die Metal-Band Tankard, die Hard Rock-Band Böhse Onkelz, die Techno-DJs Sven Väth und Chris Liebing sowie die Eurodance-Gruppe SNAP! stammen aus Frankfurt.

## Buchmesse

FRANKFURTER BUCHMESSE

Logo der Frankfurter Buchmesse

Die seit dem 15. Jahrhundert stattfindende Frankfurter Buchmesse ist nicht nur ein wirtschaftliches (als größte Buchmesse der Welt), sondern auch ein bedeutendes kulturelles Ereignis. Während der alljährlichen Messe finden in Frankfurt zahlreiche Begleitveranstaltungen statt, als Höhepunkt die Verleihung des Friedenspreises des Deutschen Buchhandels in der Paulskirche.

## Dialekt

Die Frankfurter Stadtmundart in ihrer ursprünglichen Form zählt zu den Rheinfränkischen Dialekten. Die eng verwandten Dialekte, die im Rhein-Main-Gebiet gesprochen werden, decken nur einen kleinen Raum ab. Im restlichen Hessen wird merklich anders gesprochen. Noch bis mindestens in die 1980er-Jahren hinein konnte man bei älteren Einwohnern deutlich unterscheiden, ob sie aus der ursprünglichen Kernstadt stammten oder zum Beispiel aus den nördlichen, eingemeindeten Stadtteilen. Es gibt ferner zahlreiche Berichte darüber, dass die Einwohner der Altstadt am Sprachklang hören konnten, ob jemand aus Bornheim stammte oder aus Bockenheim.

Wie in vielen anderen Großstädten vermischte sich die Frankfurter Stadtmundart, vor allem infolge der Bevölkerungsverschiebungen nach der vollständigen Zerstörung der Frankfurter Altstadt im Zweiten Weltkrieg, mit benachbarten Varianten und aufgrund der intensiveren Hörfunk- und Fernsehnutzung seit den 1950er-Jahren auch mit dem Hochdeutschen, wodurch ein Regiolekt entstand, der häufig als *Neuhessisch* oder selbstironisch als *RMV-Hessisch*[78] bezeichnet wird.

## Nachtleben

Batschkapp in Frankfurt-Eschersheim

- Clubkeller
- Cocoon Club von Sven Väth
- Gibson Club
- Jazzkeller Frankfurt
- King Kamehameha Club
- Living XXL
- U60311
- Velvet Club

## Sport

Commerzbank-Arena, Spielstätte der Eintracht Frankfurt, im Stadtwald

Frankfurt am Main ist Heimat zahlreicher bekannter Sportvereine:

- Eintracht Frankfurt (Fußball Männer, Fußball-Bundesliga)
- FSV Frankfurt (Fußball Männer, 2. Fußball-Bundesliga)
- Rot-Weiss Frankfurt (Fußball Männer, Oberliga Hessen)
- 1. FFC Frankfurt (Fußball Frauen, Bundesliga)
- Löwen Frankfurt (Eishockey, Oberliga)
- Fraport Skyliners (Basketball, Bundesliga)
- Turngemeinde Bornheim (Breitensport, größter Sportverein Hessens)
- FTG 1847 Frankfurt mit über 98 Sportangeboten
- TSG Nordwest 1898 Frankfurt/M e. V.
- SC 1880 Frankfurt (Hockey, Rugby, Tennis und Lacrosse)
- Frankfurt Flyers (Trampolinsport, 1. Bundesliga)
- Frankfurter RG Germania 1869 (einer der größten und ältesten deutschen Rudervereine)

Bedeutende, jährlich stattfindende, sportliche Ereignisse sind

- Frankfurt-City-Triathlon (Triathlon im August)
- Frankfurt-Marathon (Stadtmarathon im Oktober)
- Rund um den Henninger-Turm (Straßenradrennen)
- Ironman Germany (Triathlon)

- JPMorgan Chase Corporate Challenge (Firmenlauf)
- Frankfurter City-Halbmarathon (im März)
- Hessen tanzt (größtes Tanzsportturnier der Welt)

Die wichtigsten Sportstätten der Stadt sind

- Die Commerzbank-Arena (Fußball), ursprünglich Waldstadion, unter dem Namen *„FIFA WM-Stadion Frankfurt am Main"* einer der Spielorte der Fußball-Weltmeisterschaft 2006 und der Fußball-Weltmeisterschaft der Frauen 2011
- Das Frankfurter Volksbank Stadion am Bornheimer Hang (Fußball und Leichtathletik)
- Das Stadion am Brentanobad
- Die Fraport Arena (Basketball, Handball), bis 2011 unter dem offiziellen Namen *Ballsporthalle* bekannt
- Die Eissporthalle Frankfurt (Eishockey)
- Die Galopprennbahn Niederrad (Pferderennen)

JPMorgan Chase-Lauf, der größte Stadtlauf der Welt (2007)

Frankfurt ist außerdem Sitz der wichtigsten deutschen Sportverbände, u. a.:

- Deutscher Olympischer Sportbund (DOSB), ehem.
    - Deutscher Sportbund (DSB)
    - Nationales Olympisches Komitee (NOK)
- Deutscher Fußball-Bund (DFB)
- Deutscher Turner-Bund (DTB)

Rund um den Henninger-Turm

- Deutscher Motor Sport Bund (DMSB)

## Jakobsweg

Unterhalb des Bornheimer Hangs im Osten der Heilig-Kreuz-Kirche in Frankfurt-Bornheim verläuft ein Zweig des deutschen Jakobswegs.[79] Dieser orientiert sich an dem Verlauf des historischen Fernhandelsweges von Leipzig nach Frankfurt am Main (*Des Reiches Straße*). Er beginnt in der Bischofsstadt Fulda, führt über Schlüchtern, Steinau an der Straße, Bad Soden-Salmünster, Gelnhausen, Langenselbold, Erlensee und Bruchköbel und gehört zum Netz der Hauptwege der Jakobspilger in Europa, die nach Santiago de Compostela führen. Er führt über insgesamt 116 km an der Heilig-Kreuz-Kirche vorbei über den Frankfurter Ostpark an dem Neubau der Europäischen Zentralbank auf dem Gelände der ehemaligen Großmarkthalle weiter zum Ufer des Mains in die Innenstadt Frankfurts, weiter am Main entlang bis zum Eisernen Steg, auf dem linken Mainuferweg in Richtung Mainz und anschließend weiter nach

Trier.[80]

## Regelmäßige Veranstaltungen

Das seit 1988 jährlich im August veranstaltete Museumsuferfest mit seiner Mischung aus Musik und Kultur ist das größte Volksfest im Rhein-Main-Gebiet. 2007 kamen an drei Tagen etwa 3,5 Millionen Besucher.

Wäldchestag im Stadtwald

Am Wäldchestag, dem Dienstag nach Pfingsten, ziehen viele Besucher zu einem Volksfest in den Frankfurter Stadtwald. Bis in die 1990er-Jahre hatten an diesem Tag die meisten Frankfurter Geschäfte nachmittags geschlossen und die Arbeitnehmer hatten ab 12 Uhr frei. Deshalb wurde der Wäldchestag scherzhaft im Volksmund auch als Frankfurts Nationalfeiertag bezeichnet.

Ein weiteres traditionelles Volksfest ist die Dippemess, die zweimal jährlich für drei Wochen im Frühjahr und für zehn Tage im Herbst jeweils etwa zwei Millionen Besucher anzieht. Die Dippemess geht zurück auf einen seit dem Mittelalter überlieferten Verkaufsmarkt für Haushaltswaren aller Art, insbesondere Keramikschüsseln (*Dippe*).

Museumsuferfest

Der 1393 erstmals urkundlich erwähnte Frankfurter Weihnachtsmarkt findet jährlich in der Adventszeit statt. Er ist heute mit rund drei Millionen Besuchern einer der großen Weihnachtsmärkte in Deutschland. Über 200 Stände erstrecken sich vom Mainkai über Römerberg, Paulsplatz Neue Kräme, Liebfrauenberg bis zur Zeil.

Der Frankfurter Fastnachtsumzug ist mit über 6000 aktiven Teilnehmern, über 300.000 Zuschauern und 1,5 Kilometern Zuglänge der größte Karnevalsumzug in Hessen. Von 2003 bis 2008 fand jährlich im Sommer die *Parade der Kulturen* statt, ein Demonstrationszug für ein friedliches Miteinander der Menschen verschiedener Kulturen. An der letzten Parade 2008 nahmen etwa 1700 Aktive und 100.000 Zuschauer teil.

Abschluss-Feuerwerk beim Wolkenkratzer-Festival 2007

Ebenfalls seit 2003 findet das Down-Sportlerfestival, eine Veranstaltung, bei der sich mehrere hundert Menschen mit Down-Syndrom (Trisomie 21) in verschiedenen Wettbewerbssportarten messen können, in Frankfurt statt.

Weitere regelmäßige Veranstaltungen sind das Mainfest, der Christopher Street Day (CSD), das *Rosen- und Lichterfest* im Palmengarten, das *Opernplatzfest*, der *Rheingauer Weinmarkt* in der Freßgass und das *Stöffchefest* auf dem Römerberg.

Beliebt sind zudem die Nacht der Museen im April mit etwa 40.000 Besuchern und die *Nacht der Clubs*.

Zu den genannten Festen gibt es noch Stadtteilfeste wie das Höchster Schloßfest, das *Berger Straßenfest* in Bornheim, das *Schweizer*

Weihnachtsmarkt auf dem Römerberg 2010

Dippemess am Ratsweg

*Straßenfest* in Sachsenhausen, den auf das Jahr 1839 zurückgehenden Fastnachtszug in Heddernheim (Klaa Paris) oder das von Oberbürgermeister Walter Kolb 1951 ins Leben gerufene jährliche Lohrbergfest, Frankfurts leichtathletisches Bergsportfest für Kinder und Jugendliche.

In unregelmäßigen Abständen findet das sogenannte Wolkenkratzer-Festival statt, zuletzt im Mai 2007 nach einer sechsjährigen Pause. Dabei waren 15 Hochhäuser in der Innenstadt für die Öffentlichkeit zugänglich und lockten 1,2 Millionen Besucher an. Eine Fortsetzung wird es 2013 geben.

Das 1994 bis 2004 alljährlich organisierte Musikfestival Sound of Frankfurt zog bis zu 500.000 meist jüngere Besucher an.

## Skurriles

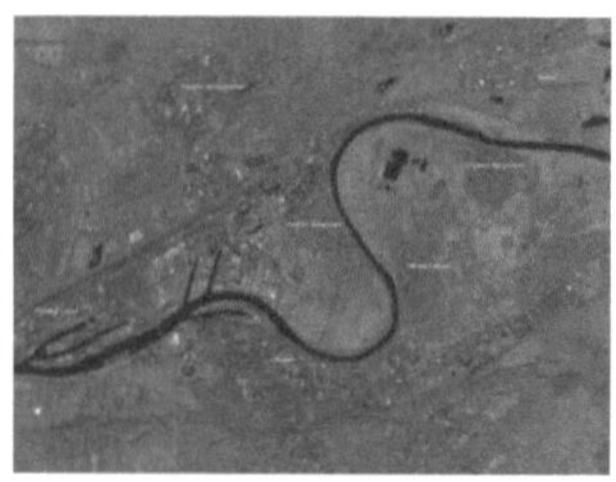

Frankfurt und Offenbach

Wie zwischen vielen benachbarten Städten besteht von jeher auch zwischen Frankfurt und Offenbach am Main eine gutnachbarliche Rivalität, die ihren Ausdruck unter anderem in zahlreichen Witzen über die Bewohner der jeweils anderen Stadt findet.

Hintergrund ist hier, dass die beiden Städte Frankfurt und Offenbach unterschiedlicher nicht sein können. Bereits seit dem Mittelalter bestanden Territorialkonflikte zwischen der Reichsstadt Frankfurt und ihren Nachbarstaaten. Nach der Reformation lagen das lutherische Frankfurt und das reformierte Offenbach in konfessionellen Streitigkeiten. Seit dem 18. Jahrhundert förderten die Grafen von Isenburg zudem die Ansiedlung von Manufakturen, die im bürgerlichen Frankfurt nicht erwünscht waren. Auch im 19. Jahrhundert sah sich Frankfurt weiterhin als reine Handelsstadt, während sich die Industrie in den umliegenden Gemeinden Fechenheim, Griesheim, Höchst und Offenbach ansiedelte. Erst nach der Annexion durch Preußen zog auch Frankfurt mit der Industrialisierung nach und überflügelte bald seine Rivalen. Im 20. Jahrhundert wuchs Frankfurt vor allem durch Eingemeindungen preußischer Vororte, während Offenbach keine Ausdehnungsmöglichkeiten hatte. Bis 1945 bildete die Grenze zwischen beiden Nachbarstädten immer zugleich auch eine Landesgrenze.

Eine langjährige sportliche Rivalität pflegen die beiden Fußballvereine Kickers Offenbach und Eintracht Frankfurt sowie ihre jeweiligen Anhänger. Im Laufe der Jahre standen sich beide Mannschaften häufig in einem Derby gegenüber, besonders häufig in den 1950er-Jahren (zum Beispiel im Finale um die Deutsche Fußballmeisterschaft 1959), im DFB-Pokal (zuletzt 2009) und in der Fußball-Bundesliga bis zum Abstieg der Kickers 1984.

### Kulinarische Spezialitäten

In Frankfurt entwickelte sich infolge der zahlreichen wohlhabenden Gäste, die während der Kaiserkrönungen und der Messen in die Stadt strömten, bereits im 17. und 18. Jahrhundert eine hochentwickelte Gastronomie- und Hotelkultur. Im 19. Jahrhundert galt Frankfurts Küche neben der Hamburger und der Wiener als führend in Deutschland.[81]

Zu den ältesten und bekanntesten Delikatessen gehören die seit dem Mittelalter hergestellten Frankfurter Würstchen aus Schweinefleisch, denen sich seit dem 19. Jahrhundert die Frankfurter Rindswurst zugesellte. Die Frankfurter Metzger[82] durften bis zur Einführung der Gewerbefreiheit 1864 jede Woche nur eine Sorte Vieh schlachten. In einer Verordnung von 1628 hieß es: „waß er eynen Tag geschlachtet, es sey Viehes Rind, Hammel oder Schwein, er die gantze woche bey stehen bleiben und keine Schaaf bei Hammel schlachte. Er hat aber Macht, alle woch eyn ander Viehe zu schlachten.“ Somit konnten, da es noch keine Kühltechniken gab, auch keine Fleischerzeugnisse aus unterschiedlichen Fleischsorten hergestellt werden.

Eine besondere Spezialität Frankfurts ist die Grüne Sauce, die traditionell aus sieben Kräutern hergestellt wird: Borretsch, Kerbel, Kresse, Petersilie, Pimpinelle, Sauerampfer und Schnittlauch. Bekannte Süßigkeiten aus der Frankfurter Küche sind die Frankfurter Brenten und die Bethmännchen, der Haddekuche und der Frankfurter Kranz.

Mit dem Niedergang des Weinbaus im 19. Jahrhundert wurde der bis dahin geringgeschätzte Apfelwein (*Ebbelwoi*) in Frankfurt populär, der hier seit etwa 1600 nachgewiesen ist. Er gilt heute als Frankfurter Traditionsgetränk, unter anderem durch den Erfolg der Fernsehsendung Zum Blauen Bock. Zum Apfelwein sind vor allem deftige Gerichte beliebt, wie Rippchen mit Kraut und Handkäs mit Musik.

Heute gibt es in Frankfurt mit dem Lohrberger Hang nur noch eine Weinlage. Sie ist die kleinste und östlichste Weinlage im Rheingau und wird vom Weingut der Stadt Frankfurt bewirtschaftet. Jährlich werden in dieser Lage rund 10.000 Flaschen Riesling erzeugt, der meist trocken ausgebaut wird und in guten Jahren Spätlese-Qualität erreicht.

## Persönlichkeiten

In der Liste von Persönlichkeiten der Stadt Frankfurt am Main sind bekannte Söhne und Töchter sowie weitere, mit der Stadt verbundene Personen aufgeführt. Von der Stadt zu Ehrenbürger ernannte Personen sind in der Liste der Ehrenbürger von Frankfurt am Main zu finden.

Johann Wolfgang von Goethe

# Namenspatenschaften

Ein Einsatzgruppenversorger der Deutschen Marine trägt den Namen *Frankfurt am Main.* Zuvor waren schon der Kleine Kreuzer SMS *Frankfurt* der Kaiserlichen Marine während des Ersten Weltkrieges sowie die hölzerne Dampfkorvette *Frankfurt* der Flotte des Deutschen Bundes nach der Stadt benannt. In der Handelsflotte gab es unter anderem von 1900 bis 1918 den Schnelldampfer *Frankfurt* des Norddeutschen Lloyd und ab 1954 den Kombifrachter *"Frankfurt"* der Hapag, sowie von 1981 bis 2007 die *Frankfurt Express* der Hapag-Lloyd, welche von 1981 bis 1984 das größte Containerschiff der Welt war. 2010 wurde erneut ein Containerschiff mit dem Namen *Frankfurt Express* in Dienst gestellt.

Airbus A380 *Frankfurt am Main* der Lufthansa

1960 übernahm die Stadt Frankfurt eine der ersten Namenspatenschaften für ein Flugzeug der Deutschen Lufthansa.[83] Von 1960 bis 1975 trug die Boeing 707 D-ABOD ihren Namen, von 1975 bis 1985 eine DC-10 und 1985 bis 1990 eine B747-200. 1991 taufte die Lufthansa die B747-430 mit dem Kennzeichen D-ABVF auf den Namen der Stadt, den sie bis Mai 2010 trug. Am 19. Mai 2010 erhielt der erste Airbus A380 D-AIMA der Lufthansa den Namen *Frankfurt am Main.*[84]

Ein 2007 entdeckter Asteroid im Asteroidengürtel trägt den Namen (204852) Frankfurt.

# Auszeichnungen

- Winckelmann-Medaille des Deutschen Archäologischen Instituts (DAI)

# Siehe auch

Portal: Frankfurt Rhein-Main – Übersicht zu Wikipedia-Inhalten zum Thema Frankfurt Rhein-Main

# Literatur

## Geschichte

- Bernhard Müller: *Bilderatlas zur Geschichte der Stadt Frankfurt am Main.* Verlag Moritz Diesterweg, Frankfurt am Main 1916, Reprint im Verlag W. Weidlich, Frankfurt am Main 1976, ISBN 3-8035-8904-5.
- *Hessisches Städtebuch.* Bd 4. 1. Teilb. aus: *Deutsches Städtebuch. Handbuch städtischer Geschichte.* Im Auftrage der Arbeitsgemeinschaft der historischen Kommissionen und mit Unterstützung des Deutschen Städtetages, des Deutschen Städtebundes und des Deutschen Gemeindetages, hrsg. von Erich Keyser. Kohlhammer, Stuttgart 1957.
- Walter Gerteis: *Das unbekannte Frankfurt.* 3 Bände. Verlag Frankfurter Bücher, Frankfurt am Main 1960–1963 (populäre, essayistisch-anekdotische Stadtgeschichte).
- Friedrich Bothe: *Geschichte der Stadt Frankfurt am Main.* Verlag Wolfgang Weidlich, Frankfurt am Main 1977, ISBN 3-8035-8920-7.
- Waldemar Kramer (Hrsg.): *Frankfurt Chronik.* Verlag Waldemar Kramer, Frankfurt am Main 1987 (3. Auflage), ISBN 3-7829-0321-8.
- Frankfurter Historische Kommission (Hrsg.): *Frankfurt am Main – Die Geschichte der Stadt in neun Beiträgen.* Jan Thorbecke Verlag, Sigmaringen 1991, ISBN 3-7995-4158-6 (*Veröffentlichungen der Frankfurter Historischen Kommission* 17).

- Lothar Gall (Hrsg.): *FFM 1200. Traditionen und Perspektiven einer Stadt.* Jan Thorbecke Verlag, Sigmaringen 1994, ISBN 3-7995-1203-9 (Katalog zur 1200-Jahrfeier 1994 mit wiss. Aufsätzen).
- Ernst Mack: *Von der Steinzeit zur Stauferstadt. Die frühe Geschichte von Frankfurt am Main.* Verlag Josef Knecht, Frankfurt am Main 1994, ISBN 3-7820-0685-2.


## Architektur


- Bau-und Informationsamt Frankfurt am Main: *Kunst + Bau in Frankfurt am Main.* Text: Günther Vogt, 1971
- Bernd Kalusche, Wolf-Christian Setzepfand: *Architekturführer Frankfurt am Main.* Reimer, Berlin 1992, ISBN 3-496-01100-9.
- Heinz Ulrich Krauß: *Frankfurt am Main. Daten, Schlaglichter, Baugeschehen.* Societäts-Verl., Frankfurt am Main 1997, ISBN 3-7973-0626-1. (Chronik mit Schwerpunkt auf Architektur und Baugeschichte)
- Ulf Jonak: *Die Frankfurter Skyline.* Campus, Frankfurt am Main – New York 1997, ISBN 3-593-35822-0. (Kritische Betrachtung des Hochhausbaus)
- Clemens Jöckle: 100 Bauwerke in Frankfurt am Main, Regensburg, Schnell & Steiner, 1998, ISBN 3-7954-1166-1
- Hugo Müller-Vogg: *Hochhäuser in Frankfurt.* Societäts-Verl., Frankfurt am Main 1999, ISBN 3-7973-0721-7. (Vorstellung aller Hochhäuser in Frankfurt)
- Dieter Bartetzko: *Frankfurts hohe Häuser.* Insel, Frankfurt am Main – Leipzig 2001, ISBN 3-458-34353-9. (Darstellung des Hochhausbaus in Frankfurt)
- Heinz Schohmann: *Frankfurt am Main und Umgebung. Von der Pfalzsiedlung zum Bankenzentrum.* Dumont Kunstreiseführer. Dumont, Köln 2003, ISBN 3-7701-6305-2. (mit Schwerpunkt Architektur)
- Christof Bodenbach (Hrsg.): *Neue Architektur in Frankfurt am Main.* Junius Verlag, Hamburg 2008, ISBN 978-3-88506-583-8.
- Angela Pfotenhauer, Elmar Lixenfeld und Uwe Dettmer: *Frankfurt am Main.* Deutsche Stiftung Denkmalschutz, 2009, ISBN 978-3-86795-009-1.
- Christian Freigang, Markus Dauss und Evely Brockhoff: *Das „Neue" Frankfurt, Innovationen in der Frankfurter Kunst vom Mittelalter bis heute.* Verlag Waldemar Kramer, Frankfurt am Main 2010, ISBN 978-3-86539-673-0.
- Christian Grau, André Risto und Willi Bucher (Hrsg.): *Frankfurt. Der andere Blick.* Theiss Verlag, Stuttgart 2010 ISBN 978-3-8062-2388-0. (Aufnahmen aus der Luft)


## Verschiedenes


- Barbara M. Henke, Thomas Kirn, Ruth Rieger: *Edition Die deutschen Städte – Frankfurt.* C. J. Bucher, München 1994, ISBN 3-7658-0873-3.
- Matthias Alexander, Gerd Kittel: *Hochhäuser in Frankfurt.* Societäts-Verlag, Frankfurt am Main 2006, ISBN 3-7973-1000-5.
- Christian Setzepfandt: *Geheimnisvolles Frankfurt am Main.* Wartberg, Gudensberg-Gleichen 2003, ISBN 3-8313-1347-4.
- Martin Mosebach: *Mein Frankfurt.* Mit Photographien von Barbara Klemm. Insel, Frankfurt am Main 2002, ISBN 3-458-34571-X. (Insel-Taschenbuch. Bd 2871)
- Benno Reifenberg: *Das Einzigartige von Frankfurt.* Verlag Waldemar Kramer, Frankfurt am Main 1979, ISBN 3-7829-0220-3.
- *Ausgewählte Frankfurter Mundartdichtung.* Verlag Waldemar Kramer, Frankfurt am Main 1966, ISBN 3-7829-0067-7.
- Helmut Bode: *Frankfurter Sagenschatz. 100 Sagen und sagenhafte Geschichten, nach den Quellen und älteren Sammlungen sowie der Lersnerschen Chronik neu erzählt.* Verlag Waldemar Kramer, Frankfurt am Main 1978, ISBN 3-7829-0209-2.

- Alice Selinger: *Frankfurt am Main. Stadtführer Geschichte Kultur.* Verlag Waldemar Kramer/Marix Verlag, Wiesbaden 2011, ISBN 978-3-86539-683-9.
- Anja Zeller: *Frankfurt to go.* Der Stadtwanderführer für Frankfurt! 978-3940874436, Verlag archimappublishers, Berlin 2012

## Weblinks

- Offizielle Website der Stadt Frankfurt am Main [1]
- Vereins-Wiki: Frankfurt am Main [85]
- Links zum Thema Frankfurt am Main [86] im Open Directory Project
- Kulturportal der Stadt Frankfurt am Main [87]
- Literatur über Frankfurt am Main [88] in der Hessischen Bibliographie

## Einzelnachweise


[1] http://www.frankfurt.de/

[2] *Bevölkerung der hessischen Gemeinden* (http://www.statistik-hessen.de/themenauswahl/bevoelkerung-gebiet/regionaldaten/bevoelkerung-der-hessischen-gemeinden/index.html). Hessisches Statistisches Landesamt. Abgerufen am 11. Juli 2012

[3] Daten und Fakten – Regionalverband FrankfurtRheinMain (http://ftp.planungsverband.de/RV_Regionales_Monitoring_2011.pdf), abgerufen am 28. Mai 2012

[4] z. B. GaWC 2010 (http://www.lboro.ac.uk/gawc/world2010t.html)

[5] Wirtschaftsstandort Frankfurt am Main Band 3 (http://ebn24.de/index.php?id=34285)

[6] Elsbet Orth, *Frankfurt am Main im Früh- und Hochmittelalter.* In: Frankfurter Historische Kommission (Hrsg.): *Frankfurt am Main – Die Geschichte der Stadt in neun Beiträgen.* Jan Thorbecke Verlag, Sigmaringen 1991, ISBN 3-7995-4158-6, S. 11.

[7] Robert Holtzmann (Hrsg.): *Scriptores rerum Germanicarum, Nova series 9: Die Chronik des Bischofs Thietmar von Merseburg und ihre Korveier Überarbeitung (Thietmari Merseburgensis episcopi Chronicon)* Berlin 1935, S. 490 (Monumenta Germaniae Historica, Digitalisat (http://www.mgh.de/dmgh/resolving/MGH_SS_rer._Germ._N.S._9_S.490))

[8] Barbara Dölemeyer: *Helenopolis – Frankfurt am Main in Mythos und Chronik (16.–18. Jahrhundert).* In: Bernhard Kirchgässner, Hans-Peter Becht (Hrsg.): *Städtische Mythen.* Band 28 der Reihe *Stadt in der Geschichte* der Veröffentlichungen des Südwestdeutschen Arbeitskreises für Stadtgeschichtsforschung, Jan-Thorbecke-Verlag, Ostfildern 2003, ISBN 3-7995-6428-4, S. 75–90. ( Tagungsbericht (http://www.stadtgeschichtsforschung.de/Downloads/Tagungsberichte/Bericht ueber die 38.pdf), PDF)

[9] In den Mitte des 15. Jahrhunderts entstandenen deutschen Abschriften der Goldenen Bulle beispielsweise als *Frankinfurd uf den Meyn.* Näheres zur Namensgebung in *Der Name Frankfurt.* In: Wolfgang Klötzer: *Keine liebere Stadt als Frankfurt. Studien zur Frankfurter Geschichte 45.* Verlag Waldemar Kramer, Frankfurt am Main, ISBN 3-7829-0509-1, S. 10–15.

[10] Stadtvermessungsamt (http://www.frankfurt.de/sixcms/detail.php?id=3027&_ffmpar[_id_inhalt]=4570282) auf: *frankfurt.de*

[11] Umweltatlas Hessen (http://atlas.umwelt.hessen.de/servlet/Frame/atlas/geologie/geo/struktur_txt.htm)

[12] Institut für Stadtgeschichte (http://www.stadtgeschichte-ffm.de/aktuelles/newsletter_archiv/newsletter_05/newsletter_05_6.html)

[13] Das Klima in Frankfurt (Main) (http://www.klimadiagramme.de/Deutschland/frankfurt2.html)

[14] Deutscher Wetterdienst 1971–2000: WMO.int (http://worldweather.wmo.int/016/c00057.htm)

[15] Deutscher Wetterdienst 1971–2000: WMO.int (http://worldweather.wmo.int/016/c00057.htm)

[16] Die Gliederung des Frankfurter Stadtgebietes (http://www.frankfurt.de/sixcms/media.php/678/gliederung_des_frankfurter_stadtgebiets_fsb_1_2008.pdf)

[17] *Statistisches Jahrbuch Frankfurt am Main 2009* (http://www.frankfurt.de/sixcms/media.php/678/JB2009_Kap07x.pdf)

[18] Bevölkerung, Statistisches Jahrbuch 2011 (http://www.frankfurt.de/sixcms/media.php/678/J2011K02x.pdf), Stadt Frankfurt am Main, abgerufen am 5. April 2012

[19] Mit 33:29 Stimmen im Parlamentarischen Rat sowie mit 200:176 Stimmen am 3. November 1949 im Bundestag.

[20] Statistisches Landesamt Bevölkerung der hessischen Gemeinden (http://www.statistik-hessen.de/themenauswahl/bevoelkerung-gebiet/regionaldaten/bevoelkerung-der-hessischen-gemeinden/index.html)

[21] Frankfurter Bevölkerungsprognose 2030, Statistik aktuell 26/2010 (http://www.frankfurt.de/sixcms/media.php/738/26_BevÃ¶lkerungsprognose2030.pdf) (PDF-Datei)

[22] Frankfurt Statistik aktuell 16/2012 (http://www.frankfurt.de/sixcms/media.php/678/16_Einwohner_1Halbjahr2012.pdf)

[23] *Peter Feldmann zum neuen OB in Frankfurt gewählt.* (http://www.hr-online.de/website/specials/obwahl12/index.jsp?rubrik=71048&key=standard_document_44332961&msg=71048) Abgerufen am 25. März 2012.

[24] *Hauptsatzung, §7.* (http://www.frankfurt.de/sixcms/media.php/738/Hauptsatzung2007.pdf) Abgerufen am 1. November 2011 (PDF).

[25] Vom Reichsadler zum *gerupften Spatz* (http://www.stadtgeschichte-ffm.de/artikel/stadtadler.html)

[26] Quellen: Online-Datenbank (http://www.rgre.de/rgre-partnerschaften/?dt_orgname=Frankfurt+am+Main&dt_plz=&dt_einwohnerzahl_min=&dt_einwohnerzahl_max=&dt_bundesland=&aus_orgname=&aus_plz=&aus_land=&aus_kontinent=&partner_seit_von=&partner_seit_bis=&partner_form=&submit=Suche&order_by=partner_seit&direction=asc) des Rates der Gemeinden und Regionen Europas, Referat für Internationale Angelegenheiten (http://www.internationalesreferat.frankfurt.de/) der Stadt Frankfurt

[27] F.A.Z vom 20. Oktober 1997

[28] *Rede der Oberbürgermeisterin Petra Roth in der Stadtverordnetenversammlung am 14. September 2006 anlässlich der Debatte um die Senkung des Gewerbesteuer-Hebesatzes von 490 v.H. auf 460 v.H.* (http://www.petra-roth.de/) (PDF, 44 kB, Zugriff am 2. November 2006)

[29] Solide Vermögenslage (http://www.faz.net/s/RubFAE83B7DDEFD4F2882ED5B3C15AC43E2/Doc~E09476F7F86344C32929FBD515A8E96E8~ATpl~Ecommon~Scontent.html), Bericht in der F.A.Z. vom 14. Juni 2008

[30] Jahresabschluss 2008 (http://www.frankfurt.de/sixcms/media.php/738/sb_2008_frankfurtde.pdf)

[31] Haushaltsplanentwurf 2010/2011 (http://www.frankfurt.de/sixcms/media.php/738/broschuere_z_produkthh_2010 _ 2011.pdf)

[32] F.A.Z., 9. Januar 2009 – Gewerbesteuerrekord in Frankfurt (http://www.faz.net/s/RubFAE83B7DDEFD4F2882ED5B3C15AC43E2/Doc~E29BDA4BAC0DC4BC0ABD0F4833D95B4C2~ATpl~Ecommon~Scontent.html?rss_rhein_main_zeitung)

[33] F.A.Z., 10. Dezember 2009: Frankfurter Doppeletat – Mit voller Fahrt durch die Krise (http://www.faz.net/s/RubFAE83B7DDEFD4F2882ED5B3C15AC43E2/Doc~E4BBF8A6253674170A68C679A80C39B1E~ATpl~Ecommon~Scontent.html)

[34] Nick Swift: *European cities outperform their English counterparts* (http://www.citymayors.com/business/eurocities_gdp.html). citymayors.com (Zugriff am 1. November 2006)

[35] ECM 2009v1:V1 (http://www.cushwake.com/sites/landing/citiesmonitor/European-cities-monitor-2009-holding.pdf)

[36] *Frankfurt soll Land Millionenbetrag erstatten*, FAZ, 8. Februar 2009 (http://www.faz.net/s/Rub5785324EF29440359B02AF69CB1BB8CC/Doc~E10A6BB13615942C09A0CB56A64962397~ATpl~Ecommon~Scontent.html)

[37] Frankfurt: zehntteuerste Stadt der Welt (http://www.journal-frankfurt.de/?src=journal_news_einzel&rubrik=2&id=15198), Pressemeldung vom 17. Februar 2012 auf journal-frankfurt.de *(abgerufen am 20. Februar 2012).*

[38] Arbeitsmarkt, Statistisches Jahrbuch 2011 (http://www.frankfurt.de/sixcms/media.php/678/J2011K04x.pdf) (pdf, 416 kB)

[39] Pressemeldung der Fraport AG vom 22. März 2012 (http://www.fraport.de/content/fraport-ag/de/presse_center/pressemeldungen/flughafen-frankfurt--deutschlands-groesste-arbeitsstaette-auch-2.html), aufgerufen am 1. Oktober 2012

[40] Bruttowertschöpfung in Frankfurt – IHK Frankfurt am Main (http://www.frankfurt-main.ihk.de/standortpolitik/konjunktur_statistik/wirtschaftsstruktur/ihk-bezirk/bruttowertschoepfung/index.html). Siehe auch Frankfurter Statistik aktuell Nr. 21/2007 (http://www.frankfurt.de/sixcms/media.php/678/21_BIP-GroÃstÃ¤dte.pdf) (PDF, 37 kB)

[41] Quality of Living global city rankings 2010 (http://www.mercer.com/qualityoflivingpr#City_Ranking_Tables)

[42] Lebenswerteste Städte der Welt 2011 (http://www.fr-online.de/frankfurt/frankfurt-ist-die-zweitattraktivste-stadt-deutschlands/-/1472798/9894738/-/index.html)

[43] The Wealth Report 2011 (http://www.knightfrank.com/documents/wealthreport/TheWealthReport2011.pdf)

[44] PDF bei www.frankfurt.de (http://www.frankfurt.de/sixcms/media.php/738/08_Bindung_und_Zufriedenheit_BB2010.pdf)

[45] Quelle: Polizeiliche Kriminalstatistik 2011 (http://www.bmi.bund.de/SharedDocs/Downloads/DE/Broschueren/2012/PKS2011.pdf;jsessionid=F793694A7A76F13CD498D7EF2BA97416.2_cid287?__blob=publicationFile) (PDF, abgerufen am 3. September 2012)

[46] Quelle: Polizeiliche Kriminalstatistik FFM 2011 (http://www.polizei.hessen.de/icc/internetzentral/binarywriterservlet?imgUid=16a70f32-0da3-8531-c1b4-ec1ef798e7b5&uBasVariant=11111111-1111-1111-1111-111111111111)

[47] z.B. Online-Meldung der [[Bild (Zeitung)|BILD (http://www.bild.de/news/inland/kriminalstatistik/kriminalitaetsstatistik-frankfurt-hauptstadt-des-verbrechens-19647722.bild.html)] vom 29. August 2011], FOCUS-Online vom 28. August 2011 (http://www.focus.de/panorama/welt/kriminalitaet-bka-frankfurt-bleibt-hauptstadt-des-verbrechens_aid_659742.html)

[48] *Tatort Deutschland*, Report in Focus Nr. 35/2011, S. 44ff.

[49] Und ewig grüßt das Murmeltier: Spitzenkennzahl der Kriminalstatistik zeichnet wieder falsches Bild von Frankfurt (http://www.frankfurt.de/sixcms/media.php/678/10_KriminalitÃ¤t.pdf), Statistik aktuell 10/2012

[50] Kriminalstatistik im Städtevergleich (http://www.frankfurt.de/sixcms/media.php/678/Kriminalstatistik_Langfassung.pdf)

[51] Subjektives Sicherheitsempfinden der Bevölkerung von Frankfurt am Main (http://www.gewalt-sehen-helfen.de/Sicherheit Umfrage 2011_Frankfurt.pdf) (PDF, aufgerufen am 3. September 2012)

[52] (http://www.lboro.ac.uk/gawc/world2010t.html)

[53] (http://www.lboro.ac.uk/gawc/world2008t.html)

[54] Bankenverband: Die 100 größten deutschen Kreditinstitute 2010 (http://www.bankenverband.de/service/statistik-service/banken/strukturdaten-die-100-groesten-deutschen-kreditinstitute/files/fileinnercontentproxy.2011-08-02.2898611668)

[55] Finanzplatzstudie 2011 (https://www.helaba.de/de/MaerkteUndAnalysen/ResearchUndVolkswirtschaft/FinanzplatzFrankfurt/Downloads/20110118-FinanzplatzstudieJan11.pdf) der Landesbank Hessen-Thüringen, veröffentlicht am 6. Januar 2011 (PDF)

[56] (http://www.standardandpoors.com/about-sp/office-locations/en/eu/?contName=Europe&contID=1221191102201)

[57] (http://www.fitchratings.com/web/en/dynamic/contact-us.jsp)

[58] (http://www.moodys.com/Pages/contactus.aspx)

[59] Die Bau- und Immobilienwirtschaft in FrankfurtRheinMain (http://www.frankfurt-main.ihk.de/imperia/md/content/pdf/standortpolitik/IHK-Immobilienstudie_2009_internet.pdf) – Studie der IHK Frankfurt Rhein-Main (PDF, 6,0 MB)

[60] (http://www.joneslanglasalle.de/Germany/DE-DE/Pages/NewsItem.aspx?ItemID=25581)

[61] (http://www.joneslanglasalle.de/Germany/DE-DE/Pages/NewsItem.aspx?ItemID=25581)

[62] *Spatenstich für das Frankfurter Europaviertel* auf FAT.net (http://www.faz.net/artikel/C30214/frankfurter-europaviertel-spatenstich-fuer-das-skyline-plaza-30429235.html)

[63] 2007 – Master Card Worldwide Centers of Commerce (http://www.mastercard.com/us/company/en/wcoc/)

[64] Konjunkturbericht der IHK Frankfurt am Main 2012 (http://www.frankfurt-main.ihk.de/standortpolitik/konjunktur_statistik/konjunktur/konjunkturbericht/frankfurt/index.html)

[65] http://www.fr-online.de/rhein-main/flughafen-ticona-macht-platz,1472796,10843412.html

[66] http://www.hr-online.de/website/suche/home/mediaplayer.jsp?mkey=42716150&xtmc=Ticona&xtcr=1

[67] *Seite nicht mehr abrufbar* (http://en.wikipedia.org/wiki/Wikipedia:defekte_weblinks), *Suche im Webarchiv: Zweiter im Niveau-Ranking mit den höchsten Einkommen* (http://wayback.archive.org/web/*/http://www.wiwo.de/politik/zweiter-im-niveau-ranking-mit-den-hoechsten-einkommen-237091/)

[68] Kaufkräftigste Deutschen wohnen im Raum Frankfurt am Main (http://www.innovations-report.de/html/berichte/studien/bericht-53269.html)

[69] (http://www.frankfurt-main.ihk.de/standortpolitik/konjunktur_statistik/wirtschaftsstruktur/ihk-bezirk/kaufkraft_bezirk/index.html)

[70] N24: Ranking „Die beliebtesten Städtereiseziele" (http://www.n24.de/news/newsitem_5018178.html)

[71] N-TV: Ranking „Die beliebtesten Städtereiseziele 2010" (http://www.n-tv.de/reise/Deutsche-Staedte-noch-beliebter-article2702216.html)

[72] Quelle: Seite der Stadt Frankfurt zum Thema der Frankfurter Umweltzone (http://www.umweltzone.frankfurt.de/)

[73] Quelle: Informations- und Statistikseite der Deutschen Bahn auf www.bahnhof.de (http://www.bahnhof.de/site/bahnhoefe/de/sued/frankfurt__hbf/daten__und__fakten/daten__und__fakten__.html)

[74] Frankfurter Internet Knoten weltweit auf Platz 1 (http://www.heise.de/netze/meldung/Frankfurter-Internet-Knoten-DE-CIX-weltweit-auf-Platz-eins-988160.html)

[75] Thorsten Winter: *Ceiops: Der große Auftritt der unbekannten Aufseher.* (http://www.faz.net/s/RubEC1ACFE1EE274C81BCD3621EF555C83C/Doc~E08BF9B23DF814B5B85931A7077E306F8~ATpl~Ecommon~Scontent.html?rss_aktuell), Artikel in der Frankfurter Allgemeinen Zeitung vom 19. November 2007 *(abgerufen am 31. März 2012)*

[76] (http://www.frankfurt.de/sixcms/detail.php?id=3798&_ffmpar[_id_inhalt]=220010)

[77] Startseite – Diözesanbildungswerk Limburg (http://dioezesanbildungswerk.bistumlimburg.de/)

[78] *Das RMV-Hessisch breitet sich aus.* (http://www.faz.net/s/Rub8D05117E1AC946F5BB438374CCC294CC/Doc~E76D612BBE511444A8A43D7652FEEF86A~ATpl~Ecommon~Scontent.html) Frankfurter Allgemeine Zeitung, 19. Juni 2007, abgerufen am 27. Mai 2010.

[79] *Rhein-Main-Vergnügen - Jacobsweg*, Karte des Jacobsweges von Fulda bis Frankfurt des [[Rhein-Main-Verkehrsverbund|RMV (http://www.rmv.de/linkableblob/Infomaterial__Kanal/40812-35884/data/rhein-main-vergnuegen_jakobsweg_pdf_karte.pdf)] als PDF, abgerufen am 11. Juli 2011]

[80] *Wanderkarte Rhein-Main-Vergnügen: Der Jakobsweg von der Fulda an den Main*, abgerufen am 11. Juli 2011 (http://www.rmv.de/de/Freizeit/Tipps_Ideen/Ausfluege_und_Sehenswertes/37920/Rhein-Main-Vergnuegen_Jakobsweg.html#toc_37922)

[81] Literatur zu diesem Abschnitt: Siehe Wolfgang Klötzer: *Zu Gast im alten Frankfurt.* Heinrich Hugendubel-Verlag, München 1990, ISBN 3-88034-493-0. Norbert Brieke, *Köstlichkeiten aus Frankfurts Küche und Keller*, Verlag Waldemar Kramer, Frankfurt am Main 1991, ISBN 3-7829-0409-5.

[82] Im Jahr 1831 waren in Frankfurt 154 Metzgerbetriebe ansässig.

[83] Frankfurter Allgemeine Zeitung vom 10. Oktober 1995

[84] *Lufthansa tauft ersten A380.* (http://www.spiegel.de/reise/aktuell/0,1518,695563,00.html) Spiegel online, 19. Mai 2010, abgerufen am 28. Mai 2010.

[85] http://vereins.wikia.com/wiki/Kategorie:Frankfurt_am_Main

[86] http://www.dmoz.org/World/Deutsch/Regional/Europa/Deutschland/Hessen/St%c3%a4dte_und_Gemeinden/F/Frankfurt_am_Main/

[87] http://www.kultur-frankfurt.de/

[88] http://cbsopac.rz.uni-frankfurt.de/DB=2.4/REL?PPN=116343931


Dieser Artikel wurde am 10. November 2004 in dieser Version (http://en.wikipedia.org/wiki/) in die Liste der exzellenten Artikel aufgenommen.

**Normdaten (Geografikum):** GND: 2028282-5 (http://d-nb.info/gnd/2028282-5) | SWD in der DNB: 4018118-2 (http://d-nb.info/gnd/4018118-2)

# Microsoft

| Microsoft Corporation | |
|---|---|
| **Rechtsform** | Corporation |
| **ISIN** | US5949181045 [1] |
| **Gründung** | 4. April 1975 |
| **Sitz** | Redmond, Vereinigte Staaten |
| **Leitung** | Steve Ballmer, CEO |
| **Mitarbeiter** | 94.290 (Stand 30. Juni 2012)[2] |
| **Umsatz** | 73,72 Mrd. USD (2012)[3] |
| **Branche** | Softwareentwicklung |
| **Website** | www.microsoft.com [4] |

Die **Microsoft Corporation** [ˈmaɪ.kɹoʊ.sɒft] ist ein multinationaler Software- und Hardwarehersteller mit 94.290 Mitarbeitern weltweit und einem Umsatz von 73,72 Milliarden US-Dollar und ist somit der größte Softwarehersteller weltweit. Der Hauptsitz liegt in Redmond, einem Vorort von Seattle (US-Bundesstaat Washington). Seit 2000 ist Steve Ballmer Chief Executive Officer (CEO). Das Unternehmen ist bekannt für sein Betriebssystem Windows und seine Büro-Software Office.

Gebäude Nr. 17 auf dem Microsoft Campus in Redmond, Washington (USA)

Das Unternehmen wurde am 4. April 1975 von Bill Gates und Paul Allen gegründet. Die Firma Microsoft steht für Microcomputer-Software, ursprünglich *Micro-Soft*. Nach anfänglichen Erfolgen mit einem BASIC-Interpreter Ende der 1970er Jahre hat das Unternehmen 1981 das Betriebssystem MS-DOS vorgestellt, dessen Entwicklung im Auftrag von IBM durchgeführt wurde. Der IBM-PC und dessen Nachbauten auf PC-Basis wurden in den 1980er Jahren vornehmlich mit diesem DOS-Betriebssystem ausgestattet. In den 1990er Jahren wurden das grafische Betriebssystem Windows und Microsofts Büro-Software Office Marktführer.

## Positionierung

Seit den 1990er Jahren ist Microsoft Marktführer bei Betriebssystemen und Office-Anwendungen.[5] Bei anderen Produkten wie der Spielekonsole Xbox oder dem Musikspieler Zune[6] [7] verzeichnete Microsoft jedoch eine geringere Verbreitung. Das Unternehmen ist zudem mit den Produkten Xbox 360, Windows Phone und Hotmail in der Unterhaltungs- und Dienstleistungsbranche vertreten.

Logo von Microsoft Office seit Version 2013

Laut einer Umfrage der Financial Times aus dem Jahre 2003 unter tausend Vorständen und Geschäftsführern sowie einigen Fondsmanagern, Medienkommentatoren und regierungsunabhängigen Organisationen ist Microsoft nach General Electric das bedeutendste Unternehmen der Welt. Microsoft zählt außerdem zu den profitabelsten Aktiengesellschaften, so betrug die Umsatzrendite im ersten Quartal des Jahres 2006 35 Prozent.[8] Es gehört regelmäßig nach der Marktkapitalisierung laut der Liste Financial Times Global 500 zu den teuersten Unternehmen der Welt.

Das Wirtschaftsmagazin Capital kürte die *Microsoft Deutschland GmbH* nach einer Erhebung im Jahr 2005 zum dritten Mal in Folge als *„besten Arbeitgeber“*. Bereits im Jahr 2002 war Microsoft von der Europäischen Kommission als *bester Arbeitgeber* in Deutschland prämiert worden. Aktuell wurde Microsoft vom internationalen Great Place to Work Institute zum besten Arbeitgeber Europas 2011 ausgezeichnet.[9]

## Umsatz- und Mitarbeiterentwicklung[10]

| Jahr | Angestellte | Umsatz in Mio. US-$ |
|---|---|---|
| 1980 | 40 | 8 |
| 1981 | 125 | 16 |
| 1982 | 200 | 32 |
| 1983 | 383 | 69 |
| 1984 | 608 | 125 |
| 1985 | 910 | 140 |
| 1986 | 1.200 | 197 |
| 1987 | 2.000 | 300 |
| 1988 | 2.800 | 590 |
| 1989 | 3.900 | 804 |
| 1990 | 5.200 | 1.186 |
| 1991 | 11.700 | 1.847 |
| 1992 | 15.300 | 2.777 |
| 1993 | 16.500 | 3.786 |
| 1994 | 20.900 | 4.714 |
| 1995 | 17.800 | 6.075 |
| 1996 | 20.561 | 9.050 |
| 1997 | 22.232 | 11.936 |
| 1998 | 27.055 | 15.262 |
| 1999 | 31.575 | 19.747 |

| 2000 | 39.170 | 22.956 |
|---|---|---|
| 2001 | 48.030 | 25.296 |
| 2002 | 50.621 | 28.365 |
| 2003 | 54.468 | 32.187 |
| 2004 | 57.086 | 36.835 |
| 2005 | 61.000 | 39.778 |
| 2006 | 71.172 | 44.280 |
| 2007 | 78.565 | 51.120 |
| 2008 | 91.259 | 60.420 |
| 2009 | 92.736 | 58.440 |
| 2010 | 88.596 | 62.484 |
| 2011 | 90.412 | 69.943 |
| 2012 | 94.290 | 73.723 |

Durch die marktbeherrschende Stellung von Microsoft auf dem Desktop-Markt und durch den großen Einfluss der Computertechnik allgemein ist auch ein großer Einfluss in anderen Bereichen, wie etwa dem Arbeitsmarkt oder der Sprache, festzustellen.

## Bereiche und Einteilung

Nach der letzten Änderung seiner Organisationsstruktur im September 2005[11] besteht Microsoft aus den drei *Core Business Units*[12] Microsoft Platform Products & Services Division, Microsoft Business Division und Microsoft Entertainment & Devices Division:

Microsoft Platform Products & Services Division

Diese Business Unit ging aus den ehemaligen Bereichen Windows Client, Server and Tools und MSN hervor. Hierzu gehören alle Microsoft-Betriebssysteme (wie z. B. Windows 8 oder Windows Server 2008), die Entwicklungstools (wie Visual Studio), alle Server-Produkte (z. B. SQL Server und Exchange Server) und das Online-Geschäft.

Business Division

Entstand aus den Sparten Information Worker, Business Solutions und Unified Communications. In diesen Bereich zählen alle Anwendungsprogramme wie die Microsoft-Office-Familie (Microsoft Word, Microsoft PowerPoint, Microsoft Excel und Microsoft Outlook), der *Internet Explorer* und der *Windows Media Player*. Außerdem befindet sich in dieser Sparte die Unternehmenssoftware Microsoft Dynamics, welche Lösungen für das Finanzmanagement, Supply-Chain-Management, Customer-Relationship-Management und E-Business von Unternehmen bietet.[13]

Entertainment and Devices Division

Diese Sparte setzt sich aus den früheren Bereichen *Mobile and Embedded Devices* und *Home and Entertainment* zusammen. Der Geschäftsbereich entwickelt Betriebssysteme und Anwendungsprogramme für mobile Geräte wie PDAs, Smartphones und Mobiltelefone. Darüber hinaus beinhaltet dieser Bereich alle Microsoft-Computerspiele, die Spielkonsolen Xbox und Xbox 360 und weitere Hardware wie den MP3-Player Zune, Mäuse, Tastaturen.

# Produkte

Microsoft bietet Betriebssysteme und Anwendungsprogramme sowie Hardware wie Mäuse, Joysticks (die Weiterentwicklung von Sidewinder-Gamepads und Joysticks wurde eingestellt), Tastaturen und andere Eingabegeräte an, außerdem (seit der Übernahme von Navision) ERP-Software. Seit 2001 bietet Microsoft mit der Xbox und der Xbox 360 auch Spielkonsolen an. Weiterhin verkauft Microsoft das Betriebssystem Windows Mobile für den Mobilfunkmarkt. Von 2006 bis 2011 baute Toshiba, im Auftrag von Microsoft, den MP3-Player Zune. Im dazugehörigen Zune-Store, ähnlich iTunes, bot Microsoft Musiktitel an, in dem sogenannte Microsoft Points als Zahlungsmittel dienten. 2012 startete Microsoft als Ersatz für den Musik Store Zune den Dienst Xbox Music.

## Betriebssysteme

Startbildschirm von Windows 8

Von dem heutigen Hauptprodukt des Konzerns, Microsoft Windows, gab es bis 2001 zwei Linien:[14]

- Die auf MS-DOS beruhenden Systeme (Windows 1 bis Windows 3.0, Windows 3.1, Windows 3.11 für Workgroups, Windows 95 (4.0), welches erstmalig (teilweise) auf 32-Bit-Architektur basierte und eine neue Benutzeroberfläche einführte, Windows 98 (4.1) und Windows ME (4.9)). Mit dem Erscheinen von Windows XP wurde die alte, auf MS-DOS basierende Linie nicht mehr fortgeführt, auch deren Unterstützung wurde mittlerweile eingestellt.[15]
- Die sogenannte NT-Schiene (*New Technology*). Diese stammt aus einer Entwicklung von IBMs OS/2, und nannte sich fortan eigenständig Windows NT (mit den Versionen 3.1, 3.5, 3.51 und 4.0). 1996 übernahm man dabei auch das Aussehen der Benutzeroberfläche von Windows 95. Einige Zeit später folgten dann Windows 2000 (NT 5.0), Windows XP (NT 5.1) und Windows Server 2003 (NT 5.2). Am 29. Januar 2007[16] brachte Microsoft Windows Vista (NT 6.0, auch *Longhorn*) heraus.[17] Der Nachfolger Windows 7 (NT 6.1) wurde am 22. Oktober 2009 veröffentlicht.

Da PCs allmählich Einzug in das Wohnzimmer nahmen, entwickelte Microsoft die Betriebssystem-Variante Windows XP Media Center Edition (Windows MCE), mit der ein normaler PC mit entsprechender Hardware zum *Media Center* umfunktioniert werden kann. Windows XP Media Center Edition basiert auf Windows XP, wurde jedoch um spezifische Funktionen (wie Aufnahmefunktion von Filmen, Programmzeitschrift etc.) erweitert.

Des Weiteren vertreibt das Unternehmen seit 2002 das Betriebssystem Microsoft Windows Mobile, das auf mobilen Geräten zum Einsatz kommt. Die Fachpresse moniert derzeit noch die mangelhafte Benutzerfreundlichkeit.[18]

Seit 2007 vertreibt Microsoft die Linux-Distribution *Suse Linux Enterprise*. Nach Angaben von *Heise* habe Microsoft mit dem Verkauf von Coupons im Wert von 240 Millionen US-Dollar Platz 3 der Linux-Anbieter erklommen.[19]

Auf den meisten PCs ist ein Betriebssystem von Microsoft installiert. Die einzigen bedeutenden Ausnahmen sind Apple mit dem eigenen Betriebssystem Mac OS (5 % Marktanteil) und diverse Linux-Distributionen (1 % Marktanteil).[20]

Eine komplett neue Linie, aufbauend auf Systemen, die nur noch aus einer oder mehreren Berührungsempfindlichen Anzeige(n) bestehen, und welche in Oberflächen (z. B. von Tischen) integriert werden sollen, befindet sich zurzeit mit Microsoft PixelSense (ehemals *Surface*) in Entwicklung und ist in Hotels bereits testweise im Einsatz.[21]

## Anwendungsprogramme

Die bekanntesten *Anwendungsprogramme* von Microsoft sind

- Microsoft Word (Textverarbeitung)
- Microsoft Excel (Tabellenkalkulation)
- Microsoft Access (Datenbankverwaltungssystem)
- Microsoft Outlook (Personal-Information-Management-Programm (Kalender, Aufgaben, Kontakte, E-Mail))
- Microsoft PowerPoint (multimediales Präsentationsprogramm)
- Microsoft Publisher (Desktoppublishing-Programm)
- Microsoft Project (Projektmanagement)
- Microsoft OneNote (Notizverwaltung, seit Office 2003)
- Microsoft Visio (Illustrationsprogramm)
- Windows Internet Explorer (Web-Browser)
- Microsoft Virtual PC (Computeremulator)
- Windows Live Messenger (Web-Chat) und
- Skype

Die Büro-Programme Microsoft Word, Excel, Access, Outlook, PowerPoint und Publisher werden zusammen als sogenanntes *Office-Paket* verkauft. Die neueste Version von Microsoft Office ist Office 2013 für Windows-PCs und Office 2011 für Mac. Microsofts *Office-Paket* wird in verschiedenen Editionen verkauft, die sich in Umfang und Preis sehr unterscheiden.

## Serverprodukte

Einige bekannte *Serverprodukte* von Microsoft sind (alphabetisch sortiert):

- BizTalk Server
- Exchange Server (E-Mail- und Groupware-Server)
- Internet Information Services (HTTP, FTP- und SMTP-Server)
- Internet Security and Acceleration Server (Firewall und Proxy)
- Office Communications Server
- Microsoft Office SharePoint Server
- Operations Manager
- Project Server
- SQL Server (Datenbankserver)
- Systems Management Server
- Windows Server 2003
- Windows Server 2008
- Windows Server Update Services
- Windows SharePoint Services
- Windows Small Business Server 2003
- Windows Storage Server

## Entwicklungsumgebungen, Framework und Compiler

- Integrierte Entwicklungsumgebungen
  - Visual Studio
- Frameworks
  - Win32 SDK
  - .NET Framework
    - .NET Framework 4.0 (aktuelle Version)
    - .NET Compact Framework für Mobile Geräte: PDAs uns SmartPhones
- Compiler für C, C++, (Visual) BASIC, C#, JScript und J# (Java-Derivat)
- Visual SourceSafe (Versionskontrolle)
- XNA Technik zur Spieleentwicklung

Im März 2004 veröffentlichte Microsoft den Windows Installer XML als freie Software.

## Fernsehplattform

*Microsoft Mediaroom* (früher „Microsoft IPTV-Edition“) ist eine auf IP-Netzwerken basierende Fernsehplattform. Über Microsoft Mediaroom ausgestrahlte Fernsehsender können nur von einer Set-Top-Box mit Microsoft-Mediaroom-Betriebssystem oder Microsofts Xbox 360 empfangen werden. Mediaroom-Endgeräte unterstützen keinen Empfang über den Standard DVB-IPTV. Mediaroom wird genutzt von BT (UK), SingTel (Singapur), Telekom Entertain (Deutschland), Portugal Telecom (Portugal), Swisscom (Schweiz), AT&T (Vereinigte Staaten), Reliance (Indien) und MTS Allstream (Kanada).

Logo von Microsoft Mediaroom

## Services

Microsoft bietet weltweit IT-Consulting und Supportdienstleistungen an, um Kunden und Partnerunternehmen bei Planung, Betrieb und Optimierung ihrer IT-Infrastruktur auf Basis von Microsoft Produkten zu unterstützen. Microsoft Services beschäftigt über 9720 Mitarbeiter in 88 Ländern und 7 regionalen Service Centern.[22] Die Absicherung geschäftskritischer IT-Systeme und Beratungsdienstleistungen zur Fehlervermeidung wird dabei unter dem Label *"Microsoft Premier Support Services"* angeboten, während Themen wie Fortschreibung oder Neubewertung einer IT-Architektur, projektspezifische Beratung und Kerninfrastruktur unter den *"Microsoft Consulting Services"* angeboten werden.

## Spiele

Hauptartikel: Microsoft Game Studios

Zu den bekanntesten von *Microsoft Games* vertriebenen Serien gehören die Halo-Reihe, Age of Empires, Forza Motorsport-Reihe und der Microsoft Flight Simulator, dessen Weiterentwicklung eingestellt wurde.[23]

## Literatur

Unter dem Label *Microsoft Press* wird vorrangig Fachliteratur vertrieben.

Logo von Microsoft Press

### Virtualisierungen

- Microsoft Virtual PC
- Microsoft Virtual Server
- Hyper-V
- Microsoft Windows Intune

### Mobiltechnik/-Software

Microsoft hat mobile Technologien sowohl als Hardware und Software im Programm, zum Beispiel den MP3-Player Zune, das Mobilbetriebssystem Windows Phone, Windows Mobile, sowie früher das relativ erfolglose Microsoft KIN.

## Geschichte

### Anfänge

Microsoft-Logo von 1978

Bill Gates 2004 in Kopenhagen

**Geschichte der Logos von Microsoft**

| Logo | Zeit und Beschreibung |
|---|---|
| MICROSOFT | Microsoft „Blibbet“ Logo, eingereicht am 26. August 1982 beim USPTO und genutzt bis 1987.[24] |
| Microsoft | Microsoft „Pac-Man“ Logo, entworfen von Scott Baker und genutzt von 1987 bis 2006, mit dem Motto: „Where do you want to go today?“ |
| Microsoft | Logo von Microsoft, genutzt 2006 bis 2011, mit dem Motto: „Your potential. Our passion.“ |
| Microsoft | Logo von Microsoft, genutzt von 2011 bis 2012 mit dem Motto: „Be What's Next.“ |
| Microsoft | Microsofts aktuelles Logo, eingeführt am 23. August 2012 um die Vielfalt des Microsoft Produktportfolios zu symbolisieren.[25] |

1975 entwickelte der Student Bill Gates zusammen mit Paul Allen und Monte Davidoff auf einem von Paul Allen programmierten Emulator für den Prozessor Intel 8080 die Programmiersprache Altair BASIC 2.0 für den Computer Altair 8800 des Unternehmens MITS (Micro Instrumentation Telemetry Systems). Die Software war zunächst in zwei Versionen verfügbar: *Altair BASIC 4K* und *Altair BASIC 8K*. Am 22. Juli 1975 schlossen Gates und Allen einen Distributionsvertrag mit dem Unternehmen MITS in Albuquerque ab. Neben einer einmaligen Zahlung in Höhe von 3000 Dollar sah der Vertrag vor, dass Gates und Allen für jedes 4K-BASIC 30 Dollar, für das 8K-BASIC

35 Dollar und für die *Extended Edition* (BASIC mit Handbuch) sogar 60 Dollar erhalten sollten, wenn ein Altair-Käufer die Software zusammen mit dem Bausatz bestellte, aus dem der Altair 8800 erst zusammengelötet werden musste. Der Name *„Micro-Soft"* entstand am 29. November 1975, als sich Gates und Allen um eine Werbekampagne Gedanken machen mussten.

Als „General Licensors" erhielten sie zusätzliche 10 Dollar für jedes BASIC oberhalb der 8K-Version, welches zusammen mit dem Rechner bestellt wurde. Kunden, die schon einen solchen Altair zusammengebaut hatten, ohne die Software gleich dazu zu erwerben, bezahlten 500 Dollar für Altair BASIC 4K oder 750 Dollar für die 8K-Version, um die überhaupt erste Software zu erwerben, die ihren Rechner funktionsfähig machte. Gates und Allen erhielten von diesem Umsatz von MITS als Lizenzgeber die Hälfte. Der Vertrag mit MITS war auf 180.000 Dollar begrenzt. Er enthielt eine Klausel, nach welcher Microsoft das Recht zugesprochen wurde, die Software an weitere Computerhersteller zu verkaufen. MITS verlangte dafür Tantiemen. Eine weitere Klausel verpflichtete das junge Unternehmen dazu, einen telefonischen Kundendienst mit einer Person einzurichten, sobald der Umsatz 2500 Dollar im Monat überstieg. Eine zweite Person wurde nötig, sobald 5000 Dollar Umsatz pro Monat erreicht wurden. Das hatte zur Folge, dass Bill Gates sein Studium nicht fortsetzen konnte.

Gates und Allen schlossen untereinander einen Vertrag ab, welcher die Aufgaben im Unternehmen und die Gewinnausschüttung regelte. Monte Davidoff, der die Gleitkommafunktionen von Altair BASIC programmiert hatte, wurde mit einmalig 2400 Dollar ausgezahlt. Gates und Allen teilten sich im ersten Monat einen Verdienst von 1516 Dollar.

Die Entwicklung von Altair BASIC 3.0 verlangte, wie schon bei der Version 2.0, aufgrund des kleinen Speichers des Altairs ein besonderes Programmiergeschick. Bill Gates musste zu ungewöhnlichen Methoden greifen, um den Speicherbedarf so weit wie möglich zu reduzieren. Spätere Microsoft-Mitarbeiter sollte dieser Gates-Code noch oft zur Verzweiflung treiben, wenn sie ihn zu Wartungszwecken zu überarbeiten hatten. Gleichzeitig waren diese Programmiermethoden aber auch hilfreich, um anderen Softwareherstellern die illegale Verwendung von Programmteilen von Microsoft nachzuweisen, denn Gates war der einzige, der den Code erklären konnte.

Die Entwicklungskosten für Altair BASIC beliefen sich auf 40.000 Dollar. Die größten Kosten verursachte hierbei die eingekaufte Rechenzeit auf den Großrechnern eines Rechenzentrums, in welchem Allen zunächst einen Emulator für den Intel 8080 entwickelte, um das BASIC überhaupt in Angriff nehmen zu können. Um Kosten zu sparen entwarf Gates große Teile des BASIC zunächst mit Bleistift auf einem Notizblock.

In Anbetracht dieser Kosten ist die Verärgerung von Bill Gates kaum verwunderlich, als bereits vor dem offiziellen Erscheinen von *Altair BASIC* 50 Kopien einer Beta-Version in Umlauf gelangten.

Microsoft entwickelte aus Altair BASIC einen eigenen BASIC-Interpreter namens *Microsoft BASIC*, der durch seine Implementierungen auf den verschiedenen damaligen Homecomputern rasch bekannt wurde. Andere Hersteller lizenzierten den Code des Microsoft BASIC und entwickelten ihn selbständig weiter (z. B. Apple und Commodore), oder sie entwickelten Alternativen mit einer zu Microsoft BASIC weitgehend kompatiblen Syntax (z. B. Atari); beide Strategien trugen so zu einer weiteren Verbreitung dieser Sprache bei. Die Verbreitung von BASIC war so groß, dass praktisch jedem damals verkauftem Computersystem ein BASIC zur Verfügung stand.

Neben dem BASIC-Interpreter entwickelte Microsoft in diesen Jahren auch Compiler u. a. für BASIC, Fortran und COBOL. Diese basierten zunächst noch auf dem CP/M-Betriebssystem.

Später versuchte Microsoft in Zusammenarbeit mit anderen Unternehmen, einen Homecomputer-Standard namens MSX einzuführen, der sich gegen die Vielzahl von untereinander inkompatiblen Homecomputern durchsetzen sollte. Er war vorübergehend insbesondere in Europa und Japan erfolgreich. Die folgende Entwicklung setzte jedoch der Ära der Homecomputer ebenso ein Ende wie dem MSX.

Darüber hinaus bot Microsoft 1980 mit Xenix auch ein Unix-artiges Betriebssystem an. Aufgrund des für die damalige Zeit großen Ressourcenhungers dieses Systems stellte Microsoft die Weiterentwicklung ein und verkaufte es 1987 an SCO.

Die Geschäfte mit BASIC und den anderen Programmiersprachen liefen in den Jahren 1979–1980 nicht besonders gut. Um einen zusätzlichen Kundenkreis zu erschließen, hatte Microsoft sogar die „Microsoft Softcard" produziert, eine Erweiterungskarte mit einem Z80-Prozessor für den sehr erfolgreichen Apple-II-Computer, welche es dem Apple-Computer ermöglichte, die für CP/M geschriebene Software von Microsoft laufen zu lassen. Die Karte wurde jedoch schnell ein wichtiger eigenständiger Umsatzbringer für das junge Unternehmen und übertraf die Programmiersprachen an Bedeutung, da viele Käufer mit dem Kauf vor allem die Möglichkeit suchten, die erfolgreichen CP/M-basierten Büroprogramme anderer Unternehmen zu nutzen, wie beispielsweise Wordstar. Hier zeichnete sich bereits ab, dass der Markt für fertige Anwendungsprogramme den für Programmiersprachen im Umsatzpotenzial auf längere Sicht weit überstieg. Aufgrund dieser Erkenntnis begann Microsoft, den fast ausschließlichen Fokus auf Programmiersprachen aufzugeben.

## Entwicklung von MS-DOS für IBM

Der kometenhafte Aufstieg von Microsoft begann erst durch eine Kooperation mit IBM. IBM benötigte 1980 aufgrund ihres verspäteten Einstiegs in das Homecomputer-Geschäft mit ihrem IBM-PC möglichst rasch ein Betriebssystem und wandte sich an Bill Gates' Unternehmen. Microsoft hatte jedoch kein eigenes Betriebssystem, und Gates schickte die Unterhändler von IBM daher zu Digital Research, welche CP/M entwickelte und vertrieb. Doch Gary Kildall, der Chef und Gründer von Digital Research, war nicht anwesend. IBM unterhielt sich daher mit Kildalls Ehefrau Dorothy. IBM legte ihr lediglich eine Geheimhaltungserklärung über die Kaufabsichten von IBM zur Unterschrift vor, um die Verhandlungen zu vertagen, doch Dorothy Kildall zögerte und wollte nichts unterschreiben, bevor ihr Mann nicht zurück sei. Nachdem die Unterhändler von IBM drei Stunden vergeblich gewartet hatten, verließen sie schließlich Kildalls Büro wieder.

Bill Gates Mutter Mary hatte über die Wohltätigkeitsorganisation „United Way", in welchem sie im Vorstand war, Kontakte zu John Opel, dem Präsidenten von IBM. Über diese Verbindung bereitete sie für ihren Sohn den Weg zu „Big Blue". Zunächst wollte Bill Gates von einem Geschäft mit IBM absehen, doch nach einer Besprechung mit Allen wandte Microsoft sich schließlich an IBM und schloss einen Vertrag über 186.000 Dollar für ein Betriebssystem ab, das den Grundstein des Erfolges von Microsoft legte und dessen historische Bedeutung wohl keiner der damals Beteiligten ahnte. Microsoft kaufte zwei Tage später für 50.000 Dollar von dem Unternehmen Seattle Computer Products das Betriebssystem QDOS, eine CP/M-Variante, die als „quick and dirty operating system" bezeichnet wurde. Den Programmierer Tim Paterson kaufte man gleich mit ein und verpflichtete ihn für Microsoft. QDOS war eine sehr genaue Imitation von CP/M. Paterson, Gates und Allen führten unter dem Codename „Project Chess" allerhand Modifikationen an der Software durch, die dann unter der Bezeichnung MS-DOS an IBM ausgeliefert wurde. Die Änderungen im Betriebssystem sahen vor, dass CP/M Programme unter MS-DOS ausführbar waren, MS-DOS Programme allerdings nicht unter CP/M liefen. Erst nach der Markteinführung entdeckte man bei IBM, dass man eine CP/M-Variante erworben hatte, und zahlte 800.000 Dollar an Digital Research für einen Verzicht auf rechtliche Schritte gegen IBM.

Altes Microsoft-Logo (1982 bis 1987)

Obwohl die Qualität von MS-DOS deutlich hinter dem Stand der Technik zurückblieb – selbst in Intel-internen Dossiers erntete es nur ein vernichtendes Urteil – wurde der PC, der im Herbst 1981 für knapp 3000 Dollar auf den Markt kam, ein großer Erfolg. Ursache war eine offene Lizenzpolitik von IBM, die auch Fremdherstellern die Produktion des PC gestattete, so dass durch Konkurrenz die Preise fielen, sowie das Bedürfnis der Kunden nach der Etablierung eines Standards, den man am ehesten bei IBM, dem damaligen Marktführer bei Großrechnern, erwartete. Zum Erfolg vom MS-DOS trug auch eine partielle Quellcode-Abwärtskompatibilität zu CP/M bei, die es ermöglichte, gängige Software wie WordStar, dBase II oder auch das BASIC von Microsoft nach wenigen Modifikationen und einer Neuassemblierung auch unter MS-DOS zur

Verfügung zu stellen. Dieses Prinzip der kleinen Schritte unter Wahrung der Abwärtskompatibilität wurde aber auch oft kritisiert, weil die technischen Möglichkeiten der Hardware nicht voll genutzt wurden und damit der Fortschritt verzögert wurde. Wegen einer schweren Erkrankung verließ Paul Allen 1983 Microsoft, blieb aber neben Gates Hauptaktionär. Das schnell wachsende Unternehmen verfügte über immer mehr liquide Mittel. Trotzdem wurden zum Beispiel Weihnachtsgratifikationen an Mitarbeiter in Form von Aktienanteilen ausgegeben. Viele dieser Mitarbeiter waren aufgrund dieser Anteile im Wert von ein paar hundert Dollar innerhalb von wenigen Jahren Millionäre.

## Grafische Benutzeroberfläche

Obwohl der Hauptkonkurrent Apple 1983 mit der Apple Lisa, einem Vorläufer des Macintosh, eine grafische Benutzeroberfläche einführte, welche den Anwendern die Eingabe von Kommandos über die Tastatur ersparte, dominierte der PC schlussendlich den Markt.

Eine Klage von Apple wegen Urheberrechtsverletzung durch die grafische Oberfläche wurde nach einem mehrjährigen Prozess 1995 abschlägig beschieden. Auch gegen das im selben Jahr erschienene Windows 95 reichte Apple eine Klage ein. Apple war zu dieser Zeit als Unternehmen bereits in erheblicher Bedrängnis. Es kam daher zu einem Vergleich, bei dem Microsoft durch den Erwerb von stimmrechtlosen Aktien Apples und einer Zahlung in unbekannter Höhe den Konkurs von Apple abwandte und dieses im Gegenzug seine Klage zurückzog.

Obwohl die Fenstertechnik bereits 1984 mit der Bezeichnung X Window System unter Unix-Systemen eingeführt worden war, gelang es Microsoft, die Bezeichnung „Windows" als Handelsnamen zu sichern, wenn auch erst nach einem Prozess gegen das *US Patent and Trademark Office*.

Anfang bis Mitte der 1990er Jahre brachte Microsoft vermehrt Unterhaltungs-, Wissens-, und Kindersoftware der Produktlinie Microsoft Home heraus und versuchte damit, mehr Privatkunden anzuziehen.

## Problematisches Vorgehen gegen Digital Research

Microsoft hatte nun eine Marktposition erreicht, aus der heraus eine Politik der Verdrängung der Konkurrenz in den Bereich des Möglichen geriet und auch betrieben wurde. Dabei bewegte man sich nicht immer im Rahmen der Legalität. So ergab die Offenlegung des internen Schriftwechsels im Rahmen eines Kartellverfahrens, dass 1991 mit Billigung der Unternehmensleitung eine Version von Windows 3.1 in Umlauf gebracht worden war, die eine vorgetäuschte Fehlermeldung anzeigte, wenn Windows 3.1 auf DR-DOS, dem Betriebssystem des Konkurrenten Digital Research anstelle von MS-DOS installiert wurde. Da Digital Research aufgrund seiner Abhängigkeiten von Microsoft auf eine Klage verzichtete, kaufte der Novell-Gründer Ray Noorda für 400.000 Dollar die Rechte an DR-DOS auf und reichte die Klage ein. Drei Wochen vor Prozessbeginn im Januar 2000 verglich er sich mit Microsoft gegen eine Abfindung von mehr als 200 Millionen Dollar. Ob Ray Noorda von der erstrittenen Summe Digital Research etwas weitergab, ist unsicher, zumal Digital Research einige Zeit später vom Markt verschwand.

## Bindung anderer Unternehmen an die eigenen Produkte

Bereits im Zusammenhang mit der Einführung von Windows 3.0 hatte Microsoft Ermittlungen des Kartellamtes provoziert. Damit Programmierer von Anwendungssoftware wettbewerbsfähig bleiben können, benötigen sie rechtzeitig vor Erscheinen einer neuen Betriebssystemversion Informationen über die Spezifikation der neuen Schnittstellen. Microsoft stellte diese Informationen nur im Rahmen von Vertraulichkeitsvereinbarungen zur Verfügung, bei denen sich die Entwickler verpflichteten, drei Jahre lang keine Software für andere Betriebssysteme zu entwickeln. Ferner gewährte Microsoft den PC-Herstellern Rabatte, wenn sie bereit waren, nicht nur für jede Windows-Installation, sondern auch für mit anderen Betriebssystemen ausgerüsteten PCs Lizenzgebühren zu zahlen, so dass Microsoft auch am Umsatz der Konkurrenz verdiente. Nach mehrjährigen Ermittlungen stimmte das Kartellamt einem Vergleich zu, bei dem Microsoft lediglich zusagte, von dieser Vertragspolitik künftig Abstand zu nehmen.

## Kooperation mit IBM für OS/2

Altes Microsoft-Logo (1987 bis 2012)

Microsoft entwickelte zusammen mit IBM das Betriebssystem OS/2, dessen Version 1.0 im Jahr 1987 erschien. OS/2 stellte konzeptionell und dank seiner erst 16-Bit- und später 32-Bit-Technik einen deutlichen Qualitätssprung dar und war mit Strukturen ausgestattet, die Microsoft erst Jahre später mit Windows NT wieder anbieten konnte. Vereinbart war, dass IBM die Benutzeroberfläche und Microsoft den Betriebssystemkern entwickeln sollte, was bis zur Version 2.0 auch geschah. Aufgrund des gleichzeitigen Erfolges von Windows 3.0 beschloss Microsoft jedoch, die Programmierschnittstellen für den Nachfolger OS/2 Version 3.0 an Windows zu orientieren statt an OS/2 Version 2.0, und provozierte damit eine Vertrauenskrise zwischen den Vertragspartnern. Microsoft schied 1991 aus dieser Kooperation aus, und IBM musste OS/2 alleine weiterentwickeln, dessen nächste Version 1994 als *OS/2 Warp 3* erschien.

Trotz der technischen Überlegenheit der 32-Bit-Generation von OS/2 sowohl in den Versionen 2.x als auch Warp 3 setzten die Anwender weiterhin auf das DOS-basierende Windows 95 und einige auch auf Windows 3.x. Neben Marketingfehlern von IBM hat wohl auch Microsofts Ankündigung des Erscheinens einer Windows-Version mit dem Codenamen „Chicago“ für Anfang 1994, die sowohl 16- als auch 32-Bit-Technik beherrschen sollte, zu dieser Entwicklung beigetragen, die viele Kunden von einem Wechsel auf OS/2 abhielt. Tatsächlich erschien dieses Windows jedoch erst im August 1995 unter der Bezeichnung Windows 95. Diese Geschäftspolitik wird auch als Ankündigung von Vaporware bezeichnet.

## Entwicklung von Windows NT

Microsoft setzte nach dem Ende der Zusammenarbeit mit IBM die Entwicklung seines Betriebssystems, das zunächst als Nachfolger von *OS/2 Version 2.0* gedacht war, nach eigenen Vorstellungen fort und veröffentlichte es 1993 als Windows NT 3.1. Bewusst wählte man als Versionsnummer nicht „1.0“, stattdessen wollte man mit *3.1* die Verbindung zu *Windows (for Workgroups) 3.1* schaffen und somit gleich mit einer höheren Nummer auf den Markt kommen. Bill Gates konnte für die Entwicklung der Architektur David N. Cutler gewinnen, denjenigen Entwickler mit der bis dato wohl größten Erfahrung beim Entwickeln von Betriebssystemen. Unter anderem hatte er VMS entwickelt.

So bekam auch NT ähnlich wie VMS eine 32-Bit-Kernel-Architektur, um die herum ein 16-Bit-Teilsystem zur Kompatibilität zu *Windows 3.11* geschaffen wurde, und als Hauptschnittstelle ein 32-Bit-Subsystem für die Schnittstelle WIN32S (Windows 3.1 und Windows for Workgroups). Für UNIX-Software wurde das POSIX-Subsystem eingeführt. Alle Subsysteme waren von David Cutler so konzipiert, dass keines das jeweils andere zum Absturz bringen konnte, da sie in geschützten (getrennten) Speichersystemen (engl.: *Protected Mode*) liefen. Der Kernel verteilte als echtes präemptives System die CPU-Zeit im Zeitscheibenverfahren an die jeweiligen Subsysteme. Es brachte als Multitasking- und Multiusersystem zwar eine bis dahin bei PCs nicht bekannte Komplexität mit, belohnte den Anwender aber mit bis dato im Heim-Bereich unbekannter Stabilität und Möglichkeiten.

Für die Architektur der Speicherverwaltung konnte Rick Rashid gewonnen werden, der unter anderem den UNIX MACH-Kernel mit entwickelt hatte. Zwischen der Hardwareebene und den Subsystemen wurde die HAL eingeführt. *HAL* war zum einen eine neutrale Zwischenschicht zu verschiedenen Hardwareplattformen, da anfangs auch MIPS- und PowerPC (PPC)-CPUs ebenfalls neben den Intel-Prozessoren unterstützt wurden. Zum anderen war die Wahl des Namens *HAL* auch ein Tribut an den (angeblich unfehlbaren) Supercomputer *HAL Serie-9000* aus dem Sciencefiction-Klassiker *2001: Odyssee im Weltraum.*)[26] Zur Installation benötigte man noch 21 Disketten oder drei Bootdisketten plus eine CD-ROM.

Konsequent wurden mit *NT* sogenannte *alte Zöpfe* abgeschnitten, also Kompatibilität nach unten beendet, was zu einem Aufschrei bei vielen Anwendern führte. Auch die (damals) hohen Hardwareanforderungen waren ein Kritikpunkt. Auf *DOS-Kompatibilität* wurde so weit verzichtet, als das DOS nicht mehr wie bis zu dahin als Grundlage diente, sondern es war als 16-Bit-Teilsystem nun unter der Kontrolle des Microkernel. Es konnte nicht mehr wie früher direkt, also *hardwarenah* programmiert werden, weshalb NT lange Zeit in manchen Spezialgebieten nicht verwendbar war. NT basierte technisch also weder auf *MS-DOS* noch auf *OS/2*, stellte aber zunächst noch deren Programmierschnittstellen zusätzlich zur Verfügung.

Während NT 3.1 noch sehr träge wirkte, konnte mit seinem Nachfolger NT 3.51 dieser Punkt ausgemerzt werden: Es war schnell und extrem stabil. Die Grafische Oberfläche war als weiteres Subsystem unter der Kontrolle des Microkernels und konnte somit den PC nicht zum Absturz bringen. Ein blockierter Grafiktreiber konnte *remote,* d. h. von einem anderen PC wieder neu gestartet werden. Die gesamte Architektur und viele Dienste der Serverversion waren in der Workstation-Version schon enthalten. Kleine Peer-to-Peer-Netzwerke konnten so einfach und sicher aufgebaut werden. In der Philosophie von Microsoft sollte NT als „Entwicklungsplattform" dienen, und das preiswertere Windows 95 sollte die „Endkunden"-Plattform werden. Dazu wurde für NT 3.51 eine nachträglich ladbare grafische Benutzeroberfläche angeboten. Diese war dann der Ausblick auf NT 4.0. Die CAD-Kunden misstrauten jedoch dieser Konstellation und wählten dann das wesentlich teurere NT als Plattform, mit der Begründung, dass erfahrungsgemäß die Software am stabilsten auf der Plattform laufe, auf der sie auch entwickelt und debugged, also fehlerfrei gemacht wurde.

Um für den CAD-Markt eine ernst zu nehmende Größe zu werden, implementierte Microsoft OpenGL, angelehnt an die von Silicon Graphics geschaffene 3D-Schnittstelle Irix GL. Mit Fortschritten der Hardware konnte man an NT 4.0 mittels bootfähiger CDs die drei Bootdisketten überspringen und direkt mit einer CD booten, was die Installation deutlich vereinfachte.

Microsoft versuchte in der Folge, Windows NT im Markt gegen Unix und OS/2 zu platzieren, was auch in vielen Bereichen durchaus sehr erfolgreich gelang. Insbesondere der Markt der Workstations und Server sollte IBM mit seinem damaligen AIX-Unix abgerungen werden. Als Ende 1999 NT 5.0 in die Beta-Phase ging, entschloss sich die Marketing-Abteilung von Microsoft kurzfristig zur Umbenennung auf den Namen *Windows 2000.* Dies führte aber zu einer Verunsicherung und der Markt blieb relativ lange auf *NT 4.0* stehen. Windows 2000 wurde in zwei Versionen angeboten: für die Workstation die *Windows 2000 Professional* und für den Server die *Windows 2000 Server.* Mit *Windows XP* (intern: NT 5.1) wiederholte dann Microsoft 2001 diesen Marketing-Trick erneut. Auch hier war besonders in der Geschäftskundschaft lange eine gewisse Zurückhaltung zu spüren: Man war skeptisch gegenüber dem „neuen" Produkt, da anhand der Namensgebung von Laien die Abstammung und Kontinuität zu NT 4.0 nicht sofort und augenfällig erkannt werden konnte.

Unter *Windows NT 4.0* wurde die Unterstützung von *OS/2*, 16-Bit-, textbasierten Programmen beibehalten. Unter *Windows XP* (also: NT 5.1) wurden *POSIX* und *OS/2* gar nicht mehr angeboten, zumal diese beiden Subsystem auch die XP-Sicherheitssysteme nicht nutzen konnten. Ebenso wurde die Unterstützung von *MIPS-* und *PowerPC*-Prozessoren eingestellt. Auch wurde auf Initiative von Bill Gates das getrennte grafische Subsystem von NT 3.51 herausgenommen und eine Ebene tiefer und somit näher am Kernel (und damit näher der CPU) positioniert. Das brachte mit Blick auf die Entwicklung von Computerspielen zwar mehr Geschwindigkeit, aber andererseits auch die Gefahr von Stabilitätsverlust. Ein instabiler Grafiktreiber konnte nun das System abstürzen lassen. Um dies zu verhindern, führte Microsoft eine Zertifizierung der Treibersoftware ein. Treiber, die den Microsoft-Standards entsprachen, bekamen somit den Status *WHQL-getestet.*

Ende 2001 erschien mit *Windows XP* (intern: NT 5.1) in den Varianten *XP Home* (für Privatanwender) und *XP Professional* (für Geschäftsanwender). *XP Home* unterschied sich von *Windows XP Professional* in erster Linie durch ein abgespecktes Rechtemanagement und eingeschränkten Netzwerkdiensten. Es soll laut Microsoft noch bis 2014 sicherheitstechnisch unterstützt werden, obwohl der Vertrieb von 2008 an stufenweise eingestellt wurde. Neue PCs und Laptops wurden nur noch mit Windows Vista verkauft. Nur noch Nischenprodukte mit geringen

Hardwareanforderungen werden noch (Stand: Juli 2008) mit Windows XP (Mediacenter) angeboten. Während bis *Windows 2000* (NT 5.0) Server und Client die gleiche Versionsnummer trugen, wählten die Microsoft-Strategen ab *Windows XP* beim Server einen neuen Namen: *Windows 2003 Server* (NT 5.2). Mit der Einführung von *Windows Vista* (NT 6.0) wurde der dazu passende Server *Windows Server 2008* genannt.

Der Nachfolger von *Windows Vista* wurde aus Marketinggründen *Windows 7* getauft, trägt intern aber die Versionsnummer 6.1. Bei der Server-Variante von NT 6.1 wird die starke Verwandtschaft zu NT 6.0 auch im Marketingnamen deutlich: Windows Server 2008 R2.

## Marktstrategische Verzögerung der Innovationen von Intel

Da Windows mit den Audio- und Video-Fähigkeiten der x86-Prozessoren des PC nicht Schritt gehalten hatte, plante Intel kurz vor der Markteinführung von Windows 95, anderen Hard- und Softwareherstellern dazu eigene Treiberschnittstellen und sogenannte *APIs* anzubieten, um so in das sich bereits ankündigende Multimedia-Geschäft einzusteigen. Da diese Software auch für andere Betriebssysteme bereitgestellt werden sollte und auch das von Microsoft bereits abgeschriebene Windows 3.1 aufwerten würde, drohte Microsoft Mitte 1995 in Verhandlungen mit Intel, die Unterstützung der Intel-Plattform nur dann fortzusetzen, wenn diese Entwicklungen eingestellt würden. Intel lenkte ein. Selbst das Jahre später entwickelte Windows 98 war noch nicht mit allen Fähigkeiten ausgestattet, die Intel 1995 hatte bereitstellen wollen.

## Beginn des „Browser-Krieges“

Microsoft hatte zunächst das Potenzial des aufkommenden Internets unterschätzt, so dass es Netscape gelang, mit ihrem Browser auf diesem Marktsegment Fuß zu fassen. Microsoft zog mit dem unter Zeitdruck entwickelten Internet Explorer (IE) nach, und erst mit Windows 95 entwickelte man das Portal MSN, das „Microsoft Network“, als direkte Antwort auf AOL und CompuServe, welche sich bis dahin den öffentlichen Online-Markt aufteilten.

Microsoft versuchte, dem Internet Explorer durch eine Strategie der Produktbündelung mit dem Betriebssystem zum Durchbruch zu verhelfen, was von Kritikern als wettbewerbswidrig angesehen wurde. Ferner setzte Microsoft das Unternehmen Compaq durch Kündigung der Vertriebslizenz für Windows 95 erfolgreich unter Druck, da sie ihre PCs zunächst mit Netscape anstelle des IE ausgeliefert hatte. Es begann der sogenannte *Browserkrieg*. Das US-Justizministerium (*Department of Justice*) sah in der Produktbündelung und diesem Vorgehen einen Verstoß gegen den zuvor geschlossenen Vergleich. Microsoft konnte jedoch die entsprechende Klage 1998 nach drei Jahren in der Berufung zunächst abwehren. In der Europäischen Union muss aber seit Windows 7 ein Programm installiert sein, das die Auswahl eines alternativen Browsers ermöglicht. Dieses wird automatisch angezeigt, wenn Windows das erste Mal ausgeführt wird.

## Unterlaufen von Softwarestandards

1996 erwarb Microsoft eine Lizenz für Java, einer plattformunabhängigen Programmiersprache des Unternehmens Sun Microsystems, und entwickelte dafür eine eigene Entwicklungsumgebung.

Dabei entstand jedoch eine proprietäre Java-Variante, die partiell direkt auf Windows zugriff anstatt über die betriebssystemunabhängige Java Virtual Machine, wie es das Java-Konzept vorgesehen hatte. Auf diese Weise produzierten viele Entwickler von Anwendungssoftware Produkte, die nur unter Windows lauffähig waren. Nach einer rechtlichen Auseinandersetzung mit Sun im Jahr 2003 unterstützte Microsoft bis 2007 die MSJVM (Microsoft Java Virtual Machine) nur noch sporadisch in Form von Sicherheitsupdates. Entsprechend wird heute fast überall wieder Suns Java verwendet, die meisten professionellen Applets sind heute damit kompatibel.

Diese Politik der Übernahme von Softwarestandards und anschließender Modifikation mit dem Ziel, die Anwender durch Inkompatibilitäten an die eigenen Produkte zu binden, verfolgte Microsoft in weiteren zahlreichen Fällen. Betroffen sind der WWW-Standard HTML für Internetseiten und CSS. Die meisten Web-Designer orientieren sich an der speziellen Darstellungsweise des Internet Explorers mit der Folge, dass viele Internetseiten von den Browsern der Konkurrenz, die sich an den offiziellen Standards orientieren, nicht korrekt dargestellt werden. Betroffen sind ferner die Zeichensatznorm ISO-8859-1, JScript, ECMAScript und DOM, die TCPA-Norm sowie verschiedene Netzwerkprotokolle.

Ebenso wurde als Konkurrenz zum MP3-Format das eigene WMA-Format entwickelt, um MP3 zu bekämpfen. Auch bei den E-Mail-Produkten von Microsoft wird mit eigenen Erweiterungen und kleinen Abweichungen von internationalen Standards gearbeitet.

## Antitrust-Klage und drohende Spaltung

Aufgrund dieser Entwicklungen reichten das Justizministerium und 19 Bundesstaaten im Mai 1998 eine Antitrust-Klage gegen Microsoft ein, deren Kern der Browser-Krieg und der Umgang mit Java war. Für Netscape, das seinen Navigator zu einer betriebssystemunabhängigen Basis für eine eigene Office-Variante ausbauen wollte, kam das Kartellverfahren jedoch zu spät. Es wurde im Oktober 1998 von AOL übernommen. Anhand eines Memos von 1996 aus dem beschlagnahmten internen Schriftverkehr gelang der Nachweis, dass Microsoft im Falle Java den Anteil inkompatibler Komponenten gezielt stillschweigend erhöht hatte, damit die Entwickler nicht bemerkten, dass sie windowsgebundene Java-Applikationen schrieben.

Das Urteil in erster Instanz vom Juni 2000 forderte eine Aufteilung Microsofts in zwei separate Unternehmen für Betriebssysteme und Anwendungssoftware. Nachdem George W. Bush, dessen Wahlkampfagentur Century Strategies eng mit Microsoft verknüpft war, 2001 die US-amerikanische Präsidentschaft gewonnen hatte, wurde Charles James zum neuen Leiter des Kartellamtes ernannt. James hatte bereits vor Amtseintritt für die Erhaltung Microsofts als Einheit plädiert und in der Berufungsverhandlung wurden die Kartellrechtsverletzungen und illegalen Geschäftspraktiken zwar bestätigt, das Urteil hinsichtlich der Aufteilung von Microsoft jedoch aufgehoben.

Microsoft setzte auch in der Folge die Politik der Produktbündelung fort, wie im Fall des in Windows XP integrierten Media-Players.

Als aufgrund von Kartellprozessen und Bemühungen des Justizministerium der Vereinigten Staaten in den späten 1990er Jahren eine Aufspaltung Microsofts in „Baby-Bills“ diskutiert wurde, wurde auch eine Aufteilung des Konzerns in ein Internet-Unternehmen, 3 Betriebssystem-Unternehmen sowie ein Anwendungs-Unternehmen mit Office und Internet-Explorer-Angebot vorgeschlagen. Die Dreiteilung der Betriebssystem-Sparte wurde neben zwei anderen angesehenen US-Ökonomen auch von William D. Nordhaus, Professor in Yale, sowie Frederic Michael Scherer, seit 2006 emeritierter Professor in Harvard und früher Direktor bei der Federal Trade Commission, unterstützt.[27] [28]

## Neues Betriebssystem und Führungswechsel

Am 22. Juli 2004 hat Microsoft bekanntgegeben, dass es nach der nun erfolgten Beilegung von wesentlichen Rechtsstreitigkeiten beabsichtige, die hohen Barreserven, die aufgrund der Rechtsunsicherheit akkumuliert worden waren, aufzulösen. Im Dezember 2004 zahlte Microsoft eine Sonderdividende in Höhe von 3,00 US-Dollar je Anteilsschein. Die Gesamtausschüttungssumme belief sich inklusive der Quartalsdividende auf 34,4 Milliarden US-Dollar und stellt damit die höchste jemals von einem Unternehmen gezahlte Dividende überhaupt dar.

Windows XP Edition N, eine Version ohne Media-Player, wurde im Juli 2005 auf den Markt gebracht.

Im Oktober 2005 stellt Microsoft fünf „freie“ Software-Lizenzen im Rahmen des Shared-Source-Programms vor. Zwei von ihnen, die *Microsoft Permissive License* (Ms-PL) und die *Microsoft Community License* (Ms-CL), erfüllen laut Aussage der Free Software Foundation Europe die Kriterien für freie Software-Lizenzen. Nachdem diese zwei Lizenzen in Microsoft Public License und Microsoft Reciprocal License umbenannt wurden, sind sie am 12. Oktober 2007 von der Open Source Initiative anerkannt worden.[29]

Am 15. Juni 2006 kündigte Gates an, sich bis zum Juli 2008 aus dem Tagesgeschäft von Microsoft zurückzuziehen und den Posten als Chief Software Architect dem bisherigen Technikchef Ray Ozzie zu überlassen.

Im Mai 2007 übernahm Microsoft das Online-Werbe-Unternehmen aQuantive für rund sechs Milliarden US-Dollar und erwarb im Oktober desselben Jahres für 240 Millionen US-Dollar einen Minderheitsanteil am sozialen Online-Netzwerk Facebook, womit gleichzeitig eine exklusive Abmachung für die internationale Werbevermarktung von Facebook durch Microsoft verbunden war.[30]

Anfang 2008 drangen Informationen über ein von Microsoft entwickeltes System zum Erfassen der Körperfunktionen von Benutzern an die Öffentlichkeit (US-Patentantrag 20070300174), das Kritik von Datenschützern auf sich zog.[31]

Nachdem Microsoft bereits im Mai 2007 erfolglos versucht hatte, das Internetunternehmen Yahoo zu übernehmen,[32] [33] startete der Softwareriese im Februar 2008 einen neuen Versuch und bot 44,6 Milliarden US-Dollar.[34] Auch dieses Angebot lehnte Yahoo ab,[35] worauf Microsoft Anfang April 2008 eine dreiwöchige Frist zur Einigung stellte.[36] Diese Frist lief am 27. April 2008 ab, wobei Microsoft darauf nicht mit der angedrohten feindlichen Übernahme des Yahoo-Konzerns reagierte.[37]

Erstmals seit dem Börsengang schloss Microsoft das Geschäftsjahr 2008/2009 mit einem Rückgang bei Umsatz und Gewinn ab.[38] Bis Juli 2009 hat der Software-Konzern weltweit 5000 Stellen wegen der Wirtschaftskrise und der anhaltenden Flaute am PC-Markt abgebaut.[39]

# Niederlassungen im deutschsprachigen Raum

## Deutschland

Geschäftsstelle der Microsoft Deutschland GmbH im Kölner Rheinauhafen

Die Microsoft Deutschland GmbH wurde 1983 gegründet, ihr Unternehmenssitz ist die Stadt Unterschleißheim bei München.[40] Regionalbüros befinden sich in Aachen (*European Microsoft Innovation Center*) seit 2003, Bad Homburg vor der Höhe, Berlin, Böblingen, Hamburg, Köln und Walldorf.[41] Das Unternehmen beschäftigt in Deutschland über 2700 Mitarbeiter.[42] Ab Mitte September 2012 leitet Christian P. Illek den Vorsitz der Geschäftsführung[43] (zuvor hatte die Position Ralph Haupter für 2 Jahre und Achim Berg für drei Jahre inne).[44] Seitdem Haupter im April 2012 als CEO die Verantwortung für Microsoft in Großchina übernahm, führt Jane Gilson bei Microsoft Deutschland die Geschäfte interimsmäßig weiter.[45]

## Schweiz

In der Schweiz ist Microsoft seit 1989 präsent und beschäftigt als Microsoft Schweiz GmbH in Wallisellen, Bern, Basel und Genf über 539 Mitarbeiterinnen und Mitarbeiter.[46]

## Österreich

Microsoft Österreich GmbH wurde 1991 gegründet und hat seinen Sitz in Wien.[47] Das Unternehmen beschäftigt 271 Mitarbeiter.

# Kritik

## Monopolisierung

Viele Kritiker beziehen sich auf die monopolistische Einstellung von Bill Gates. Laut ihnen sei Microsofts Unternehmensstrategie wettbewerbsfeindlich und nicht kundenorientiert[48] . Wichtigste Änderungen neuer Produktversionen beruhen laut den Kritikern insbesondere auf folgenden Motivationen:

- Erschwerung des Einsatzes von Produkten anderer Hersteller (z. B. durch Veränderung von Standards oder ständige Erweiterung des Betriebssystems um Zusatzfunktionen, die von Drittanbietern bereits angeboten werden)[49].
- Erzeugung eines Zwanges, auf die neueste Version umzusteigen (z. B. durch Schaffung von Inkompatibilitäten, Verpflichtung von OEM-Herstellern, auf die neueste Betriebssystemplattform umzustellen)
- Sicherung der Monopolstellung (z. B. durch Datei- und Software-Inkompatibilitäten, Netzwerk-Inkompatibilitäten, Marketing)

Die marktbeherrschende Stellung bei PC-Betriebssystemen wird von Kritikern maßgeblich dem Talent von Gründer Bill Gates zur Eroberung von Märkten zugerechnet. Die Qualität der Microsoft-Produkte in der Fachwelt wird viel und heftig diskutiert. Kritiker brandmarkten teilweise die Herkunft und Verbreitungspolitik der erfolgsentscheidenden ersten Microsoft-Produkte als unethisch (Billigkauf und Vermarktung einer ausdrücklich als Wegwerfsystem konzipierten Software). Zudem wurde Bill Gates vorgeworfen, die Allgemeinheit an die zweifelhafte „Wahrheit" gewöhnt zu haben, dass Fehler in Software und plötzliche Ausfälle von Computern im laufenden Betrieb, sogenannte Abstürze, als normal hinzunehmen seien. Infolge einer geschickten Marketing- und Einflussnahmepolitik Microsofts wird heute fast jeder neue PC mit einem vorinstallierten Windows-System ausgeliefert.

Weiterhin wird das Unterlaufen von Softwarestandards und das Ausnutzen der monopolartigen Marktstellung von Microsoft kritisiert.

### Rabatte für ausschließlichen Windows-Vertrieb

Microsoft bietet großen Herstellern außergewöhnlich günstige Konditionen für OEM-Software an. Im Rahmen des Kartellverfahrens des US-Justizministeriums[50] gegen Microsoft ist im Jahre 2001 bekannt geworden, dass Microsoft diese Konditionen intransparent gestaltet und in einigen Fällen mit der Verpflichtung verbunden hat, keine Desktop-Rechner ohne ein Betriebssystem von Microsoft auszuliefern. Dieses Vorgehen wurde durch die außergerichtliche Einigung im Kartellverfahren für die Zukunft untersagt.[51]

### Produktbündelungen

Der hohe Marktanteil bei Betriebssystemen stellt ein Quasi-Monopol dar und erleichtert es Microsoft, neue Techniken über die Windows-Plattform schnell im Markt zu verbreiten. Dies wurde z. B. mit dem Internet Explorer erreicht, der in (aktualisierten) Windows-95-Versionen vorinstalliert war und in späteren Windows-Versionen sogar mit dem System verschmolzen wurde. Zeitweise erreichte der Internet Explorer dadurch einen Marktanteil von bis zu 85 % und stach durch seinen Wettbewerbsvorteil den damaligen Konkurrenten Netscape aus. Dieser Browserkrieg war letztlich der Auslöser des US-Kartellverfahrens gegen Microsoft im Jahre 1997.[52] In der Europäischen Union wurde Microsoft zudem verpflichtet, das Betriebssystem auch ohne Windows Media Player anzubieten.

### Wettbewerbsverletzungen

Microsoft wird auch oft kritisiert und gemaßregelt, so hat dieselbe Europäischen Kommission seit 2004 zahlreiche Bußgelder gegen Microsoft wegen Verletzung von Wettbewerbsgesetzen verhängt. Dem Konzern wurden Auflagen in Bezug auf die Offenlegung von Schnittstellenspezifikationen und die Entkoppelung von Produkten gemacht. Die bedeutendsten Kritikpunkte an Microsoft sind

1. der Missbrauch seiner Position als Marktführer für eine wettbewerbswidrige Vertragspolitik gegenüber wirtschaftlich abhängigen Unternehmen,[53]
2. die wettbewerbswidrige Bündelung verschiedener Produkte,[54]
3. das Unterlaufen von etablierten Softwarestandards mit dem Ziel der Kundenbindung an Microsoft als Folge von Inkompatibilitäten,

4. lange Zeit nicht behobene Sicherheitslücken in Betriebssystemen und Anwendungen und
5. die Verzögerung von softwaretechnischen Innovationen aus unternehmensstrategischen Motiven.

Zu den ersten drei Kritikpunkten waren und sind auch derzeit immer wieder zahlreiche Gerichtsprozesse anhängig. Der Unmut über Geschäftspolitik und der in den Augen der Kritiker häufig hinter dem Stand der Technik zurückgebliebenen Qualität der Produkte hat wesentlich zur Entstehung einer Open-Source-Bewegung beigetragen, die bessere Alternativen zu proprietären Produkten wie denjenigen von Microsoft bieten will.

## Prozesse

### Rechtsstreit mit der Europäischen Union

Nachdem 1998 das Softwareunternehmen Sun Microsystems gegen den Mitbewerber Microsoft Beschwerde bei der EU-Kommission eingelegt hatte, verhängte die Europäische Kommission unter Mario Monti nach vierjährigen Ermittlungen im März 2004 ein Bußgeld in Höhe von 497 Mio. Euro.[55] Die Kommission sowie die Beschwerdeführer European Committee for Interoperable Systems (ECIS) und die Software and Information Industry Association hatten Microsoft vorgeworfen, seine marktbeherrschende Stellung beim PC-Betriebssystem Windows auf wettbewerbswidrige Weise zur Erlangung der Marktführerschaft im Servermarkt eingesetzt zu haben. Außerdem wurde erneut eine wettbewerbswidrige Bündelung des Betriebssystems mit Anwendungssoftware festgestellt. Die EU-Kommission forderte, der Konkurrenz bisher geheim gehaltene Schnittstelleninformationen für die Kommunikation mit Windows-Serversystemen zur Verfügung zu stellen[56] und eine Windows-Version ohne Microsofts Media-Player anzubieten.[57] Microsoft bot in der Folge ein Windows ohne Media-Player an, allerdings zum gleichen Preis wie die Version mit Media-Player; daher fand die abgespeckte Version so gut wie keine Käufer.[58] Am 12. Juli 2006 verhängte die EU-Kommission über Microsoft ein Bußgeld in Höhe von 280,5 Mio. Euro wegen Nichterfüllung der im März 2004 festgelegten Auflagen.[59] Am 17. September 2007 wies ein Europäisches Gericht erster Instanz die Beschwerde von Microsoft gegen die Europäische Union zurück und erklärte die Strafzahlung in Höhe von 497 Mio. Euro für gerechtfertigt.[60] [61] [62] Im Oktober 2007 sagte Microsoft zu, die wichtigsten Auflagen der Wettbewerbsbehörde zu erfüllen und verzichtet auf Berufung gegen das Urteil, der Rechtsstreit wurde damit beendet.[63]

Am 27. Februar 2008 verhängte die Kommission erneut ein Bußgeld in Höhe von 899 Mio. Euro, weil das Unternehmen die im Jahr 2004 gesetzten Auflagen, Schnittstelleninformationen für Konkurrenten offenzulegen, nicht erfüllt habe. Ende Juni 2012 bestätigte der Europäische Gerichtshof das Bußgeld, allerdings wurde die Summe auf 860 Mio. Euro herabgesetzt.[64] Dabei handelt es sich um die höchste bis dahin von einem EU-Gericht bestätigte gegen ein Unternehmen verhängte Strafe.[65] Damit summierten sich die bisher geleisteten Strafzahlungen auf über 1,6 Mrd. Euro.[66]

### Weitere Prozesse

- Im Mai 2003 einigte sich Microsoft im Rechtsstreit um Netscape mit AOL Time Warner. Microsoft bezahlte in der Folge 750 Millionen US-Dollar.
- Im Juli 2003 erfolgte mit der Zahlung von 26 Millionen US-Dollar an den Spiele-Eingabegerätehersteller Immersion die Beilegung des Streits um die Force-Feedback-Technik.
- Im Streit um das US-Patent Nr. 5.838.906 wurde Microsoft am 11. August 2003 zur Zahlung von rund 521 Millionen US-Dollar an das Software-Unternehmen Eolas Technologies verurteilt. Das von Microsofts Webbrowser Internet Explorer verletzte Patent ermöglicht den Zugang zu interaktiven Programmen, die auf Internetseiten eingebettet sind.
- Microsoft und Be Inc. einigten sich am 6. September 2003 außergerichtlich auf die Zahlung von 23,3 Millionen US-Dollar, worauf der Hersteller des Betriebssystems BeOS seine wegen Wettbewerbsverzerrung eingebrachte Klage gegen Microsoft zurückzog.

- Am 3. Oktober 2003 wurde gegen Microsoft eine Klage mit dem Vorwurf eingereicht, der Softwarehersteller begünstige die Verbreitung von Viren, Würmern und anderen Angreifern durch schlechte Sicherheitsmechanismen und seine Geschäftspraktiken, außerdem informiere Microsoft die Kunden nicht ausreichend über die Gefahren.
- Gegen Microsoft wurden mehr als 30 Klagen wegen Patentverletzungen eingereicht: Sun wegen Java, Intertrust wegen DRM-Technik, Burst.com wegen Streaming-Technologie. Microsoft zahlte im März 2005 60 Millionen US-Dollar Lizenzgebühren an Burst.com zur Beilegung des Patentrechtsstreits.
- Microsoft und Sun legten im April 2004 ihre juristischen Auseinandersetzungen bei, wobei Microsoft an SUN 700 Millionen US-Dollar für die Kartelldelikte und 900 Millionen für die Nutzung von Patenten bezahlt hat. Gleichzeitig kündigten beide Unternehmen eine breite Zusammenarbeit an.
- Gateway ließ im April 2005 gegen eine Zahlung von 150 Millionen Dollar alle kartellrechtlichen Ansprüche gegen Microsoft fallen.
- Nach rund 10-jährigem Rechtsstreit einigten sich Microsoft und IBM auf die Zahlung von 775 Millionen US-Dollar. Zusätzlich erhielt IBM eine Gutschrift über 75 Millionen für Microsoft-Software. U. a. soll Microsoft IBM beim Kauf von Software benachteiligt haben.
- RealNetworks zog sich am 11. Oktober 2005 aus Kartellverfahren in der Europäischen Union und Südkorea sowie einer Klage in den USA zurück. Zuvor hatte Microsoft der Zahlung von 761 Millionen US-Dollar an den Netzwerk-Streaming-Spezialisten zugestimmt.
- 2007 wurde eine Sammelklage gegen Microsoft und das Handelsunternehmen Best Buy vom United States Court of Appeals for the Ninth Circuit in San Francisco – trotz Bedenken – auf Grundlage des RICO Act zugelassen. Die Klage war im April 2000 durch James Odom angestrengt worden, der beiden Unternehmen Betrug vorwarf, da sie bei Käufen über Kreditkarten Kundeninformationen austauschten und der Kunde darüber nicht informiert werde. Microsoft hatte sich nach einer Investition von 200 Millionen US-Dollar in *Best Buy* verpflichtet, Werbung für dieses Unternehmen zu machen, im Gegenzug sollte der Händler Produkte von Microsoft bewerben.[67]
- Laut Heise Online verurteilte im April 2009 ein Geschworenengericht in Rhode Island Microsoft dazu, Schadenersatz in Höhe von 388 Millionen US-Dollar zu zahlen. Nach Ansicht der Geschworenen in dem seit Oktober 2003 laufenden Prozess, verletzt das von Microsoft zur Lizenzierung von Windows XP und einigen Office-Produkten benutzte Verfahren ein Patent des Unternehmens Uniloc.[68] Jedoch wird das Urteil im Revisionsverfahren neu verhandelt.[69]

## Literatur


- R. Sietmann: *Das Microsoft-Monopol.* In: c't 2002, Heft 22, S. 96–101.
- A. Roesler, B. Stiegler (Hrsg.): *Microsoft – Medien, Macht, Monopol.* Suhrkamp Verlag, Frankfurt/M. 2002.
- David, Bank: *Microsoft Monopoly, wie Bill Gates die Zukunft seines Unternehmens aufs Spiel setzt.* New York/München 2001.
- Wendy Goldman Rohm: *Die Microsoft Akte. Der geheime Fall Bill Gates.* 1998, ISBN 3-430-17869-X.
- Paul Carroll: *Der Computerkrieg.* Heyne Business Verlag, München 1994, ISBN 3-552-04628-3.
- Daniel Ichbiah: „Die Microsoft Story". Heyne Business Verlag, München 1996. (Originalausgabe: *The Making Of Microsoft.* Prima Publishing, Rocklin (Kalifornien) 1991)
- James Wallace, Jim Erickson: *Mr. Microsoft. Die Bill-Gates-Story.* Ullstein Verlag, 1993. (Originalausgabe: *Hard Drive: Bill Gates and the Making of the Microsoft Empire.* HarperBusiness, 1993)

## Weblinks

- Offizielle Microsoft-Website [70]
- Liste der Microsoft-Patente in der EU [71] – FFII (Förderverein für eine Freie Informationelle Infrastruktur e. V.) (englisch)
- Mobile.Microsoft.com [72]

## Einzelnachweise


[1] http://en.wikipedia.org/wiki/Tools%3A%7Emagnus%2Fisin.php

[2] *Facts about Microsoft* (http://www.microsoft.com/en-us/news/inside_ms.aspx#RevenueHeadcount). Abgerufen am 1. September 2012.

[3] *Microsoft Earnings Release 2012* (http://www.microsoft.com/investor/EarningsAndFinancials/Earnings/FinancialStatements/FY12/Q4/IncomeStatements.aspx). Abgerufen am 1. September 2012.

[4] http://www.microsoft.com

[5] Microsoft Office#Marktstatus.

[6] Zune kommt nicht im Herbst nach Europa (http://www.heise.de/newsticker/meldung/90551)

[7] Microsofts ZUNE-Player – Keine Pläne für Europa (http://www.winfuture.de/news,28295.html).

[8] PC-Welt 27. Oktober 2006 (http://www.pcwelt.de/it-profi/business-ticker/61711/).

[9] Great Place to Work Homepage (http://www.greatplacetowork.de/best/list-eu.htm) Aufgerufen 24. August 2011.

[10] http://www.microsoft.com/presspass/inside_ms.mspx#RevenueHeadcount

[11] http://www.microsoft.com/presspass/press/2005/sep05/09-20ExecChangesPR.mspx

[12] Our Commitment to Our Customers (http://www.microsoft.com/About/CompanyInformation/ourbusinesses/business.mspx)

[13] Microsoft Dynamics (http://www.microsoft.com/germany/dynamics/default.mspx)

[14] Windows History: Windows Desktop Products History (http://www.microsoft.com/windows/WinHistoryDesktop.mspx)

[15] Windows Life-Cycle Policy (http://www.microsoft.com/windows/lifecycle/default.mspx)

[16] für Unternehmenskunden schon am 30. November 2006

[17] Paul Thurrott's SuperSite for Windows: Windows Vista FAQ (http://www.winsupersite.com/faq/vista.asp)

[18] Heise: *Sechs und ein halbes: Microsofts neues Mobilbetriebssystem* (http://www.heise.de/mobil/meldung/Sechs-und-ein-halbes-Microsofts-neues-Mobilbetriebssystem-813821.html) vom 6. Oktober 2009

[19] Heise: *Ausverkauft: Microsofts Linux-Geschäft brummt* (http://www.heise.de/newsticker/meldung/Ausverkauft-Microsofts-Linux-Geschaeft-brummt-922406.html) vom 4. Februar 2010

[20] marketshare.hitslink.com (http://marketshare.hitslink.com/report.aspx?qprid=8), abgerufen am 5. April 2010

[21] Microsoft PixelSense (http://www.microsoft.com/en-us/pixelsense/)

[22] Weltweite Microsoft Services Homepage (http://www.microsoft.com/microsoftservices/en/us/overview.aspx), microsoft.com, aufgerufen am 3. Mai 2011

[23] (http://www.tripple.net/contator/1game/news.asp?nnr=35847)

[24] *Serial Number: 7338210* (http://tarr.uspto.gov/tarr?regser=serial&entry=73382109). In: *Trademark Applications and Registrations Retrieval*. USPTO. Abgerufen am 13. August 2010.

[25] *Microsoft Unveils a New Look* (http://blogs.technet.com/b/microsoft_blog/archive/2012/08/23/microsoft-unveils-a-new-look.aspx). In: *Microsoft*, August 2012. Abgerufen am 23. August 2012.

[26] Bei Microsoft ein nicht unübliches Verfahren: So ist z. B. der kleinste Auflösungsschritt einer MS-Maus ein *Micky* - ein Tribut an Micky Maus

[27] heise online: Die "Baby Bills" und das Microsoft-Monopol (http://www.heise.de/newsticker/meldung/Die-Baby-Bills-und-das-Microsoft-Monopol-19131.html) (1. Mai 2000 17:48)

[28] FOCUS Online: Microsoft: Lukrative „Baby-Bills“ (http://www.focus.de/finanzen/boerse/microsoft-lukrative-baby-bills_aid_239602.html) (27. April 2000)

[29] OSI Approves Microsoft License Submissions (http://opensource.org/node/207)

[30] Facebook and Microsoft Expand Strategic Alliance: Two companies expand advertising deal to cover international markets, Microsoft to take equity stake in Facebook (http://www.microsoft.com/Presspass/press/2007/oct07/10-24FacebookPR.mspx)

[31] Microsoft will Körperfunktionen von Benutzern erfassen (Tagesschau) (nicht mehr online verfügbar)

[32] Börse spekuliert auf Yahoo-Übernahme durch Microsoft (http://www.spiegel.de/wirtschaft/0,1518,481026,00.html)

[33] Microsoft und Yahoo! brechen Verhandlungen ab (http://www.spiegel.de/wirtschaft/0,1518,481155,00.html)

[34] Microsoft will Yahoo schlucken – für 44,6 Milliarden Dollar (http://www.spiegel.de/wirtschaft/0,1518,532565,00.html)

[35] Yahoo lehnt Microsofts Übernahmeangebot ab (http://www.spiegel.de/wirtschaft/0,1518,534517,00.html)

[36] Microsoft droht Yahoo mit feindlicher Übernahme (http://www.spiegel.de/wirtschaft/0,1518,545651,00.html)

[37] Yahoo droht feindliche Übernahme (http://www.spiegel.de/wirtschaft/0,1518,549996,00.html)

[38] Microsoft mit massivem Gewinneinbruch (nicht mehr online verfügbar), tagesschau.de, 24. Juli 2009

[39] *5000 Arbeitsplätze bei Microsoft sind weg.* (http://www.welt.de/webwelt/article4190512/5000-Arbeitsplaetze-bei-Microsoft-sind-weg.html) In: *Die Welt.* 25. Juli 2009, abgerufen am 25. Juli 2009.
[40] www.microsoft.com (http://www.microsoft.com/germany/siteservices/impressum/default.mspx) Aufgerufen 30. Juli 2009
[41] (https://careers.microsoft.com/careers/de/de/offices.aspx) Aufgerufen 30. Oktober 2010
[42] Microsoft Fast Facts Stand Juli 2011 (http://www.microsoft.com/germany/presseservice/unternehmen/fastfacts.mspx) Aufgerufen 24. August 2011.
[43] Christian P. Illek (http://www.microsoft.com/germany/unternehmen/informationen/gmbh_profil/management.mspx?profile={f08275b1-bf18-4eb9-8eeb-95502e8f0773}) Unternehmensdarstellung der Microsoft Deutschland GmbH ("Das Senior-Management-Team der Microsoft Deutschland GmbH"), aufgerufen am 17. Mai 2010
[44] www.microsoft.com (http://www.microsoft.com/germany/unternehmen/informationen/gmbh_profil/management.mspx?profile={85b1ed36-c0cf-4832-8b20-5ca2bc9d91fa}) Aufgerufen 30. Juli 2009
[45] Microsoft: Deutschland-Chef künftig für Greater China zuständig (http://www.netzwelt.de/news/91822-deutschland-chef-microsoft-wechselt-china.html), netzwelt, 13. April 2012. Abgerufen am 17. April 2012.
[46] www.microsoft.com (http://www.microsoft.com/switzerland/microsoft-schweiz/de/unternehmen/factsandfigures.mspx}) Aufgerufen 16. April 2012
[47] www.microsoft.com (http://www.microsoft.com/austria/mscorp/impressum.mspx) Aufgerufen 30. Juli 2009
[48] Scripd: Die Monopolstellung von Microsoft (http://de.scribd.com/doc/27382785/Die-Monopolstellung-Von-Microsoft)
[49] Spiegel: EU nimmt Microsoft in die Zange (http://www.spiegel.de/wirtschaft/monopol-vorwuerfe-eu-nimmt-microsoft-in-die-zange-a-260178.html)
[50] Microsoft PressPass – Legal Newsroom Archive (http://www.microsoft.com/Presspass/legal_newsroomarchive.mspx?case=Government Anti-Trust Case)
[51] Effects of the Microsoft Antitrust Settlement – Directions on Microsoft (http://www.directionsonmicrosoft.com/sample/DOMIS/update/2002/01jan/0102eotas.htm)
[52] Justice Department Files Antitrust Suit Against Microsoft for Unlawfully Monopolizing Computer Software Markets (http://www.usdoj.gov/atr/public/press_releases/1998/1764.htm)
[53] *heise online - 17. September 2007 - EU-Gericht: Microsoft verhält sich wettbewerbswidrig* (http://www.heise.de/newsticker/meldung/96072). Abgerufen am 13. Mai 2009.
[54] *heise online - 5. April 2000 - Hintergrund: Das Urteil im Microsoft-Prozess* (http://www.heise.de/newsticker/meldung/8930). Abgerufen am 13. Mai 2009.
[55] heise online:Microsoft: EU verhängt 497 Millionen Euro Strafe (http://www.heise.de/newsticker/meldung/45919)
[56] heise online: EU-Kommission verfügt Geldstrafe und Produktauflagen gegen Microsoft (http://www.heise.de/newsticker/meldung/45958)
[57] heise online:Microsofts Media-Player-Strategie vor EU-Gericht unter Beschuss (http://www.heise.de/newsticker/meldung/72357)
[58] heise online: Nur wenig Interesse an Windows XP N (http://www.heise.de/newsticker/meldung/66428)
[59] EUROPA – Rapid – Press Releases (http://www.europa.eu/rapid/pressReleasesAction.do?reference=IP/06/979&language=DE)
[60] heise online: EU-Gericht- Microsoft verhält sich wettbewerbswidrig (http://www.heise.de/newsticker/meldung/96072)
[61] Spiegel Online: EU-Gericht lässt Microsoft mit Beschwerde abblitzen (http://www.spiegel.de/wirtschaft/0,1518,506078,00.html)
[62] derStandard.at: Niederlage für Microsoft: EU-Gericht bestätigt 497 Millionen Euro Strafe (http://derstandard.at/?url=/?id=3037810)
[63] Tagesschau: Microsoft öffnet seine Programme der Konkurrenz (nicht mehr online verfügbar)
[64] *EuGH-Urteil: Microsoft muss 860 Millionen Euro Strafe zahlen* (http://www.spiegel.de/wirtschaft/unternehmen/eugh-bestaetigt-rekordstrafe-gegen-microsoft-a-841195.html) bei Spiegel Online, 27. Juni 2012 (abgerufen am 27. Juni 2012).
[65] *Microsoft scheitert vor EU-Gericht.* In: *Frankfurter Allgemeine Zeitung*, 28. Juni 2012, Nr. 148, S. 15.
[66] Spiegel Online: EU-Kommission verhängt Rekordbußgeld von 899 Millionen Euro gegen Microsoft (http://www.spiegel.de/wirtschaft/0,1518,538104,00.html)
[67] Microsoft und Best Buy: Eine „kriminelle Vereinigung"? (http://www.golem.de/0705/52119.html) auf www.golem.de
[68] Heise: Microsoft muss wegen Patentverletzung Millionen-Schadensersatz leisten (http://www.heise.de/newsticker/Microsoft-muss-wegen-Patentverletzung-Millionen-Schadensersatz-leisten--/meldung/136012)
[69] Onlinekosten.de: Patentstreit: Microsoft siegt gegen Uniloc http://www.onlinekosten.de/news/artikel/36226/0/Patentstreit-Microsoft-siegt-gegen-Uniloc
[70] http://www.microsoft.com/
[71] http://swpat.ffii.org/players/microsoft/index.en.html
[72] http://mobile.microsoft.com

Koordinaten: [//toolserver.org/~geohack/geohack.php?pagename=Microsoft&language=de&params=47.638611111_N_122.130277778_W 47° 38′ 19″ N, 122° 7′ 49″ W]

**Normdaten (Körperschaft):** GND: 4303124-9 (http://d-nb.info/gnd/4303124-9) | LCCN: n86810571 (http://lccn.loc.gov/n86810571) | VIAF: 148809628 (http://viaf.org/viaf/148809628/)

# ProSiebenSat.1_Media

Koordinaten:
[//toolserver.org/~geohack/geohack.php?pagename=ProSiebenSat.1_Media&language=de&params=48.191168_N_11.649263_E_di
48° 11′ 28.2″ N, 11° 38′ 57.3″ O]

| ProSiebenSat.1 Media AG | |
|---|---|
| **Rechtsform** | Aktiengesellschaft |
| **ISIN** | DE0007771172 (Vorzugsaktien) [1] |
| **Gründung** | 2. Oktober 2000 |
| **Sitz** | Unterföhring, Deutschland |
| **Leitung** | • Thomas Ebeling, Vorstandsvorsitzender<br>• Götz Mäuser, Aufsichtsratsvorsitzender |
| **Mitarbeiter** | 4.112 (Dezember 2011)[1] |
| **Umsatz** | 2,756 Mrd. € (2011)[1] |
| **Branche** | Medien |
| **Website** | prosiebensat1.de [2] |

Die **ProSiebenSat.1 Media AG** mit Sitz in Unterföhring bei München ist ein börsennotiertes Medienunternehmen, das unter anderem die deutschen Fernsehsender ProSieben, SAT.1, kabel eins und sixx unter einem Dach vereint und auf den Internetseiten der Fernsehsender verschiedene TV-Inhalte anbietet. Das Unternehmen entstand aus einem Zusammenschluss der Pro Sieben Media AG (ProSieben, kabel eins und N24) und der Sat.1 SatellitenFernsehen GmbH im Oktober 2000 und ist das größte deutsche Fernsehunternehmen.

## Geschichte

Nachdem der bisherige Führungsmann Urs Rohner „auf eigenen Wunsch" das Unternehmen zum 30. April 2004 verließ, folgte auf ihn der Belgier Guillaume de Posch. Dieser verließ das Unternehmen Ende 2008[3] ebenfalls auf eigenen Wunsch. Seit dem 1. März 2009 ist nun Thomas Ebeling Chef des Konzerns.

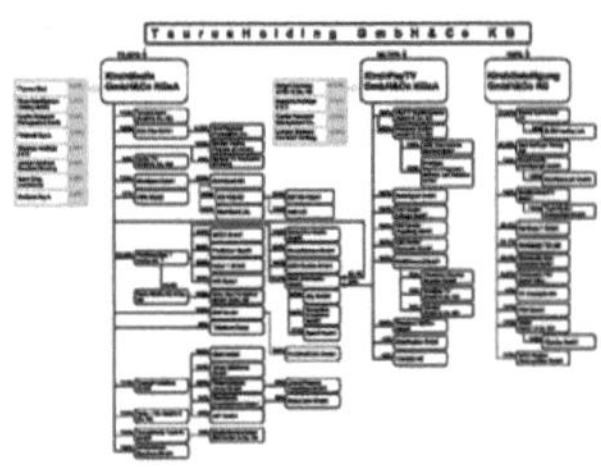

Organigramm der Kirch-Gruppe zum Zeitpunkt ihres Zusammenbruchs

Nachdem Ende 1999 die KirchMedia GmbH & Co. KGaA Mehrheitsaktionär der ProSiebem Media AG wurde, teilten am 28. Juni 2000 die ProSieben Media AG und die ebenfalls zur Kirch-Gruppe gehörende Sat.1 GmbH mit, dass Sie fusionieren wollen. Dadurch würde die größte Sendergruppe ( ProSieben, Sat.1, kabel eins, N24) auf dem deutschen Fernsehmarkt entstehen. Mit Wirkung zum 2. Oktober 2000 übernahm die ProSieben Media AG 100 Prozent der

Anteile an der Sat.1 GmbH, von der KirchMedia GmbH & Co. KGaA. Seit dem 13. Oktober 2000 werden die Aktien der ProSieben Media AG unter dem neuen Namen **ProSiebenSat.1 Media AG** an der Frankfurter Wertpapierbörse gehandelt. Vorstandsvorsitzender wurde der bisherige CEO von ProSieben, Urs Rohner.[4] Im Zuge der Integration von Sat.1 wurde ebenfalls, die ProSieben Television GmbH gegründet.

Gesamtansicht des Unternehmensgebäudes

## Zusammenbruch der Kirch-Gruppe und Übernahme durch Haim Saban

2002 kam es beinahe zur Fusion mit der KirchMedia (*siehe auch: Leo Kirch, Premiere*), sie scheiterte aber kurz vor Abschluss, da die Kirch-Gruppe insolvent wurde. Die Aktie von ProSiebenSat.1 stürzte ab. 2003 bekam die AG mit der amerikanischen Gesellschaft P7S1 Holding, einer 25-prozentigen Tochter der Saban Capital Group von Haim Saban und weiterer Investoren einen neuen Hauptaktionär, der 88 Prozent der Stimmanteile hielt. Saban übernahm die Sendergruppe für vergleichsweise günstige 500 Millionen Euro. Die restlichen zwölf Prozent hielt über eine Beteiligungsgesellschaft die Axel Springer AG. Freie Aktionäre hielten ausschließlich stimmrechtslose Vorzugsaktien.

Detailansicht

Nach der Übernahme durch P7S1 Holdings kam es in den Folgemonaten zu starken Restrukturierungsmaßnahmen und einer Neuausrichtung der verschiedenen Sender der Gruppe. Auch einige Formate fielen dem Rotstift zum Opfer.

Die AG erreicht mit ihren Fernsehsendern in der Alterszielgruppe von 14 bis 49 Jahren einen Gesamtmarktanteil von über 30 Prozent und erzielte 2002 einen Umsatz von über 1,8 Milliarden Euro sowie einen Gewinn von 21 Millionen Euro und beschäftigte dabei über 3.000 Mitarbeiter.

Im Jahr 2005 gab der Hamburger Axel Springer Verlag bekannt, für den Kaufpreis von drei Milliarden Euro die ProSiebenSat.1 Media AG komplett übernehmen zu wollen. Dieser Verkauf wurde jedoch sowohl vom Bundeskartellamt als auch von der KEK nicht genehmigt,[5] sodass Springer am 31. Januar 2006 schließlich bekannt gab, von einer Übernahme Abstand zu nehmen.

Eingang

Der italienische Medienkonzern Mediaset des ehemaligen italienischen Ministerpräsidenten Silvio Berlusconi hat am 6. November 2006 sein Interesse an der ProSiebenSat.1 Media AG erklärt. Danach wollte Mediaset zunächst die 50,5-prozentige Kapitalbeteiligung der German Media Partners (GMP) von Haim Saban übernehmen.[6]

## Übernahme durch Permira und KKR

Hinweisschild der ProSiebenSat.1 TV Deutschland

Die Kapitalbeteiligung der GMP von Haim Saban wurde am 14. Dezember 2006 von den Private-Equity-Unternehmen Permira und Kohlberg Kravis Roberts & Co. (KKR) für etwa drei Milliarden Euro übernommen.[7] Zusammen mit der SBS Broadcasting Group aus Luxemburg, zu der über 19 private Fernsehsender und 20 Bezahlfernsehsender und Radiostationen gehören, soll daraus ein europäischer Medienkonzern gebildet werden.[8]

Die 50,5 Prozent der Aktien haben 88 Prozent der Stimmrechte. Die restlichen 49,5 Prozent der Aktien sind börsennotiert und befinden sich in Streubesitz.

ProSiebenSat.1 TV Deutschland, Detailansicht

Im Sommer 2007 übernahm ProSiebenSat.1 100 Prozent der SBS für insgesamt 3,3 Milliarden Euro[9] und wurde dadurch zum zweitgrößten Fernsehanbieter in Europa mit einem jährlichen Umsatz von circa 3,1 Milliarden Euro. Am 16. Juli 2007 wurde bekannt, dass der Konzern bis 2009 in Deutschland 180 Stellen abbauen will, davon 100 in Berlin und 80 in München. Ab diesem Tag wurden bereits zwei Boulevard-Magazinsendungen bei Sat.1 gestrichen, künftig sollen auch Nachrichtensendungen wegfallen oder eingeschränkt werden.[10]

Am 10. Dezember 2007 kündigte die Axel Springer AG an, sich komplett aus ProSiebenSat.1 zurückzuziehen und ihre Anteile in Höhe von je zwölf Prozent der Stamm- und Vorzugsaktien an die ProSiebenSat.1-Mehrheitseigner KKR und Permira für 500 Millionen Euro zu verkaufen.[11] Dieser Rückzug wurde am 16. Januar 2008 vollzogen. Damit hält die von KKR und Permira gesteuerte Lavena Holding 5 nun 100 Prozent der stimmberechtigten Stammaktien sowie 25 Prozent der nicht stimmberechtigten Vorzugsaktien.[12]

Bei der Übernahme von SBS durch ProSiebenSat.1 im Sommer 2007 boten KKR und Permira dem weiteren Eigentümer Telegraaf Media Groep (TMG) eine Option auf zwölf Prozent der Stammaktien an, sofern diese auf ihr Vorkaufsrecht auf die SBS Broadcasting Group verzichten.[13] Im Juni 2008 gab die TMG bekannt auf ihre Option, bei ProSiebenSat.1 einzusteigen, zu verzichten.[14] Allerdings stieg die TMG dann dennoch im August desselben Jahres bei ProSiebenSat.1 ein.[15]

Im Oktober 2009 wurde bekannt, dass die Verschuldung der Sendergruppe mehr als 3,4 Milliarden Euro beträgt und dass die Gruppe diese Belastung nicht reduziert, sondern lediglich die Zinsen für ihre laufenden Kredite zahlt.[16] Die Sendergruppe spart vor allem bei den Programmausgaben.[17]

Am 12.Januar 2011 kündigten Permira und KKR den Verkauf von 8 Millionen stimmrechtslosen Vorzugsaktien an. Dies entspricht 3,7 Prozent des Grundkapitals. Nach Abschluss des beschleunigten Bookbuildingverfahrens werden beide Finanzinvestoren nach eigenen Angaben 53 Prozent des Grundkapitals halten.

Am 20. April 2011 wurde bekannt, dass ProSiebenSat.1 seine TV-Sender in Belgien und den Niederlanden für 1,225 Milliarden Euro an ein internationales Medienkonsortium um den finnischen Konzern Sanoma verkaufen will. Der Verkauf wurde zum 29. Juli 2011 abgeschlossen. [18]

Am 14. Dezember 2012 teilte die ProSiebenSat.1 Media AG mit, dass das gesamte Senderportfolio in Skandinavien für 1,325 Milliarden Euro an die amerikanische Discovery Communications, Inc. verkauft wird. Ausgenommen vom Verkauf sind die Produktionsgesellschaften, welche in der Red Arrow Entertainment Group gebündelt sind. Mit dem Erlös sollen endfällige Verbindlichkeiten in Höhe von ca. 500 Millionen Euro getilgt werden und eine Erhöhung der Dividende auf ca. 5,60 Euro je Aktie oder 1,2 Milliarden Euro. Des Weiteren beabsichtigt die ProSiebenSat.1 Media AG eine Umwandlung der bisher an der Börse gehandelten Vorzugsaktien in stimmberechtigte Stammaktien, wodurch alle ausgegebenen Akien an der Börse handelbar wären. [19]

### Aktionärsstruktur

| Lavena Holding | Telegraaf Media Groep N.V. | Streubesitz |
|---|---|---|
| 88 % Stammaktien | 12 % Stammaktien | keine Stammaktien |
| 18 % Vorzugsaktien | keine Vorzugsaktien | 82 % Vorzugsaktien |
| 53 % am Grundkapital | 6 % am Grundkapital | 41 % am Grundkapital |

ProSiebenSat.1 Media AG

## Töchter

Neben den fünf deutschen Fernsehsendern betätigt sich die AG auf anderen, eng mit dem Fernsehbetrieb verwandten Geschäftsfeldern. Dabei handelt es sich fast ausschließlich um 100-prozentige Töchter. In den meisten Fällen arbeiten diese Töchter ausschließlich für ihre eigene Senderfamilie. Nach der Übernahme der SBS Broadcasting Group sind weitere Fernseh- und Radiosender sowie weitere Geschäftsfelder hinzugekommen.

### SevenOne Media

SevenOne Media ist das führende deutsche Vermarktungsunternehmen für audiovisuelle Medien. 2009 fusionierte der größte TV-Vermarkter mit seinem Schwesterunternehmen SevenOne Interactive, dem damals drittgrößten Online-Vermarkter Deutschlands. Damit ist die Werbezeitenvermarktung der TV- und Multimediamarken (Online, Mobile, Teletext) der ProSiebenSat.1 Group seit Juni 2009 unter dem Dach der SevenOne Media gebündelt.

Seinen Ursprung hat das Unternehmen in den beiden Vermarktern MGM MediaGruppe München und MEDIA 1. Die MGM MediaGruppe München wurde am 1. Juni 1992 gegründet und verantwortete die Vermarktung der Werbezeiten der Sender ProSieben und kabel eins (damals noch KABELKANAL). Media 1 entstand am 1. August 1999 durch eine Ausgründung von Sat.1 Sales & Services. Am 15. November 2000 entstand durch die Fusion der MGM MediaGruppe München und MEDIA 1 dann die SevenOne Media.

Im Juli 2009 wurde das Schwesterunternehmen SevenOne AdFactory gegründet, das individuelle vernetzte Konzepte entwickelt. Dabei kombiniert die SevenOne AdFactory bis zu 12 Plattformen - neben TV, Online und mobilen Diensten unter anderem auch Lizenzen, Product Placement, Testimonials und Events. Die Geschäftsführer der SevenOne AdFactory sind Sabine Eckhardt (Vorsitz) und Malte Hildebrandt, zugleich Geschäftsführer Marketing der SevenOne Media.

Mit einem Brutto-Werbemarktanteil von rund 43 Prozent ist das Unternehmen Marktführer im deutschen TV-Werbemarkt. Im Online-Werbemarkt rangiert das Unternehmen mit 28,0 Millionen Unique Usern (internet facts 2010-VI) auf dem dritten Rang. Als Tochterunternehmen der ProSiebenSat.1 Group vermarktet SevenOne Media die deutschsprachigen Sender der Gruppe (SAT.1, ProSieben, kabel eins, 9Live, Sixx seit Mai 2010), ihre digitalen Plattformen (Pay-TV, Video on Demand/maxdome, Online, Mobile, Podcast, Games, Teletext) sowie verschiedene Drittangebote (Teletext). Abgerundet wird das Portfolio durch die Themen Licensing, Direct Marketing/CRM und Events.

Hauptsitz des Unternehmens ist Unterföhring bei München. Zudem hat die SevenOne Media regionale Verkaufsbüros in Düsseldorf, Frankfurt und Hamburg. Geschäftsführer des Unternehmens sind Thomas Wagner (Vorsitzender), Malte Hildebrandt, Guido Modenbach und Thomas Port.

In der Schweiz und in Österreich vermarktet SevenOne Media die dortigen Werbe- bzw. Programmfenster über die Tochterunternehmen SevenOne Media Austria und SevenOne Media CH. Zudem bietet das Unternehmen europaweit operierenden Werbekunden Werbepakete über die Länder Deutschland, Österreich und die Schweiz hinaus an: Auf über 20 Sendern in 12 Ländern können Werbekunden bei der SevenOne Media und den nationalen Vermarktungsgesellschaften der ProSiebenSat.1 Group Werbezeiten belegen.

Neben der klassischen Vermarktung bündelt die SevenOne Media auch die gesamte Markt- und Programmforschung der ProSiebenSat.1 Group. Die verschiedenen Forschungsabteilungen untersuchen und bewerten fortlaufend Trends in den Zuschauer- und Werbemärkten.

So liefert die „Zuschauer- und Programmforschung" unter anderem tagesaktuell Marktanteilsdaten. Neben den täglichen Zuschauerquoten der ProSiebenSat.1-Sender werden u.a. auch Wettbewerbssender beobachtet, Zuschauerzielgruppen analysiert sowie umfangreiche Sendungstests durchgeführt.

Der Bereich der „Marktforschung" widmet sich der Werbeforschung, Forschung im Bereich der Neuen Medien sowie der klassischen Marktanalyse. Hierbei begleitet SevenOne Media unter anderem Kampagnen der Kunden und ermittelt ihre Werbewirkung anhand verschiedener Parameter wie Markenbekanntheit oder Werbeerinnerung. Darüber hinaus liefert die Werbeforschung langfristige Erkenntnisse zu Absatzwirkung von Fernsehwerbung. Zunehmend wichtiger wird hier auch der Bereich der Onlineforschung. Hierbei wird untersucht, wie Onlinewerbung, beispielsweise Display- oder Video-Advertising, wirken. Im Bereich Marktanalyse beobachtet SevenOne Media kontinuierlich verschiedene Branchen und deren Entwicklungen.

Alle aktuelle Publikationen und Studien können im Research-Portal der SevenOne Media kostenlos heruntergeladen werden.

Als einer der Mitbegründer veranstaltet SevenOne Media gemeinsam mit weiteren TV-Vermarktern den TV-Wirkungstag, den zentralen Forschungsevent der Fernsehbranche in Deutschland. Einmal im Jahr versammeln sich nationale und internationale Referenten, die das Medium TV und die zugehörige Wirkungsforschung in all seinen Facetten beleuchten. In den vergangenen Jahren strömen zunehmend mehr Besucher zur Veranstaltung und machen den TV-Wirkungstag damit zu einem renommierten Branchenevent. Auf der Gattungswebsite zum TV-Wirkungstag finden Nutzer ausgewählte Fallstudien sowie allgemeine Informationen zum Werbemedium TV und seinen Einsatzmöglichkeiten.

Als Mitveranstalter von best brands engagiert sich SevenOne Media zudem bei einem der führenden Marken-Awards, der jährlich Deutschlands erfolgreichste Marken auszeichnet. Ziel des Awards ist es, erfolgreiche und innovative Markenführung in Deutschland zu fördern und zukunftsweisenden Kommunikationslösungen ein starkes Forum zu bieten. Das Besondere: Bei best brands entscheidet nicht das Urteil einer Jury über die Gewinner, sondern der Verbraucher selbst. Als einziger Marketingpreis misst best brands auf Basis einer repräsentativen Studie der Gesellschaft für Konsumforschung (GfK) die Stärke einer Marke an zwei Kriterien: am tatsächlichen wirtschaftlichen Markterfolg sowie an der Attraktivität der Marke in der Wahrnehmung des Verbrauchers, die letztlich auch den zukünftigen Erfolg ausmacht. best brands wurde von SevenOne Media / ProSiebenSat.1 gemeinsam mit der Serviceplan Gruppe, der GfK Gruppe, der WirtschaftsWoche und dem Markenverband sowie der iq media marketing ins Leben gerufen.

## ProSiebenSat.1 Digital

ProSiebenSat.1 Digital verantwortet die interaktiven Produkte rund um die Sendermarken – von Online über Teletext bis zu mobilen Applikationen.

## ProSiebenSat.1 Games

Im Juni 2011 fokussierte ProSiebenSat.1 Media seine Tätigkeiten im Games-Bereich in der ProSiebenSat.1 Games GmbH. Darin verschmelzen die Sender-Gamesportale ProSieben Games und Sat1Spiele mit den zugekauften Free-to-play-Plattformen alaplaya und Browsergames.de. [20]

## SevenSenses

SevenSenses ist für Bezahlfernseh-, Video-on-Demand- und IPTV-Angebote der ProSiebenSat.1-Gruppe verantwortlich und gehört zum Geschäftsbereich Diversifikation. Dabei gingen am 1. Juni 2006 die beiden Bezahlfernsehsender „Sat.1 Comedy“ und „kabel eins classics“ auf Sendung. Mit maxdome startete die ProSiebenSat.1-Gruppe im zweiten Quartal 2006 in strategischer Kooperation mit der United Internet AG ein eigenes Video-on-Demand-Portal.

Ab Mai 2012 startet SevenSenses eine Neuausrichtung des Senders Sat.1 Comedy und die Umbenennung in Sat.1 Emotions. Durch die Neuausrichtung orientiert sich Sat.1 Emotions inhaltlich am Programm von Sat.1. Zeitgleich startet der neue Kanal Pro7 Fun, welcher sich am bisherigen Comedypart von Sat.1 Comedy übernimmt und auf das jüngere Publikum zugeschnitten sein soll. Pro7 Fun wird sich genau wie Sat.1 Emotions (Sat.1) und Kabeleins classics (kabel eins), an seinem Hauptprogramm Prosieben orientieren.

## ProSiebenSat.1 Licensing

Die ProSiebenSat.1 Licensing GmbH (ehemals SevenEntertainment GmbH bzw. MM MerchangsdisingMedia) wurde im Jahr 2003 gegründet und bündelt die Musik-, Lizenz-, Entertainment- und Commerce-Geschäfte der ProsiebenSat1 Media AG. Am 24. September 2012 wurde die SevenEntertainment GmbH in ProSiebenSat.1 Licensing GmbH umbenannt. Die SevenEntertainment GmbH erzielte in Jahren 2008 bis 2011 einen Jahresumsatz von ca. € 37 Mio. und beschäftigt 54 Mitarbeiter.[21]

## ProSiebenSat.1 Produktion

Die ProSiebenSat.1 Produktion ist das derzeit größte Tochterunternehmen und stellt als technischer Dienstleister z.B. das Produktionsumfeld, die Sendeabwicklung, Playout und die gesamte IT-Landschaft des Unternehmens zur Verfügung.

Die interne Kreativ-Agentur „Creative Solutions“, ehemals SevenSenses, ist für alle Promotion- und Designmaßnahmen der Sendergruppe verantwortlich. Sie hat ihren Sitz in München und Berlin und gehört zu den erfolgreichsten Fernseh-Kreativagenturen in der Branche, was zahlreiche Awards, bei z.B. der Promax (vergleichbar mit dem Oscar), bestätigen. Zuletzt entwickelten sie das neue plattformübergreifende Design für die Fußball-Bundesliga (DFL). Hier setzten sie sich in einem Agenturpitch gegen drei internationale Agenturen durch.

Die Aufgaben im IT-Umfeld umfassen neben der Betreuung der Rechenzentren in Berlin und München mit den Business-Applikationen auch das Hosting der Internetauftritte der Sender (u.a. prosieben.de, sat1.de, n24.de, kabeleins.de, sixx.de) und die gesamte Client-IT.

Im April 2008 schließt die ProSiebenSat.1 Media AG einen 10-jährigen Outsourcing-Vertrag mit IBM. Darin wird die Übernahme und der Betrieb der IT- und Broadcastingsysteme, sowie die Pflege und Erweiterung der Geschäftsanwendungen für die Sendergruppe vereinbart.

## Red Arrow Entertainment Group

Die Red Arrow Entertainment Group ist eine im Januar 2010 gegründete[22] Holding für die Bereiche Produktion, Programmvertrieb und Formatentwicklung.

## Starwatch Entertainment

Die Starwatch Entertainment GmbH ist ein 2005 gegründetes Unternehmen, welches sich auf die Bereiche Musik, Live-Entertainment und Künstlervermarktung spezialisiert hat.

## SevenVentures

Am 14. April 2011 gab die ProSiebenSat.1 Media AG die Gründung von SevenVentures [23] bekannt[24] . In der Gesellschaft werden vorrangig die Online-Investments von ProSiebenSat.1 Digital (ehemals SevenOne Intermedia) und das Media-for-Equity- und Media-for-Revenue-Share-Geschäft von Seven Entertainment (ehemals MM MerchadisingMedia) gebündelt. Nicht im portfolio befinden sich das Online-Frauen-Angebot fem.com/sixx.de und die Videoplattform MyVideo.de. Eine Übersicht über das aktuelle Portfolio der SevenVentures GmbH findet sich hier [25].

## fem Media

Im Juni 2008 erwarb die ProSiebenSat.1 Media die Feeem Media GmbH, die am 1. September 2008 umbenannt wurde in "fem Media GmbH". Die fem Media GmbH betreibt das Frauenportal fem.com, ein deutschsprachiges Online-Lifestyle-Portal für Frauen und das Dachportal des vertikalen Netzwerks fem., eines Verbunds aus circa 60 frauenaffinen Partner-Webseiten. Das am 1. Juli 2008 gestartete, tagesaktuelle Lifestyle-Magazin fem.com behandelt verschiedene frauenaffine Themen wie Prominenten-, Mode- und Schönheitsneuigkeiten, Astrologie, Gesundheit, Ernährung, die neuesten Reisetrends sowie Liebe, Sex und Partnerschaft. Seit seiner Gründung hat fem. rund 60 Partner gewonnen.[26] Des Weiteren gibt es seit 2010 fem auch in den Niederlanden.[27]

Am 2. September 2010 verkündete ProSiebenSat.1 Media die Umbenennung des Portals in *sixx*, der Name des frauenorientierten Senders von ProsiebenSat.1. Die Dachmarke fem bleibt jedoch als eigenständiges Portal erhalten. Mit der Umbenennung plant ProSiebenSat.1 Media die Bündelung der Angebote für die Frau auf den zentralen Namen sixx. Im Zuge dessen übernimmt die fem Media GmbH auch den Betrieb der Senderhomepage sixx.de.[28]

## MyVideo Broadband

Die ProSiebenSat.1 Media beteiligte sich im September 2006 mit zunächst 30 Prozent an der *MyVideo Broadband* (ehemals Videocamp S.R.L.) und erwarb im Juli 2007 die restlichen 70 %.Als Betreiber ist die rumänische Gesellschaft für die deutsche Video-Community MyVideo zuständig.

## wer-weiss-was

Am 22. August 2007 gab die ProSiebenSat.1 Media den Erwerb der Mehrheitsbeteiligung an der Ratgeberplattform wer-weiss-was bekannt. Mit der Entwickler- und Betreibergesellschaft *epublica GmbH* wurde die neue *wer-weiss-was GmbH* gegründet, die nun vollständig für die Ratgeberplattform zuständig ist. Mittlerweile gehört die *wer-weiss-was GmbH* zu 100 % der ProSiebenSat.1 Media AG.

## ProsiebenSat.1 TV Deutschland

Die **ProSiebenSat1 TV Deutschland GmbH**[29] ist eine im Jahr 2008 gegründete Holding der ProSiebenSat.1 Media.

Im Jahr 2009 gliederte die ProsiebenSat.1 Media AG, schließlich ihre deutschen Sender in die ProSiebenSat.1 TV Deutschland GmbH (bis 2010 German Free TV Holding GmbH) aus. Die Sender ProSieben, Sat.1, Kabeleins, N24 (bis 2010) agieren seit dem unter dem Dach der neuen Holdinggesellschaft. Ein Jahr nach der Ausgliederung der Sender, gab die ProSiebenSat1 Media AG bekannt, sich vom Nachrichtensender N24 zu trennen. Als Grund gab die Führung des Konzerns die andauernden Verluste, welche jährlich eingefahren wurden. Durch ein Management Buyout, konnte Dr. Thorsten Rossmann zusammen mit mehreren Partnern (u.a. mit Stefan Aust) den Sender aus dem Konzern herauslösen und auf die N24 Media GmbH übertragen. Zusätzlich schlossen beide Parteien, einen langfristigen Produktionsvertrag für die deutschen Nachrichtenformate, dass Sat.1 Frühstücksfernsehen, sowie für Sat.1 - Das Magazin ab. Sat.1 - das Magazin, wurde zwischenzeitlich abgesetzt, um es konzeptionell zu überarbeiten. Ende Mai 2012 startet das Magazin einen zweiten Anlauf, mit dem push - das Sat.1 Magazin [30] Obwohl der Sender 9live auch ein deutscher Sender war (bis zu seiner Auflösung), gehörte er nie zur Holding. 9live wurde in das Geschäftsfeld Diversifikation eingeordnet und somit nicht als klassischer TV Sender. [31] . Geführt wurde das Unternehmen bis März 2012 von Andreas Bartl, dem vorigen Geschäftsführer von ProSieben und Kabeleins. Ihm folgte Jürgen Hörner, der aktuell Geschäftsführer des Senders ProSieben ist.

#### ProSiebenSat.1 Erste Verwaltungsgesellschaft

Im Auftritt nach außen, gehört der Sender sixx auch zur Holding, rechtlich gesehen wird der Sender sixx von der "ProSiebenSat.1 Erste Verwaltungsgesellschaft mbH" betrieben und nicht wie kommuniziert, von der sixx GmbH. Derzeit besitzt das Unternehmen noch vier weitere Sendelizenzen für Spartenprogramme, welche für den Zeitraum vom 5. Februar 2009 bis zum 4. Februar 2016, durch die Medienanstalt Berlin-Brandenburg vergeben wurden. Die Arbeitstitel der Sender lauten momentan: [32]

- ProSiebenSat.1 Facts
- ProSiebenSat.1 Family
- ProSiebenSat.1 Favorites
- ProSiebenSat.1 Fiction

## Deutschsprachige Tochterunternehmen – Free-TV- und Bezahlfernsehsender

| Deutschland | Österreich | Schweiz | USA, Kanada und Frankreich |
|---|---|---|---|
| **Free-TV** | | | |
| • kabel eins<br>• ProSieben<br>• SAT.1<br>• Sat.1 Gold (startet am 17. Januar 2013)<br>• sixx | • kabel eins austria<br>• ProSieben Austria<br>• Puls 4<br>• SAT.1 Österreich<br>• sixx Austria | • ProSieben Schweiz<br>• SAT.1 Schweiz<br>• kabel eins Schweiz | |
| **Bezahlfernsehen** | | | |
| • kabel eins CLASSICS<br>• Sat.1 emotions (vorher Sat.1 Comedy)<br>• ProSieben Fun<br>• Deutsches Wetter Fernsehen | | | • ProSiebenSat.1 Welt |

## Europäische Tochterunternehmen – Free- und Hörfunksender

| Dänemark | Finnland | Moldawien | Norwegen | Rumänien | Schweden | Ungarn |
|---|---|---|---|---|---|---|
| | | | Free-TV | | | |
| • Kanal 4<br>• Kanal 5<br>• The Voice TV<br>• 6'eren | • Kutonen<br>• TV Viisi | | • FEM<br>• MAX<br>• TV Norge<br>• The Voice TV<br>• VOX | • Prima TV<br>• Kiss TV | • Kanal 5<br>• Kanal 9 | • TV2<br>• FEM3<br>• PRO4<br>• Super TV2 |
| | | | Hörfunk | | | |
| • The Voice<br>• Nova fm<br>• Pop FM<br>• Easy FM | • Radio 957<br>• Iskelma Radio<br>• Radio Sata<br>• Radio Jyväskylä<br>• The Voice<br>• Radio Mega | • Kiss FM | • The Voice Hiphop & RnB Norway<br>• Radio 1<br>• Radio Norge | • Magic FM<br>• Kiss FM<br>• One FM | • Mix Megapol<br>• Mix Megapol Göteborg 107,3<br>• Mix Megapol Malmö 107,0<br>• 106.7 FM Rockklassiker<br>• Vinyl 107<br>• The Voice Hiphop & RnB<br>• Radio 107,5 | |

## Ehemalige-Free-TV- , Bezahl-, Transaktions-Fernsehsender und Hörfunksender

| Deutschland | Österreich | Belgien | Bulgarien | Dänemark | Finnland | Griechenland | Niederlande | Norwegen | Schweden |
|---|---|---|---|---|---|---|---|---|---|
| | | | | Free-TV | | | | | |
| • 9Live (bis 9. August 2011)<br>• N24 (bis 15. Juni 2010)<br>• sonnenklar.TV<br>• H.O.T.- Home Order Television | • Austria 9 (von April bis 3. Juli 2012) | • VT4<br>• VIJF tv | • The Voice TV | | • The Voice | | • NET 5<br>• SBS 6<br>• Veronica TV | | • The Voice TV |
| | | | | Bezahlfernsehen | | | | | |

| • Sat.1 Comedy | | | | C More Entertainment (Dänemark)<br>• Canal+ First<br>• Canal+ Hits<br>• Canal+ Sport1<br>• Canal+ Sport2<br>• Canal+ Drama<br>• Canal+ Comedy<br>• Canal+ Action<br>• Canal+ Film HD | C More Entertainment (Finnland)<br>• Canal+ First<br>• Canal+ Hits<br>• Canal+ Sport1<br>• Canal+ Sport2<br>• Canal+ Drama<br>• Canal+ Comedy<br>• Canal+ Action<br>• Canal+ Film HD | | | C More Entertainment (Norwegen)<br>• Canal+ First<br>• Canal+ Hits<br>• Canal+ Sport1<br>• Canal+ Sport2<br>• Canal+ Drama<br>• Canal+ Comedy<br>• Canal+ Action<br>• Canal+ Film HD | C More Entertainment (Schweden)<br>• Canal+ First<br>• Canal+ Hits<br>• Canal+ Sport1<br>• Canal+ Sport2<br>• Canal+ Drama<br>• Canal+ Comedy<br>• Canal+ Action<br>• Canal+ Film HD |
|---|---|---|---|---|---|---|---|---|---|
| **Hörfunksender** | | | | | | | | | |
| | | | • Atlantic<br>• Vitosha<br>• Veselina<br>• The Voice | | | • Lampsi FM 92,3<br>• Lampsi FM 89,4 | | | |

# Beteiligungen

## Lokalisten media

Mitte Oktober 2006 erwarb die ProSiebenSat.1 Media AG eine 30-prozentige Beteiligung an der *Lokalisten media GmbH*. Die Gesellschaft betreibt die Online-Community Lokalisten.de. Ende Mai 2008 wurde die Beteiligung auf 90 Prozent aufgestockt.

## meetOne GmbH

Am 3.November 2011 beteiligte sich die ProSiebenSat.1 Media AG, über ihre Tochter SevenVentures, mit 29% an der meetOne GmbH. [33]

## apomio GmbH

Im Oktober 2012 beteiligte sich die ProSiebenSat.1 Media AG, über ihre Tochter SevenVentures, mit 19,9% und einer Option auf die Mehrheit an der apomio GmbH [34]. Weitere Informationen dazu finden sich in der Präsentation zum Quartalsbericht 3/12 der ProSiebenSat.1 Media AG [35] vom 8. November 2012 auf Seite 60. (englischsprachige Präsentation)

# Siehe auch

- maxdome – Video-on-Demand-Portal von ProSiebenSat.1 Media

## Weblinks

- Offizielle Website [36]
- SBS Radio (en) [37]
- Konzernportrait auf mediadb.eu [38]
- Beteiligungen der ProSiebenSat.1 Media AG [39], Website der Kommission zur Ermittlung der Konzentration im Medienbereich (KEK). Als Organigramm [40] (Stand: 7/2007, PDF-Format)
- In Europa entsteht ein neuer Fernsehriese (nicht mehr online verfügbar)
- SevenVentures offizielle Website [23] und Übersicht der aktuellen Beteiligungen SevenVentures Portfolio [25]

## Einzelnachweise


[1] ProSiebenSat.1 Media AG: *Geschäftsbericht 2011.* (http://www.prosiebensat1.de/media/3451608/dt_p7s1_gb_2011.pdf) Abgerufen am 17. Dezember 2012 (PDF).

[2] http://www.prosiebensat1.de/

[3] ftd.de Führungschaos bei Pro Sieben Sat 1 (http://www.ftd.de/technik/medien_internet/:Rücktritt De Posch Führungschaos Pro Sieben Sat/373968.html)

[4] (http://www.stern.de/wirtschaft/news/prosiebensat1-das-ende-naht-543939.html) *stern.de, aufgerufen am 22. November 2012*

[5] http://www.heise.de/tp/r4/artikel/21/21576/1.html

[6] tagesschau.de Mediaset erwägt Übernahme von ProSiebenSat.1 (nicht mehr online verfügbar)

[7] welt.de Der Verkauf von ProSiebenSat.1 - Ich bin dann mal weg (http://www.welt.de/print-welt/article702711/Ich_bin_dann_mal_weg.html)

[8] welt.de Der Fusionspartner: SBS-Medien (http://www.welt.de/print-welt/article702710/Der_Fusionspartner_SBS_Medien.html)

[9] ProSiebenSat.1: Übernahme von SBS ist perfekt (http://www.finanznachrichten.de/nachrichten-2007-07/8538652-prosiebensat-1-uebernahme-von-sbs-ist-perfekt-016.htm)

[10] „ProSiebenSat1 baut 180 Stellen ab“ (http://de.news.yahoo.com/dpa/20070717/ten-prosiebensat1-baut-180-stellen-ab-54fee95.html) (dpa-Meldung vom 16. Juli 2007)

[11] DWDL: Springer steigt vollständig bei ProSiebenSat.1 aus (http://www.dwdl.de/article/news_13772,00.html)

[12] http://www.prosiebensat1.com/investor_relations/meldungen/meldung/index.php?method=pmview&pmid=24238&plattform=prosiebensat1mediaag

[13] DWDL.de Holländer steigen groß bei ProSiebenSat.1 ein (http://www.dwdl.de/story/11121/hollnder_steigen_gro_bei_prosiebensat1_ein)/

[14] DWDL.de Niederländer verzichten auf Einstieg bei ProSiebenSat.1 (http://www.dwdl.de/story/16230/niederlnder_verzichten_auf_einstieg_bei_prosiebensat1/)

[15] Digitalfernsehen.de Telegraaf Media Groep neuer Großaktionär bei ProSiebenSat.1 (http://www.digitalfernsehen.de/news/news_382907.html)

[16] ProSiebenSat.1 will neue Geschäftsfelder erobern, *28. Oktober 2009 , unter heise.de* (http://www.heise.de/newsticker/meldung/ProSiebenSat-1-will-neue-Geschaeftsfelder-erobern-843949.html).

[17] *Werbeflaute belastet Springer und Pro Sieben*, 6. August 2009, unter handelsblatt.com (http://www.handelsblatt.com/unternehmen/it-medien/werbeflaute-belastet-springer-und-pro-sieben;2441485;2).

[18] DWDL: Rückzug aus den Niederlanden und Belgien - ProSiebenSat.1 verkauft Aktivitäten (http://www.dwdl.de/nachrichten/30979/milliardendeal_prosiebensat1_verkauft_aktivitten/)

[19] Pressemitteilung der P7S1 Group zum Verkauf des Nordeuropa Geschäfts (http://www.prosiebensat1.de/de/presse/pressemeldungen/presse-lounge/prosiebensat1-media-ag/2012/12/prosiebensat1-verkauft-fernseh-und-radio-aktivitaeten-in-nordeuropa-an-discovery-communications/)

[20] http://prosiebensat1.com/de/presse/pressemeldungen/presse-lounge/prosiebensat1-media-ag/2011/6/prosiebensat1-erwirbt-fuehrende-games-anbieter

[21] SevenEntertainment GmbH, HR-Nr. HRB 128169, AG München. Angaben von Umsatz und Mitarbeiterzahl nach Hoppenstedt, Firmenprofile Deutschland, Dokument-Nr.: 325668028.

[22] DWDL.de - P7S1 bündelt Produktions-Aktivitäten bei Red Arrow (http://www.dwdl.de/story/24347/p7s1_bndelt_produktionsaktivitten_bei_red_arrow/)

[23] http://www.sevenventures.de

[24] ProSiebenSat.1 gründet Tochterfirma SevenVentures, *14. April 2011 prosiebensat1.de* (http://www.prosiebensat1.de/de/presse/pressemeldungen/presse-lounge/merchandisingmedia/2011/4/prosiebensat1-gruendet-tochterfirma-seven-ventures-29388).

[25] http://www.sevenventures.de/de/portfolio/portfolio66

[26] http://www.fem-media.com/ueber-fem/historie.html

[27] http://fem-netherlands.com/

[28] ProSiebenSat.1: Online-Netzwerk Fem wird zu Sixx (http://www.dwdl.de/story/27696/prosiebensat1_onlinenetzwerk_fem_wird_zu_sixx/), aufgerufen am 2. September 2010
[29] Informationen auf der Konzern Homepage (http://www.prosiebensat1.de/de/aktivitaeten/deutschland/prosiebensat1-tv-deutschland-gmbh?deeplinkBrandFilterType=country/)
[30] Artikel auf dwdl.de zu push - das Sat.1 Magazin (http://www.dwdl.de/meinungen/36133/push_oder_die_vielen_gesichter_der_annika_kipp/)
[31] KEK-Online zur ProSiebenSat.1 TV Deutschland GmbH (http://www.kek-online.de/db/index.php?c=2888&mt=1,2,3&s=&f=1)
[32] KEK-Online zur ProSiebenSat.1 Erste Verwaltungsgesellschaft mbH (http://www.kek-online.de/db/sender/?view=media-details&id=583&style=kek/)
[33] Pressemitteilung zur Beteiligung an meetOne (http://www.prosiebensat1.de/de/presse/pressemeldungen/presse-lounge/prosiebensat1-media-ag/2011/11/prosiebensat1-erweitert-digital-portfolio-beteiligung-an-social-discovery-netzwerk-meetone/)
[34] http://www.apomio.de
[35] http://www.prosiebensat1.com/media/3600898/q3_2012_final.pdf
[36] http://www.prosiebensat1.de
[37] http://www.sbsradio.com/en/index.php
[38] http://www.mediadb.eu/datenbanken/deutsche-medienkonzerne/prosiebensat1.html
[39] http://www.kek-online.de/db/index.php?c=132&f=0
[40] http://www.kek-online.de/kek/medien/beteiligung/13prosiebensat1.pdf

# Der_Spiegel

| DER SPIEGEL | |
|---|---|
| DER SPIEGEL | |
| **Beschreibung** | Nachrichtenmagazin |
| **Sprache** | Deutsch |
| **Verlag** | SPIEGEL-Verlag Rudolf Augstein GmbH & Co. KG (Deutschland) |
| **Erstausgabe** | 4. Januar 1947 |
| **Erscheinungsweise** | wöchentlich/montags |
| **Reichweite** (MA 2012 I) | 6,33 Mio. Leser |
| **Chefredakteur** | Georg Mascolo |
| **Herausgeber** | Rudolf Augstein (1923–2002) |
| **Weblink** | www.spiegel.de [1] |
| **Artikelarchiv** | 1947 ff. [2] |
| **ISSN** | 0038-7452 [3] |

**Der Spiegel** (Eigenschreibweise: *DER SPIEGEL*) ist ein deutsches Nachrichtenmagazin, das im *Spiegel-Verlag* in Hamburg erscheint und weltweit vertrieben wird. *Der Spiegel* hat mit einer verkauften Auflage von Exemplaren[4] die höchste Auflage der wöchentlichen Nachrichtenmagazine Deutschlands und ist zugleich das auflagenstärkste in Europa.[5] Aufgrund seines Einflusses auf die öffentliche Meinungsbildung wird *Der Spiegel* oft als ein Leitmedium bezeichnet.[6] [7] In der bundesdeutschen Pressegeschichte nehmen *Der Spiegel* und sein Gründer Rudolf Augstein eine zentrale Rolle ein.[8] Das 1947 gegründete Blatt erlangte seine Bedeutung im Kampf für die Pressefreiheit (siehe *Spiegel-Affäre*) und durch die Enthüllung zahlreicher politischer Affären.

*Der Spiegel* erscheint offiziell jeweils montags, ist vielerorts aber schon am Sonntag erhältlich (online sonntags ab 8 Uhr); an Feiertagen wird der Erscheinungstag in der Regel auf Samstag vorgezogen. Der Einzelheftpreis in Deutschland beträgt 4,20 €. Die Redaktion des Spiegel kooperiert mit *Spiegel Online*, einer der reichweitenstärksten deutschsprachigen Nachrichtenwebsites, die ebenfalls zum Spiegel-Verlag gehört, aber redaktionell und unternehmerisch vom Magazin getrennt ist.[9] [10]

# Geschichte

## Ursprünge

Bereits vor dem Ersten Weltkrieg wurde von Lion Feuchtwanger in München eine Zeitschrift unter dem Namen *Der Spiegel* herausgegeben, die im November 1908 mit Siegfried Jacobsohns *Schaubühne* fusionierte, die allerdings nicht in Verbindung mit dem heutigen Nachrichtenmagazin *Der Spiegel* steht.

Neubau auf der Ericus, bezogen September 2011

Die erste Ausgabe des Nachkriegs-Spiegels erschien am 4. Januar 1947, einem Samstag, in Hannover. Unter dem Titel *Diese Woche* war bereits seit November 1946 in Hannover ein Vorläufer erschienen, der amerikanischen und britischen *news magazines* nachempfunden war und zunächst unter der Ägide der britischen Militärverwaltung stand. Die drei verantwortlichen Presseoffiziere waren John Seymour Chaloner, Henry Ormond und Harry Bohrer, letzterer als kommissarischer Chefredakteur. Mit der siebten Ausgabe wurde das Blatt in deutsche Hände übergeben.

Ehemalige Gebäude der *Spiegel-Gruppe* in Hamburg. Links das 1969 gebaute Redaktionsgebäude, rechts das 1996 von IBM übernommene sogenannte Verlagsgebäude

Rudolf Augstein, der bei *Diese Woche* das Deutschland-Referat geleitet hatte, erhielt die Verlegerlizenz und übernahm das Magazin, das er alsbald *Der Spiegel* nannte, als Herausgeber und Chefredakteur. Die erste Ausgabe erschien im Januar 1947, wurde im hannoverschen Anzeiger-Hochhaus erstellt und erreichte eine Auflage von 15.000 Exemplaren – die Papierrationierungen der Briten verhinderten zunächst höhere Auflagen.

1949 beschloss die Redaktion das *Spiegel-Statut*:

> „Alle im *Spiegel* verarbeiteten und verzeichneten Nachrichten, Informationen, Tatsachen müssen unbedingt zutreffen. Jede Nachricht und jede Tatsache ist [...] peinlichst genau nachzuprüfen."

Zur Verwirklichung dieses Anspruchs sollte das *Spiegel-Archiv* dienen, das später über Deutschland hinaus bekannt wurde und mit über 80 Mitarbeitern als weltweit größte Dokumentations- und Rechercheabteilung eines Nachrichtenmagazins gilt.[11]

## 1950er Jahre

1950 deckte *Der Spiegel* auf, dass Bundestagsabgeordnete bei der Wahl der Bundeshauptstadt bestochen worden waren, damit sie für Bonn statt Frankfurt am Main stimmten. Augstein wurde im so genannten *Spiegel-Ausschuss* als Zeuge vernommen, gab jedoch die Quellen für die Geschichte nicht preis und berief sich auf die journalistische Schweigepflicht.

1952 folgte die *Schmeißer-Affäre*. Hans-Konrad Schmeißer, ehemaliger Agent im französischen Geheimdienst, hatte behauptet, Bundeskanzler Adenauer, Ministerialdirektor Blankenhorn und Generalkonsul Reifferscheid seien für den französischen Geheimdienst tätig gewesen und hätten einen französischen Agenten mit geheimen Nachrichten versorgt.[12] 1958 begann im *Spiegel* die Debatte um die Notstandsgesetze, aus denen später (1960, 1963, 1965) verschiedene Gesetzesentwürfe des Innenministers Gerhard Schröder wurden.

Schon in seiner Anfangszeit erlangte *Der Spiegel* große Bedeutung. Die Auflage stieg massiv: 1961 betrug sie 437.000 Exemplare. Mit dem wirtschaftlichen Erfolg stiegen auch die publizistische Macht und der politische Einfluss.

## Spiegel-Affäre

Am 10. Oktober 1962 erschien im *Spiegel* der Artikel *Bedingt abwehrbereit*, in dem der verantwortliche Redakteur Conrad Ahlers interne Dokumente der Bundeswehr zitierte und zu dem Schluss kam, die NATO und die Bundesrepublik könnten einem sowjetischen Angriff nicht standhalten.[13] Am 26. Oktober 1962 wurden das *Spiegel*-Verlagsgebäude in Hamburg und die Redaktion in Bonn durchsucht. Es wurden Haftbefehle mit dem Vorwurf auf Verdacht des Landesverrats, landesverräterischer Fälschung und aktiver Bestechung ausgestellt. Bundesverteidigungsminister Franz Josef Strauß ließ *Spiegel*-Redakteur Conrad Ahlers in Spanien mit falschen Behauptungen durch die Polizei verhaften und nach Deutschland transferieren. Zwei Tage später stellte sich Rudolf Augstein der Polizei und wurde in Untersuchungshaft genommen. Weite Teile der Öffentlichkeit solidarisierten sich mit dem Nachrichtenmagazin, Studenten gingen für Augstein auf die Straße. Bundeskanzler Konrad Adenauer sagte im Bundestag unter heftigem Protest aus den Reihen der SPD und auch der FDP und unter Beifall der CDU, beim *Spiegel* habe sich ein „Abgrund von Landesverrat" geöffnet. Nach 103 Tagen wurde Rudolf Augstein aus der Haft entlassen. 1963 sagte Strauß über das Blatt:

> „Sie sind die Gestapo im Deutschland unserer Tage. Sie führen Tausende persönliche Akten. Wenn ich an die Nazi-Vergangenheit von Deutschland denke - fast jeder hat irgend etwas zu vertuschen, und das ermöglicht Erpressung [...] Ich war gezwungen, gegen Sie zu handeln."[14]

Am 13. Mai 1965 lehnte der Bundesgerichtshof aus Mangel an Beweisen die Eröffnung des Hauptverfahrens gegen Ahlers und Augstein ab.[15] Strauß musste im Anschluss an die Affäre zurücktreten. Er hatte derart vielfältig deutsches und internationales Recht gebrochen, insbesondere bei der Veranlassung der Verhaftung von Conrad Ahlers in Spanien, dass er politisch nicht zu halten war. Bundeskanzler Adenauer überstand die Affäre trotz seines „Abgrundes an Landesverrat" verhältnismäßig unbeschädigt, insbesondere auch deshalb, weil sein Verteidigungsminister ihn in erheblichem Umfang falsch informiert hatte und der Bundeskanzler sich darauf berief, er hätte seinem eigenen Minister wohl kaum misstrauen müssen.

Die sogenannte *Spiegel-Affäre* führte dazu, dass weite Kreise, im Besonderen Angehörige der jungen Generation und der kritischen Intelligenz, sich für das Wochenmagazin als Garant der Meinungsfreiheit engagierten, und begründete den Mythos des Blattes.

## Weitere Entwicklung der 1960er Jahre

1966 übte Karl Jaspers in seinem Buch *Wohin treibt die Bundesrepublik* scharfe Kritik an den Notstandsgesetzen, die der Bevölkerung im Falle eines *äußeren Notstandes* keine Wahl ließen, sich Gewalt und Macht zu verweigern. Ein *innerer Notstand* könne überhaupt nicht eintreten, weil das dem Gedanken eines demokratischen Staats zuwiderlaufe: „Das Notstandsgesetz raubt dem Volk die ihm verbliebenen legitimen, dann aber nicht mehr legalen Mittel des Widerstands." Am 5. August 1966 scheiterte eine Verfassungsbeschwerde des *Spiegels* vor dem Bundesverfassungsgericht. 1968 wurden die Notstandsgesetze Teil des Grundgesetzes. 1969 betrug die *Spiegel*-Auflage 953.000 verkaufte Exemplare.

## 1970er Jahre

*Der Spiegel* hatte Anfang der 1970er Jahre knapp 900 Beschäftigte, davon rund 400 in der Redaktion, 100 in der Dokumentation sowie knapp 400 in den kaufmännischen und technischen Abteilungen. 1970 wurde das *Manager Magazin* gegründet, das von einer Tochtergesellschaft der *Spiegel-Gruppe* herausgegeben wird. 1971/72 wurde ein Mitbestimmungsmodell und mehr Demokratie innerhalb der Redaktion beschlossen; außerdem eine Gewinnbeteiligung. Einnahmen aus Anzeigen sanken. 1971 betrug die Anzahl der Leser rund sechs Millionen – das entsprach rund zwölf Prozent aller in der Bundesrepublik lebenden Menschen über 14 Jahre. Der Anteil der Auslandsauflage an der Gesamtauflage betrug 10 bis 15 Prozent – *Der Spiegel* ist seitdem eine Publikation mit intensiver Rezeption im Ausland. Die Auflage betrug 923.000 verkaufte Exemplare.

1974 nannte Willy Brandt den *Spiegel* ein „Scheißblatt". 1975 wurden *Spiegel*-Korrespondenten aus der DDR wegen „böswilliger Verletzung ihrer Rechtsvorschriften" ausgewiesen. Im Januar 1978 schloss die DDR die *Spiegel*-Büros in der DDR unter anderem das in Ost-Berlin - nach einer kritischen Berichterstattung über Zwangsadoptionen und der Veröffentlichung des zweiten Teils des Manifests des Bundes Demokratischer Kommunisten Deutschlands, eines Dokuments einer angeblichen Opposition innerhalb der SED. Die DDR wertete diese Veröffentlichungen als Einmischung in die inneren Angelegenheiten der DDR.[16]

*Der Spiegel* publizierte auch Vorabdrucke von und über den Dissidenten Rudolf Bahro, *Die Alternative* (EVA) und *Elemente einer neuen Politik* (Olle & Wolter), *Antworten auf Bahro* (Olle & Wolter) und machte damit seinen systemkritischen Ansatz einem größeren Publikum bekannt.

## 1980er Jahre

*Der Spiegel* deckte diverse deutsche Staats- und Wirtschaftsaffären auf, zum Beispiel 1982 die *Flick-* und *Neue-Heimat-Affäre* und 1987 die *Barschel-Affäre*. Die Behandlung der *Barschel-Affäre* durch den *Spiegel* ist nicht unumstritten.[17] 1988 deckte er die *co-op-Affäre* auf. 1989 äußerte sich Erich Honecker über den *Spiegel*: „Ja, *Der Spiegel* ist ein gutes Blatt, les' ich jeden Montag".

1990 überschritt *Der Spiegel* mit 1.050.000 verkauften Exemplaren erstmals die Millionengrenze. 1992 sagte Antje Vollmer: „Am Ende der Ära Augstein hat *Der Spiegel* an Bedeutung verloren und an Macht gewonnen".

## Frühe 1990er Jahre

Am 18. Januar 1993 erschien die erste Ausgabe des *Focus*, nach Aussage des Chefredakteurs Helmut Markwort als „Konkurrenz-, nicht Gegenmedium zum *Spiegel*". Danach kam es zu deutlich wahrnehmbaren Veränderungen. *Focus* wurde bewusst als Gegenpol und Alternative zum *Spiegel* konzipiert; nachweisbar ist das insbesondere an der politischen Linie und dem vergleichsweise schonenden Umgang mit den Anzeigenkunden. Uli Baur, neben Markwort Chefredakteur des *Focus*, fasste die redaktionelle Linie des *Focus* unter Bezugnahme auf das bekannte Augstein-Zitat („[...] im Zweifelsfalle links") deutlich zusammen: „Wenn *Der Spiegel* im Zweifel links ist, sind wir im Zweifel rechts."

*Der Spiegel* erlitt ein Auflagenminus von mehr als zehn Prozent und einen Rückgang der verkauften Anzeigenseiten um mehr als zwölf Prozent. 1995 lag die Anzahl der Leser bei über sieben Millionen. Es entstanden *Spiegel TV* und *Spiegel Special*, die ein Fünftel des *Spiegel*-Umsatzes von 542 Millionen D-Mark (1996) generierten. *Der Spiegel* war im ersten Halbjahr 1996 „die deutsche Zeitschrift mit den höchsten Einnahmen aus Vertrieb und Anzeigen." Erzielt wurden Bruttoeinnahmen von 330,7 Millionen D-Mark, das war knapp eine Million mehr als der *Stern* (Platz 2) erzielen konnte und lag noch vor *Bild am Sonntag* (Platz 3) und *Focus*. Im Januar 1997 feierte *Der Spiegel* 50. Geburtstag. Bis dahin waren 2.649 Ausgaben erschienen. Man aktualisierte das Layout, das seitdem durchgehend farbig ist.

## Ära Stefan Aust

*Spiegel*-Interview in Berlin mit der damaligen US-Außenministerin Condoleezza Rice

Ab Ende der 1990er Jahre, unter dem Chefredakteur Stefan Aust und möglicherweise auch unter dem Eindruck der Konkurrenz, wurde von Beobachtern eine Hinwendung des *Spiegels* zu liberalen Standpunkten verzeichnet. Als mit der Bundestagswahl 1998 Helmut Kohl abgewählt wurde, kam es zur ersten rot-grünen Koalition auf Bundesebene. Vieles in Politik und Gesellschaft änderte sich. Das Internet gewann an Bedeutung und die Dotcom-Blase bildete sich. Kritiker hielten dem *Spiegel* vor, boulevardesker geworden zu sein und an analytischer Tiefe verloren zu haben. Die Artikel wurden aber nicht kürzer oder weniger aktuell. Im Vorfeld der Bundestagswahl 2005 wurde dem Blatt „Wahlhilfe" für das bürgerliche Lager um Angela Merkel attestiert. Auf die Frage, mit welcher Partei sie sympathisieren, antworteten 2005 die befragten *Spiegel*-Leser zu 36 Prozent CDU/CSU, zu 28 Prozent SPD, zu 18 Prozent Die Grünen, zu 7 Prozent FDP und zu 5 Prozent Linkspartei.PDS.[18]

Laut einer Umfrage unter 1536 deutschen Journalisten im Frühjahr 2005 soll sich der Einfluss des Magazins verringert haben. 33,8 Prozent der Befragten bezeichneten den *Spiegel* weiterhin als ihr Leitmedium, während für die *Süddeutsche Zeitung* 34,6 Prozent votierten. 1993 hatten noch zwei Drittel der befragten Journalisten für den *Spiegel* als Leitmedium gestimmt.

Seit 1996 veranstaltet das Magazin den jährlichen *Spiegel-Wettbewerb* für Schülerzeitungen.

Im Jahr 2002 wurde der *Spiegel-Shop* gegründet, dessen Geschäftszweck die Vermarktung von Nebenprodukten des *Spiegel*-Verlags und weiterer Medien ist.

Seit dem 24. Oktober 2002 gibt es den *Spiegel* auch als digitale Ausgabe im *Portable Document Format*.

Am 7. November 2002 starb Herausgeber Rudolf Augstein. Er wird auch posthum als offizieller Herausgeber genannt.

Am 6. August 2004 verkündete der Verlag, gemeinsam mit der Axel Springer AG, zur traditionellen deutschen Rechtschreibung zurückkehren zu wollen.[19] Dieses Vorhaben wurde aber nicht umgesetzt; am 2. Januar 2006 wurde die reformierte Rechtschreibung entsprechend den Empfehlungen des Rates für deutsche Rechtschreibung weitgehend übernommen.

Am 25. Juni 2007 erschien *Der Spiegel* in der Schweiz testweise und vorerst einmalig mit einer eingehefteten Split-Beilage.

## Gegenwart

Am 5. Februar 2008 endete die Ära Aust. Ihm folgten Mathias Müller von Blumencron, bis Ende Mai 2008 Chef von Spiegel Online, und Georg Mascolo, Leiter des Hauptstadtbüros. Austs Vertrag lief bis zum 31. Dezember 2008; die Gesellschafter beurlaubten Aust und verlängerten seinen Vertrag nicht.[20]

Mit Spiegel Wissen startete der Verlag im Februar 2008 in Kooperation mit der Wissen Media Group eine Internetplattform, die Inhalte des Nachrichtenmagazins *Der Spiegel*, von Spiegel Online, der Wikipedia und Bertelsmann-Lexika und -Wörterbücher zusammenfasste. Dort wurden außerdem kostenlos fast alle seit 1947 veröffentlichten *Spiegel*-Artikel bis auf jene der beiden aktuellen Ausgaben angeboten.[21] Seit 2009 wurde der Großteil des Angebots von Spiegel Wissen, insbesondere das Heftarchiv, in den Auftritt von Spiegel Online integriert.

*Der Spiegel* unterhält eine Kooperation mit der niederländischen politischen Wochenzeitschrift *HP/De Tijd*, letztere übernimmt Reportagen des Magazins.

Mit *Dein SPIEGEL – Die Welt verstehen* startete der Verlag im September 2009 ein Kindermagazin.

Mit dem Portal *Legal Tribune Online* startete der Verlag 2010 eine Kooperation mit *Wolters Kluwer Deutschland GmbH* zur Publikation von Stellungnahmen renommierter Autoren zu aktuellen Rechtsfragen.

Im Februar 2011 wurden die Zuständigkeiten innerhalb der doppelköpfigen Chefredaktion neu verteilt: Mascolo übernahm die Alleinverantwortung für das Nachrichtenmagazin *Der Spiegel* und Blumencron die Verantwortung aller digitalen Aktivitäten, einschließlich von *Spiegel Online*.[22]

Laut dem im Januar 2012 veröffentlichten jährlichen „Zitate-Ranking" von *PMG Presse-Monitor* war *Der Spiegel* (wie auch bereits im Vorjahr)[23] unter 130 deutschen und internationalen Medien das meistzitierte Medium Deutschlands.[24]

Nach der im März 2012 veröffentlichten Studie „Medienmarken als Arbeitgeber 2012" der Fachzeitung *Horizont* gilt *Der Spiegel* unter den Beschäftigten der Medienbranche als bester Arbeitgeber unter allen deutschen Zeitschriften und Zeitungen.[25]

# Kritik

## Vorwurf der Demokratiegefährdung

1956/57, rund zehn Jahre nach der Gründung des *Spiegels*, verfasste Hans Magnus Enzensberger eine kritische Analyse über *Die Sprache des Spiegel*, in der er eine Reihe von Thesen aufstellte:[26] *Das deutsche Nachrichtenmagazin* sei im Grunde kein Nachrichtenmagazin, da es seinen Informationsgehalt in die Form von „Storys" kleide, *Der Spiegel* übe nicht Kritik, sondern deren Surrogat, der Leser des Spiegels werde nicht orientiert, sondern desorientiert. Diese kritische Einstellung revidierte Enzensberger auch nach der *Spiegel-Affäre* nicht; er sah das Magazin weiterhin als latente Gefahr für die deutsche Demokratie. Dennoch hatte er in den 1950er Jahren betont, *Der Spiegel* sei unentbehrlich, solange es in der Bundesrepublik kein kritisches Organ gebe, das ihn ersetzen könne.

## Sprachlicher Stil

Der Journalist und Schriftsteller Erich Kuby veröffentlichte 1987 anlässlich des 40-jährigen Bestehens eine kritische Analyse des Nachrichtenmagazins unter dem Titel *Der Spiegel im Spiegel*. Wolf Schneider nennt das Magazin „den obersten Verhunzer der deutschen Sprache“.[27] [28] Als Negativbeispiele für schlechtes Deutsch spielen in seinen Stilfibeln Zitate aus dem *Spiegel* eine große Rolle.

## Berichterstattung zu Aids

Die Berichterstattung des Magazins über die Krankheit AIDS wurde teilweise als „unangemessen“ kritisiert.[29] [30] Der Sexualwissenschaftler Volkmar Sigusch bezeichnete diese Form der Berichterstattung als „erschütternd“ und „Versagen jener Presse, die zwischendurch auch einmal liberal war“.[31] [32] Andere warfen dem Blatt vor, durch seinen Umgang mit Fallzahlen Panik zu verbreiten[33] [34] [35] [32] und, durch redaktionelle Aussagen wie „wenn erst Kinder an AIDS sterben werden, Frischoperierte, Unfallopfer, Krankenhauspatienten, ohne jedes Stigma also“[33] oder durch Veröffentlichung entsprechender Leserbriefe,[36] Kranke, Betroffene und Infizierte zu stigmatisieren.

Allerdings diente das „Leitmedium Spiegel“ in Untersuchungen oft als Vorzeigeobjekt, an dem Kritik festgemacht wurde, die so auch auf vielen anderen Medien zu finden war.[32] Außerdem erhielt *Der Spiegel* 1987 für eine Reportage auch den ersten Medienpreis der Deutschen AIDS-Stiftung, der für Arbeiten ausgelobt wird, „die sachkundig über HIV/Aids berichten und damit zur Solidarität mit Betroffenen beitragen“.

## Umgang mit NS-Vergangenheit im eigenen Magazin

Nachdem der Medienforscher Lutz Hachmeister die Tätigkeit ehemaliger SS-Offiziere als *Spiegel*-Redakteure und Serienautoren für den frühen *Spiegel* belegen konnte, so zum Beispiel die Autorenschaft des Kriminalrates und SS-Hauptsturmführers Bernhard Wehner für die am 29. September 1949 startende 30-teilige *Spiegel*-Serie „Das Spiel ist aus – Arthur Nebe“,[37] geriet das Magazin 2006 verstärkt in die Kritik, weil es seine eigene NS-belastete Vergangenheit nicht ausreichend reflektiere. So bemängelte die *Süddeutsche Zeitung* in einem ganzseitigen Beitrag ebenso wie das medienpolitische ver.di-Magazin *M*,[38] dass die Rolle des ehemaligen Pressechefs im NS-Außenministerium und SS-Obersturmbannführers Paul Karl Schmidt alias Nachkriegsbestsellerautor Paul Carell als Serienautor des Magazins marginalisiert würde und die Tatsache, dass die SS-Hauptsturmführer Georg Wolff und Horst Mahnke in den 1950er Jahren zu leitenden Redakteuren avancierten, von dem sonst NS-kritischen Magazin ausgeblendet werde.

Schon im Jahr 2000 hatte die *Neue Zürcher Zeitung* Rudolf Augstein vorgeworfen, ehemaligen Nationalsozialisten bewusst die Möglichkeit gegeben zu haben, wieder gesellschaftsfähig zu werden. Zudem soll Augstein im Falle des Reichstagsbrandes mit dazu beigetragen haben, die kontroverse Alleintäterthese als allein gültig darzustellen.[39] 2011 behauptete Peter-Ferdinand Koch, Rudolf Augstein sei mit den ehemaligen SS-Offizieren eine bewusste Kooperation eingegangen:

> „Eine ‚beschönigende Vergangenheitsbewältigung‘ und die ‚öffentliche Rehabilitierung‘ ausgewählter SS-Größen seien dabei laut Koch der Preis dafür gewesen, von der ‚verschworenen Himmler-Garde‘ den Stoff zu bekommen, mit dem sich Auflage machen ließ.“[40]

## Vorwurf wegen Rassismus und Antisemitismus

Am 22. Dezember 2006 brachte *Der Spiegel* eine Titelgeschichte des Redakteurs Matthias Schulz mit dem Titel „Das Testament des Pharao“ heraus, die sich stark auf angeblich durch den deutschen Ägyptologen Jan Assmann aufgestellte Thesen berief und in der unter anderem behauptet wurde, die Juden hätten den Monotheismus von Echnatons Amarna-Religion „abgekupfert“.[41] Assmann protestierte daraufhin zuerst in einem offenen Brief an die *Spiegel*-Redaktion und dann in einem Interview in der *Welt* „in aller Schärfe“ gegen die Verwendung seines Namens in dem *Spiegel*-Artikel, den er als „ungenießbare und antisemitische Suppe“ bezeichnete. Gleichzeitig wies Assmann die Kernthesen des Artikels zurück.[42] Der Erziehungswissenschaftler Micha Brumlik zeigte sich empört, dass „der

Chefredakteur eines bislang angesehenen Magazins der Republik ausgerechnet zu Weihnachten die bislang antisemitischste Titelgeschichte beschert hat".[43]

Italienische Medien zeigten sich ebenfalls empört, als im Heft 31 (1977) das Titelblatt *Urlaubsland Italien - Entführung, Erpressung, Straßenraub* einen Teller Spagetti zusammen mit einem Revolver zeigte:[44] Der Umgang der Zeitschrift mit Klischees über Italien wurde 2012 in Zusammenhang mit dem Schiffbruch der Costa Concordia wieder zum Thema, als ein Spiegel-Redakteur in einer Kolumne auf Spiegel Online suggerierte, es sei kein Zufall, dass ein solcher Unfall einem italienischen Schiffsführer passiert sei – im Gegensatz etwa zu einem Deutschen oder Briten.[45]

## *Spiegel-Verlag*

Der heutige *Spiegel*-Verlag *Rudolf Augstein GmbH & Co. KG* hat seit 1952 seinen Sitz in Hamburg in der Ericusspitze und produziert neben dem Hauptblatt dort auch das *Manager Magazin*. Augstein verfügte in seinem Testament Ende 2002, dass seine Erben ein Prozent ihres Anteils an die beiden übrigen Gesellschafter verkaufen müssten, damit verloren sie ihre Sperrminorität von 25 Prozent. 50,5 Prozent der Anteile an der Verlags-Holding *Rudolf Augstein GmbH* sind nun im Besitz der Kommanditgesellschaft der Mitarbeiter. Über die restlichen 25,5 Prozent verfügt der Hamburger Medienkonzern *Gruner und Jahr*, eine Tochter der Bertelsmann AG.[46] Geschäftsführer des *Spiegel*-Verlags war seit 1991 Karl Dietrich Seikel. Im Januar 2007 löste ihn Mario Frank, der ehemalige Geschäftsführer des Dresdner Druck- und Verlagshauses, ab. Seit dem 15. September 2008 ist der vormalige Verlagsgeschäftsführer der Stern-Gruppe, Ove Saffe, beim *Spiegel*-Verlag als Geschäftsführer tätig.[47]

### Verlagsgebäude

Die Redaktion war bis zum Bezug eines eigenen Gebäudes im Pressehaus an der Domstraße ansässig, in dem sich auch die Redaktionen der ZEIT und des Sterns befanden. 1968 zog der Verlag an die Brandstwiete. Auf dem langgestreckten dreieckigen Grundstück zwischen Willy-Brandt-Straße, Dovenfleet und Brandstwiete hatte Werner Kallmorgen 1963–1967 zwei Bauten errichtet, den mit betonten tragenden Elementen ursprünglichen Spiegelbau, mit einem angrenzenden flachen Gebäudeteil sowie das ursprünglich für die IBM errichtete Gebäude mit glatter dunkler Glasfassade.[48] Derzeit steht der gesamte alte Gebäudetrakt leer.

Der Neubau zur blauen Stunde von der Oberhafenbrücke aus gesehen

Der Verlag hat in der HafenCity auf der ehemaligen Bastion Jonas ein neues Gebäude nach Entwürfen des dänischen Architekten Henning Larsen errichten lassen, das im September 2011 bezogen wurde.[49] [50] Koordinaten: [//toolserver.org/~geohack/geohack.php?pagename=Der_Spiegel&language=de&params=53.5457008794_N_10.0036740303_E_re 53° 32′ 45″ N, 10° 0′ 13″ O]

# Redakteure

## Chefredakteure

- 1947–1959: Rudolf Augstein
- 1959–1961: Hans Detlev Becker
- 1962–1968: Johannes K. Engel und Claus Jacobi
- 1962–1963: Leo Brawand (*SPIEGEL*-Affäre)
- 1969–1969: Johannes K. Engel
- 1969–1973: Johannes K. Engel und Günter Gaus
- 1973–1986: Erich Böhme und Johannes K. Engel
- 1986–1989: Erich Böhme und Werner Funk
- 1990–1991: Werner Funk und Hans Werner Kilz
- 1991–1994: Wolfgang Kaden und Hans Werner Kilz
- 1994–1994: Hans Werner Kilz
- 1994–2008: Stefan Aust
- 2008–2011: Mathias Müller von Blumencron und Georg Mascolo
- Seit 2011: Georg Mascolo alleinverantwortlich (Blumencron weiter im Impressum)

## Redakteure

- Klaus Brinkbäumer, stv. Chefredakteur
- Jürgen Dahlkamp, Reporter
- Ullrich Fichtner, Reporter
- Jan Fleischhauer, Autor
- Gisela Friedrichsen, Gerichtsreporterin
- Dirk Kurbjuweit, Reporter und Leiter des Hauptstadtbüros
- Matthias Matussek, Autor
- Alexander Osang, Reporter und Schriftsteller
- Cordt Schnibben, Reporter
- Alexander Smoltczyk, Reporter und Korrespondent
- Thomas Tuma, Autor
- Andreas Ulrich, Reporter und Autor (Das Engelsgesicht)

## Ehemalige Redakteure

- Leo Brawand, Redakteur
- Oliver Gehrs, Autor, Journalist und Herausgeber
- Hermann L. Gremliza, späterer Herausgeber von konkret
- Jürgen Hogrefe, Generalbevollmächtigter „Wirtschaft, Politik und Gesellschaft“ der EnBW Energie Baden-Württemberg AG
- Olaf Ihlau, Auslandskorrespondent
- Hellmuth Karasek, Literaturkritiker
- Christian Kracht, Schweizer Schriftsteller und Journalist
- Jürgen Leinemann, politischer Reporter und ehemaliger Leiter des Hauptstadtbüros
- Hans Leyendecker, investigativer Journalist
- Gerhard Mauz, Gerichtsreporter
- Hermann Meyn, Redakteur
- Richard Rickelmann, Korrespondent, investigativer Journalist und ehemaliger Leiter Büro Düsseldorf

- Marie-Luise Scherer, Reporterin
- Harald Schumann, Autor und investigativer Journalist
- Bastian Sick, Sachbuchautor, ehemaliger Dokumentar des Magazins und später Redakteur bei Spiegel Online
- Ferdinand Simoneit, Journalist, Bestsellerautor und ehemaliger Leiter Büro Düsseldorf
- Gabor Steingart, Korrespondent, ehemaliger Leiter des Hauptstadtbüros
- Tiziano Terzani, Asien-Korrespondent
- Moritz von Uslar, Schriftsteller

## Literatur


- *Der Spiegel.* Spiegelverlag Rudolf Augstein, Hamburg 1946,1ff. ISSN 0038-7452 [3]
- Helmut Arntzen, H.A. und Winfried Nolting (Hrsg.): *Der Spiegel. Analyse, Interpretation, Kritik.* Fink, München 1977, ISBN 3-7705-1536-6.
- Rudolf Augstein, Jochen Bölsche (Hrsg.): *Schreiben, was ist. Kommentare, Gespräche, Vorträge.* DVA, Stuttgart/München 2003, ISBN 3-421-05747-8.
- Julia Bönisch: *Meinungsführer oder Populärmedium? Das journalistische Profil von Spiegel Online.* In: *Recherche-Journalismus und kritische Medienpolitik.* Bd 3, Netzwerk Recherche, Münster 2006, ISBN 3-8258-9379-0.
- Johanna Braun: *Das Nationen-Bild Chinas im Nachrichtenmagazin „Der SPIEGEL". Eine vergleichende Bildanalyse der Jahrgänge 2004 und 2009.* Druckwerk on demand, Online-Ressource, VDM Verlag Dr. Müller, Saarbrücken 2011.
- Leo Brawand: *Die Spiegel-Story. Wie alles anfing.* ECON-Taschenbuch-Verlag, Düsseldorf 1995, ISBN 3-612-26212-2.
- Leo Brawand: *DER SPIEGEL – ein Besatzungskind. Wie die Pressefreiheit nach Deutschland kam.* EVA, Hamburg 2007, ISBN 978-3-434-50604-1.
- Oliver Gehrs: *Der Spiegel-Komplex. Wie Stefan Aust das Blatt für sich wendete.* Droemer/Knaur, München 2005, ISBN 3-426-27343-8.
- Lutz Hachmeister: *Ein deutsches Nachrichtenmagazin. Der frühe „Spiegel" und sein NS-Personal.* In: Lutz Hachmeister, Friedemann Siering (Hrsg.): *Die Herren Journalisten. Die Elite der deutschen Presse nach 1945.* C.H. Beck, München 2002, ISBN 3-406-47597-3, S. 87–120.
- Digne Meller Marcovicz: *2000 Spiegel-Photos der Jahre 1965 bis 1985.* Greno, Nördlingen 1986, ISBN 3-89190-008-2.
- Michael Schneider, Eckhard Siepmann: *DER SPIEGEL oder die Nachricht als Ware.* In: *Voltaire Flugschrift 18.* Voltaire Verlag, Frankfurt am Main und Berlin, 1968
- Ralf Stockmann: *Spiegel und Focus. Eine vergleichende Inhaltsanalyse 1993–1996.* Schmerse, Göttingen 1999, ISBN 3-926920-26-2.


## Weblinks

- Spiegel-Printausgabe [51]
- Spiegel-Mobil [52] (Mobile Website, E-Paper, App)
- SPIEGEL TV Magazin [53]
- SPIEGEL.TV - Fernsehen im Netz [54]
- Vom „Sturmgeschütz der Demokratie" zur „Spritzpistole der Angela Merkel" [55], Interview mit Oliver Gehrs in *Deutschlandradio* vom 16. November 2005
- Angst am Dovenfleet [56] Reportage von Tom Schimmeck in *Die Tageszeitung* vom 30. Dezember 2006
- Der Spiegel: Titelbildgalerien und Heftarchive [2] (alle Ausgaben seit 1947)

# Einzelnachweise

[1] http://www.spiegel.de/

[2] http://www.spiegel.de/spiegel/print/

[3] http://dispatch.opac.d-nb.de/DB=1.1/CMD?ACT=SRCHA&IKT=8&TRM=0038-7452

[4] laut IVW, drittes Quartal 2012 ( Details und Quartalsvergleich auf ivw.eu (http://daten.ivw.eu/index.php?menuid=1&u=&p=&20123=ON&20122=ON&detail=true&titelnrliste=122;&alle=[Details]))

[5] *Spiegel-Gruppe: Politisch unabhängig - niemandem verpflichtet.* (http://www.spiegelgruppe.de/spiegelgruppe/home.nsf/Navigation/440FBE98BAF7E2F8C1256FD5004406DD?OpenDocument)

[6] Der Spiegel: Ein Leitmedium braucht eine Leitfigur (http://www.tagesspiegel.de/medien-news/Stefan-Aust;art15532,2421760) in *Der Tagesspiegel* vom 17. November 2007

[7] Siegfried Weischenberg, Maja Malik, Armin Scholl: Journalismus in Deutschland 2005 (http://www.wiso.uni-hamburg.de/fileadmin/wiso_dsw_ijk/PDFs/jouridmp.pdf) in *media perspektiven 7/2006*

[8] „Der Spiegel": Erfolge feiern mit Skandalen (http://www.stern.de/unterhaltung/buecher/579670.html) auf *Stern.de* vom 4. Januar 2007

[9] IVW: Online-Nutzungsdaten IVW-geprüfter Online-Angebote (http://ausweisung.ivw-online.de/i.php?s=1&mz=201202&sall=1&sort=dvisitsiabs&angebote=1&netz=1&vgm=1&svisits=1&svisitsiabs=1&svisitsipro=1&svisitsaabs=1&svisitsapro=1)

[10] Spiegel online - Die Reichweite (http://www.spiegelgruppe.de/spiegelgruppe/home.nsf/0/678DDD243C957C8FC1256F5F00350BDB?OpenDocument) *Spiegel-Gruppe*, abgerufen am 17. Januar 2011

[11] Craig Silverman: Inside the World's Largest Fact Checking Operation (http://www.cjr.org/behind_the_news/inside_the_worlds_largest_fact.php?page=all), Columbia Journalism Review, 9. April 2010 (engl.)

[12] *Am Telefon vorsichtig.* In: *Der Spiegel.* Nr. 28, 1952, S. 5 ( online (http://www.spiegel.de/spiegel/print/d-021977263.html)).

[13] *Bedingt abwehrbereit.* In: *Der Spiegel.* Nr. 41, 1962, S. 32 ( online (http://www.spiegel.de/spiegel/print/d-25673830.html)).

[14] *Spiegel Hausmitteilung; Betr.: Franz-Josef Strauss.* In: *Der Spiegel.* Nr. 28, 1964, S. 3 ( online (http://www.spiegel.de/spiegel/print/d-46174133.html)).

[15] *Die kosten trägt die Bundeskasse.* In: *Der Spiegel.* Nr. 22, 1965, S. 83 ( online (http://www.spiegel.de/spiegel/print/d-46272783.html)).

[16] Pressefreiheit: Gift und Galle (http://einestages.spiegel.de/static/authoralbumbackground/1106/gift_und_galle.html) auf *einestages* vom 8. Januar 2008

[17] Barschel, Pfeiffer, Engholm und „Der Spiegel" (http://www.faz.net/s/Rub594835B672714A1DB1A121534F010EE1/Doc~E53A654E1628B4479BD6637128EAB2AB0~ATpl~Ecommon~Scontent.html?rss_googlefeed), *FAZ.NET* vom 7. September 2007.

[18] „Statistik: Wer liest/hört/sieht was warum?" in *Die Zeit* Nr. 5 2006, S. 64.

[19] SPIEGEL-Verlag und Axel Springer AG kehren zur klassischen Rechtschreibung zurück (http://www.spiegel.de/kultur/gesellschaft/0,1518,druck-311777,00.html) in *Spiegel Online* vom 6. August 2004.

[20] Blumencron und Mascolo neue Chefredakteure des SPIEGEL (http://www.spiegel.de/kultur/gesellschaft/0,1518,533266,00.html) in *Spiegel Online* vom 5. Februar 2008

[21] Finden statt suchen mit SPIEGEL WISSEN (http://www.spiegel.de/netzwelt/web/0,1518,534775,00.html) in Spiegel Online vom 13. Februar 2008. Zumindest die Titelgeschichte und das Titelblatt der Ausgabe 22/1977 („Die verkauften Lolitas") fehlen jedoch. Das Titelbild wurde 1977 nach Protest von *Emma*, Courage (http://einestages.spiegel.de/static/authoralbumbackground/1106/gift_und_galle.html), *Unsere kleine Zeitung* und dem Kinderschutzbund vom Deutschen Presserat gerügt. Vgl. *Rückspiegel.* In: *Der Spiegel.* Nr. 32, 1977 ( online (http://www.spiegel.de/spiegel/print/d-40859434.html)). *Betr.: Presserat.* In: *Der Spiegel.* Nr. 50, 1981 ( online (http://www.spiegel.de/spiegel/print/d-14354623.html)).

[22] Spiegel-Chefredaktion übernimmt Gesamtverantwortung für Print, Online und Digital (http://www.spiegelgruppe.de/spiegelgruppe/home.nsf/pmwebaktuell/FEC61370237F9EF4C125783E003F8BDF), Pressemitteilung *Spiegel-Gruppe* vom 21. Februar 2011

[23] *„Spiegel" ist das meistzitierte Medium in Deutschland.* (http://www.wuv.de/nachrichten/medien/spiegel_ist_das_meistzitierte_medium_in_deutschland) In: *Werben & Verkaufen* vom 6. Januar 2011.

[24] *„Spiegel" ist erneut das meistzitierte Medium Deutschlands.* (http://www.wuv.de/nachrichten/medien/spiegel_ist_erneut_das_meistzitierte_medium_deutschlands) In: *Werben & Verkaufen* vom 4. Januar 2012.

[25] Medien als Arbeitgeber: „Spiegel" führt Ranking deutscher Zeitschriften und Zeitungen an (http://www.horizont.net/aktuell/medien/pages/protected/Medien-als-Arbeitgeber-Spiegel-fuehrt-Ranking-deutscher-Zeitschriften-und-Zeitungen-an_106612.html) in *Horizont* vom 26. März 2012

[26] Hans Magnus Enzensberger: *Die Sprache des Spiegel.* In: *Der Spiegel.* Nr. 10, 1957, S. 48–51 ( online (http://www.spiegel.de/spiegel/print/d-32092775.html)).

[27] Wolf Schneider: *Deutsch für Profis.* 2. Aufl., Gruner & Jahr, Hamburg 1985.

[28] Wolf Schneider: *Deutsch für Kenner. Die neue Stilkunde.* 2. Aufl., Gruner & Jahr, Hamburg 1997.

[29] Herbert Bock: *Eine sprachpsychologische Untersuchung zur Berichterstattung über die Krankheit AIDS in Print-Medien.* Roderer, Regensburg 1992, ISBN 3-89073-603-3, S. 92.

[30] Herbert Bock: *Zur sprachlichen Darstellung von AIDS in Print-Medien* (http://www.inf.hs-zigr.de/~bock/publikationen/A-AR1.html).

[31] Volkmar Sigusch: *Aids als Risiko: Über den gesellschaftlichen Umgang mit einer Krankheit.* Konkret-Literatur-Verlag, Hamburg 1987, ISBN 3-922144-67-5, S. 8.

[32] Hans-Jürgen Schmidt: *Mediale Deutungsmuster von AIDS. Über die Konsequenzen medialer Darstellung für Prävention und praktische AIDS-Arbeit.* Mülheim an der Ruhr 2005, S. 66 ( PDF (http://d-nb.info/975610805/34)).

[33] Susanne Köneke: *AIDS in der Presse: Der schreibende Umgang mit dem Ungewissen.* Univ., Freiburg im Breisgau 1990, S. 24.

[34] Frank Rühmann: *AIDS: Eine Krankheit und ihre Folgen.* Edition Qumran im Campus-Verlag, Frankfurt am Main / New York 1985, ISBN 3-88655-208-X, S. 75.

[35] Ulrich Clement: *Höhenrausch.* In: *Aids als Risiko: Über den gesellschaftlichen Umgang mit einer Krankheit.* Konkret-Literatur-Verlag, Hamburg 1987, ISBN 3-922144-67-5, S. 212.

[36] Gunter Schmidt: *Moral und Volksgesundheit.* In: *Aids als Risiko: Über den gesellschaftlichen Umgang mit einer Krankheit.* Konkret-Literatur-Verlag, Hamburg 1987, ISBN 3-922144-67-5, S. 26.

[37] Lutz Hachmeister: *Ein deutsches Nachrichtenmagazin. Der frühe „Spiegel" und sein NS-Personal.* In: Lutz Hachmeister, Friedemann Siering (Hrsg.): *Die Herren Journalisten. Die Elite der deutschen Presse nach 1945.* C.H. Beck, München 2002, ISBN 3-406-47597-3, S. 87–120.

[38] Willi Winkler: *Ich hatt' einen Kameraden. Ein Prozess, den* Der Spiegel *mit dem Bayerischen Rundfunk führt, wirft unvermittelt Licht auf die Vergangenheit des Nachrichtenmagazins.* In: *Süddeutsche Zeitung*, 14./15. Juni 2006, S. 15. Und: *Verharmlosung im Rückblick. Kritiker vermissen bis heute offenen Umgang des Spiegel mit seiner braunen Vergangenheit.* In: *M – Menschen – Machen – Medien*, Heft 9/2006, S. 16.

[39] NZZ attackiert Rudolf Augstein (http://www.netzeitung.de/deutschland/123255.html) auf *netzeitung.de* vom 8. Dezember 2000.

[40] Andreas Förster: Ein Buch beleuchtet, wie eng das Magazin Der Spiegel in seinen Anfangsjahren mit NS-Tätern kooperierte: Braune Vergangenheit (http://www.berlinonline.de/berliner-zeitung/archiv/.bin/dump.fcgi/2011/0414/medien/0015/index.html) in *Berliner Zeitung* vom 14. April 2011, Vgl. Peter-Ferdinand Koch: *Enttarnt. Doppelagenten: Namen, Fakten, Beweise.* Ecowin-Verlag, Salzburg 2011, ISBN 978-3-7110-0008-8, S. 218.

[41] Matthias Schulz: *Das Testament des Pharao.* In: *Der Spiegel.* Nr. 52, 2006, S. 112 ( online (http://www.spiegel.de/spiegel/print/d-49976963.html)).

[42] Jan Assmann im Gespräch. Ist eine „Spiegel"-Titelgeschichte massiv antisemitisch? (http://www.welt.de/print-welt/article708288/Ist-eine-Spiegel-Titelgeschichte-massiv-antisemitisch.html?config=print) in *Die Welt* vom 13. Januar 2007

[43] Monotheismus: Alles nur geklaut? (http://www.juedische-allgemeine.de/article/view/id/3319) in *Jüdische Allgemeine* vom 4. Januar 2007

[44] Mafia-Morde: Bleibt der Revolver im Spaghetti-Teller? (http://www.das-rote-sofa.de/index.php?option=com_content&task=view&id=15&Itemid=20) auf *das-rote-sofa* vom 1. März 2008

[45] Fauler Italiener, überheblicher Deutscher (http://www.tagesanzeiger.ch/panorama/vermischtes/Fauler-Italiener-ueberheblicher-Deutscher/story/12619493/print.html) in *Tages-Anzeiger* vom 24. Januar 2012

[46] Die Spiegel-Gruppe in Zahlen: Gesellschafter und Beteiligungen (http://www.spiegelgruppe.de/spiegelgruppe/home.nsf/Navigation/2B9246186F708D07C1256F5F00350C61?OpenDocument) *Spiegel-Gruppe*

[47] Ove Saffe kommt bereits am 15. September zum „Spiegel" (http://www.horizont.net/aktuell/leute/pages/protected/Ove-Saffe-kommt-bereits-am-15.-September-zum-Spiegel_78497.html) auf *Horizont.Net* vom 26. August 2008.

[48] Ralf Lange: *Architektur in Hamburg: Der große Architekturführer.* Hamburg 2008, A 39.

[49] Ein Blick in die Zukunft – Der SPIEGEL-Neubau in der Hafencity (http://www.spiegelgruppe.de/spiegelgruppe/home.nsf/0/72AAB0B4B314D243C12573FD005BF075?OpenDocument) Abgerufen am 8. April 2010.

[50] Der Spiegel, Nr. 38 vom 19. September 2011, S. 154 f

[51] http://www.spiegel.de/spiegel/

[52] http://www.spiegel.de/dienste/0,1518,675525,00.html

[53] http://www.spiegel.de/sptv/magazin/

[54] http://www.spiegel.tv/

[55] http://www.dradio.de/dkultur/sendungen/thema/438829/

[56] http://www.taz.de/1/archiv/?id=archivseite&dig=2006/12/30/a0317

**Normdaten (Werk):** GND: 4056205-0 (http://d-nb.info/gnd/4056205-0) | VIAF: 148299245 (http://viaf.org/viaf/148299245/)

# Tomorrow_Focus

| TOMORROW FOCUS AG | |
|---|---|
| Rechtsform | Aktiengesellschaft |
| ISIN | DE0005495329 [1] |
| Gründung | 2001 |
| Sitz | München, Deutschland |
| Leitung | • Christoph Schuh, Dirk Schmelzer, Vorstände<br>• Paul-Bernhard Kallen, Aufsichtsratsvorsitzender |
| Mitarbeiter | 590 (2011)[1] |
| Umsatz | 128,3 Mio € (2011)[2] |
| Branche | Internet |
| Website | www.tomorrow-focus.de [3] |

Die **TOMORROW FOCUS AG** mit Sitz in München ist ein börsennotiertes Internet-Unternehmen. Hauptaktionär der Tomorrow Focus AG ist Hubert Burda Media. Das Unternehmen entstand Ende 2001 aus der Fusion der Focus Digital AG und der Tomorrow Internet AG.

Den Vorstand des Unternehmens bilden Dirk Schmelzer (Finanzvorstand) sowie Christoph Schuh.

## Geschichte

2000 wurde die Focus Digital AG gegründet und ging im selben Jahr an die Börse. Nach der Verschmelzung der „Focus Digital AG" und der „Tomorrow Internet AG" zur Tomorrow Focus AG 2001 übernahm das Unternehmen 2002 die Lizenz zur Herausgabe des deutschen Playboy Magazins.[4] In den ersten Jahren ihrer Geschäftstätigkeit fokussierte sich die Tomorrow Focus AG auf den Unternehmensbereich der werbefinanzierten Onlineportale. Das Anfangsportfolio beinhaltete neben dem Nachrichtenportal FOCUS Online auch verschiedene Online-Marken der Verlagsgruppe Milchstrasse.

2003 wurde die Aktiengesellschaft erstmals im Prime Standard der Deutschen Börse gelistet. Um das Potential von Reisebewertungs- und Partnervermittlungsportalen für das Internet zu erschließen, wurde ab 2006 durch die Übernahme mehrheitlicher Anteile der HolidayCheck AG und der EliteMedianet GmbH zunehmend der Geschäftsbereich Transactions ausgebaut. 2008 beteiligte sich Tomorrow Focus zudem an Adjug, einem internationalen Marktplatzes für Internet-Werbeinventar. Im selben Jahr erfolgte auch die mehrheitliche Übernahme des Ärzte-Bewertungsportals Jameda und des Finanzportals Finanzen100.[5] [6]

2010 bereinigte das Unternehmen sein Portfolio, um sich auf Internet-Angebote zu konzentrieren und veräußerte seine Anteile an der „Playboy Deutschland Publishing GmbH" an die „Focus Magazin Verlag GmbH".[7] 2011 übernahm Tomorrow Focus die noch ausstehenden Anteile der „Finanzen 100 GmbH" sowie der „jameda GmbH".[8] 2012 beginnt die Internationalisierung des Konzerns mit den neuen Mehrheitsbeteiligungen Tjingo, Zoover, MeteoVista in den Niederlanden und Ecotour in Frankreich. [9] [10] [11]

## Chronik

- 2000 Gründung der Focus Digital AG
- 2000 Börsengang und Notierung im Neuen Markt
- 2001 Verschmelzung der Focus Digital AG und der Tomorrow Internet AG zur Tomorrow Focus AG[4]
- 2001 Erstnotiz als Tomorrow Focus AG
- 2002 Übernahme der Lizenz zur Herausgabe des deutschen Playboy Magazins durch die Tomorrow Focus AG und die Focus Magazin Verlag GmbH
- 2003 Listung der Tomorrow Focus AG im Prime Standard der Deutschen Börse
- 2004 Wahl von Paul-Bernhard Kallen zum Aufsichtsratsvorsitzenden
- 2005 Bestellung von Stefan Winners zum Vorstandsvorsitzenden
- 2006 Mehrheitliche Übernahme der HolidayCheck AG mit Sitz in Kreuzlingen
- 2007
  - Veräußerung der Software Travelnet durch Tomorrow Focus Technologies an Lufthansa Systems
  - Übernahme von rund 63 Prozent der Anteile der EliteMedianet GmbH, dem Betreiber der Online-Partnervermittlung ElitePartner
  - Verkauf der Anteile an der *Bellevue and More GmbH* an die Verlagsgruppe Handelsblatt
  - Übernahme weiterer 29 Prozent der Anteile an der HolidayCheck AG, so dass die Beteiligung nun bei achtzig Prozent liegt
- 2008
  - Wiederbestellung der Vorstände Stefan Winners und Christoph Schuh und Verlängerung der Vorstandsverträge um fünf Jahre
  - Gründung der ADJUG Deutschland als Joint Venture zusammen mit der ADJUG Ltd., London, dem Betreiber eines internationalen Marktplatzes für Internet-Werbeinventar, und Übernahme von 17 Prozent der Anteile.
  - Beteiligung am Ärzte-Bewertungsportal jameda mit 51 Prozent[5]
  - Beteiligung am Finanzportal *Finanzen 100* mit sechzig Prozent[6]
- 2009
  - Übernahme weiterer 14 Prozent der Anteile an der HolidayCheck AG, so dass die Beteiligung nun bei 94 Prozent liegt
  - Übernahme der noch ausstehenden Anteile der EliteMedianet GmbH in Höhe von 36,93 Prozent. Die Tomorrow Focus AG hält somit 100 Prozent des Unternehmens.
  - Aufstockung der Beteiligung an ADJUG Ltd., London, auf insgesamt 55,8 Prozent[12]
- 2010
  - Gründung des Vermarktungs-Joint-Venture *AdAudience* durch TOMORROW FOCUS, G+J Electronic Media Sales (EMS), IP Deutschland und SevenOne Media.[13]
  - TOMORROW FOCUS Portal GmbH heißt ab sofort TOMORROW FOCUS Media GmbH
  - Die TOMORROW FOCUS AG veräußert ihre Anteile an der Playboy Deutschland Publishing GmbH an die Focus Magazin Verlag GmbH
  - Dirk Schmelzer wird Finanzvorstand der TOMORROW FOCUS AG
- 2011[7]
  - Übernahme der noch ausstehenden Anteile der *Finanzen100 GmbH* in Höhe von 40 Prozent und der jameda GmbH in Höhe von 49,01 Prozent. Die Tomorrow Focus AG hält somit 100 Prozent an beiden Unternehmen.[8]
  - Die TOMORROW FOCUS AG veräußert 35,86% ihrer Beteiligung AdJug Ltd an IgnitionOne
- 2012
  - TOMORROW FOCUS AG übernimmt 55% des niederländischen Online-Reisebüros Tjingo

- Die TOMORROW FOCUS AG übernimmt 51 Prozent von Webassets B.V., dem Betreiber des niederländischen Hotel- und Reisebewertungsportals Zoover sowie der Wetterplattformen von MeteoVista
- Die TOMORROW FOCUS AG übernimmt 55 Prozent der Anteile am französischen Online-Reisebüro ecotour.com (RPC Voyages SAS)
- CEO Stefan Winners wechselt im Oktober zu Hubert Burda Media und verantwortet dort den Bereich Burda Digital.
- Toon Bouten wird zum neuen CEO der TOMORROW FOCUS AG berufen. Sein Eintritt in die Gesellschaft erfolgt am 1. Januar 2013.
- Übernahme von netmoms für 2,5 Millionen Euro[14].

## Geschäftstätigkeit

### Struktur

Innerhalb der Tomorrow Focus Gruppe übernimmt die Tomorrow Focus AG die zentrale Management- und Beteiligungsfunktion für die von ihr gehaltenen Beteiligungen. Diese sind je nach Tätigkeit einem der drei operativen Geschäftsbereiche Transactions, Advertising und Technologies zugeordnet:

- Das Segment Transactions beinhaltet die Hotelbewertungs- und Reisebuchungsportale HOLIDAYCHECK und ZOOVER, das niederländische Onlinereisebüro TJINGO, das französische Onlinereisebüro ECOTOUR, das Premium-Partnervermittlungsportal ELITEPARTNER und das Arztempfehlungsportal JAMEDA.de.
- Der Geschäftsbereich **Advertising** umfasst alle werbefinanzierten Geschäftsmodelle. Dazu zählen das Nachrichtenportal FOCUS Online und das Finanz- und Börsennachrichtenportal Finanzen100. Der Premium-Vermarkter TOMORROW FOCUS Media, einer der führenden deutschen Digitalvermarkter, vermarktet neben den unternehmenseigenen Portalen auch Partnerportale wie CHIP Online, FAZ.NET und meinestadt.de.
- Im Geschäftsbereich **Technologies** bieten die Unternehmen TFT und Cellular umfassende technische und kreative Dienstleistungen für das stationäre und mobile Internet.

### Kennzahlen

| Geschäftsjahr | Umsatz in Mio € | EBIT in Mio € | Mitarbeiter zum 31. Dezember |
|---|---|---|---|
| 2004 | 48,8 | -2,9 | 228 |
| 2005 | 53,3 | 3,3 | 217 |
| 2006[15] | 65,6 | 4,8 | 334 |
| 2007[16] | 74,9 | 7,4 | 412 |
| 2008 | 77,1 | 5,7 | 457 |
| 2009 | 92,2 | 8,9 | 590 |
| 2010[17] | 128,2 | 15,9 | 562 |
| 2011[18] | 128,3 | 16,8 | 590 |

Stand: 11. Oktober 2012

# Einzelnachweise


[1] http://static.tomorrow-focus.de/chameleon/outbox/public/935536ff-6bd1-1ad1-97fe-ca4d344b4146/Geschaeftsbericht-2011-TOMORROW-FOCUS-AG-100dpi.pdf

[2] GB 2011

[3] http://www.tomorrow-focus.de/

[4] spiegel.de: *Focus und Tomorrow wollen fusionieren.* (http://www.spiegel.de/wirtschaft/0,1518,149011,00.html) Abgerufen am 11. April 2010.

[5] kress.de: *Burda setzt auf Gesundheit.* (http://kress.de/alle/detail/beitrag/93177-burda-setzt-auf-gesundheit.html) Abgerufen am 11. April 2010.

[6] meedia.de: *Das neue Anlegerportal der Tomorrow Focus AG - Finanzen100: Burdas großer Wurf.* (http://meedia.de/nc/details-topstory/article/XXX_100022822.html) Abgerufen am 11. April 2010.

[7] welt.de: *Playboy wird verkauft.* (http://www.welt.de/die-welt/wirtschaft/article10020857/Playboy-wird-verkauft.html) Abgerufen am 11. April 2010.

[8] horizont.net: *Tomorrow Focus schluckt Finanzen100 komplett.* (http://www.horizont.net/aktuell/digital/pages/protected/Tomorrow-Focus-schluckt-Finanzen100-komplett-_98005.html) Abgerufen am 11. April 2010.

[9] http://www.horizont.net/aktuell/digital/pages/protected/Tomorrow-Focus-uebernimmt-Online-Reisebuero-Tjingo-und-expandiert-mit-Holidaycheck-_106739.html

[10] http://www.morgenpost.de/newsticker/finanzen_nt/Wachstumswerte_nt/article108256103/Uebernahme-von-Hotelbewertungsportal-Zoover.html

[11] http://meedia.de/internet/tomorrow-focus-uebernimmt-online-reisebuero-ecotourcom/2012/08/16.html

[12] wallstreet-online.de: *TOMORROW FOCUS AG übernimmt die Mehrheit am Online- Werbemarktplatz Adjug Ltd. und baut damit seine Position als einer der größten Digitalvermarkter weiter aus.* (http://www.wallstreet-online.de/nachricht/2855895-dgap-news-tomorrow-focus-ag-uebernimmt-die-mehrheit-am-online-werbemarktplatz-adjug-ltd-und-baut-damit-seine-position-als-einer-der-groessten- Abgerufen am 11. April 2010.

[13] horizont.net: *Vermarkterbündnis Ad Audience startet heute.* (http://www.horizont.net/aktuell/digital/pages/protected/Vermarkterbuendnis-Ad-Audience-startet-heute_91269.html) Abgerufen am 11. April 2010.

[14] http://www.deutsche-startups.de/2012/12/23/netmoms-tomorrow-focus/?utm_source=rss&utm_medium=rss&utm_campaign=netmoms-tomorrow-focus

[15] Gemäß Geschäftsbericht 2007.

[16] Gemäß Geschäftsbericht 2008 nach Sondereffekten.

[17] Gemäß Geschäftsbericht 2010

[18] Gemäß Geschäftsbericht 2011


# Weblinks

- Webseite der Tomorrow Focus AG (http://www.tomorrow-focus.de)

# Yahoo

| Yahoo! Inc. | |
|---|---|
| Rechtsform | Corporation |
| ISIN | US9843321061 [1] |
| Gründung | 1994 |
| Sitz | Sunnyvale, Kalifornien, Vereinigte Staaten |
| Leitung | Marissa Mayer (CEO)<br>Fred Amoroso (Chairman) |
| Mitarbeiter | 13.700[1] (weltweit) |
| Umsatz | 4,984 Mrd. USD (2011)[2] |
| Produkte | Internet |
| Website | www.yahoo.com [3] |

**Yahoo** (eigene Schreibweise *YAHOO!*) ist eines der weltweit größten Internetunternehmen mit Sitz in Sunnyvale (Kalifornien, Vereinigte Staaten). Mit über 700 Millionen Nutzern weltweit zählt Yahoo zu den erfolgreichsten und größten Internetportalen mit Online-Produkten und -diensten für Privat- und Geschäftskunden. David Filo und Jerry Yang haben die Firma im Januar 1994 gegründet. Das Unternehmen und die Palette der Angebote wuchsen danach rasant an. Im März 1995 ging Yahoo mit 46 Angestellten an die Börse. 2009 arbeiteten insgesamt rund 13.500 Mitarbeiter für Yahoo. Yahoo, dessen Dienste in 46 Sprachen verfügbar sind, ist mittlerweile in 70 Ländern vertreten.

Yahoos Firmenzentrale in Sunnyvale

## Unternehmensgeschichte

Im Jahr 1994 arbeiteten die Gründer von Yahoo, David Filo und Jerry Yang – zu jener Zeit Doktoranden an der Fakultät für Elektronik an der Universität Stanford – an einer Navigationshilfe für das Internet. Die Liste der im Webkatalog verzeichneten Internetseiten wuchs damals rasant an, worauf die Gründer die Inhalte nach Kategorien ordneten. Daraus entstand eine kommentierte Bookmark-Sammlung. Damit war der Grundstein für eine der erfolgreichsten Marken im Internet gelegt. Die Website startete zunächst unter dem Namen „Jerry and David's Guide to the World Wide Web". Im Herbst 1994 wurden bereits eine Million Anfragen und 100.000 Nutzer verbucht. Im darauffolgenden Jahr wurde das Unternehmen Yahoo offiziell gegründet. Im Jahr 1995 wurde Yahoo in eine Aktiengesellschaft umgewandelt, ein Jahr später erfolgte der Start an der Börse. Am 28. Januar 1996 wurde Yahoo Deutschland gegründet, die deutschsprachige Portalseite wurde am 10. Oktober 1996 veröffentlicht. Die Yahoo Deutschland GmbH formierte sich im November 1996 als Joint Venture mit Softbank (Ziff Davis). In den folgenden Jahren erschloss Yahoo weitere nationale Märkte mit der Eröffnung seiner Portale in Japan, Großbritannien, Frankreich (jeweils 1996), Singapur, Australien, Korea, Dänemark, Norwegen, Schweden (jeweils 1997), Italien, Spanien (jeweils 1998), Volksrepublik China (1999), Argentinien, Indien und Kanada (jeweils 2000).

Yahoo gehört zu den Pionieren des Internets und hat in den 1990ern stark vom Boom des neuen Mediums profitiert. Mit den steigenden Werbeeinnahmen durch die Onlinewerbung stieg auch der Aktienkurs auf Rekordwerte. Mit dem Zusammenbrechen der sogenannten Dotcom-Blase gingen 2000/2001 auch die Werbeeinnahmen massiv zurück. Der Umsatz brach ein und stagnierte in den folgenden Geschäftsquartalen.

In dieser schwierigen Situation und unter dem neuen Chef Terry Semel änderte das Unternehmen seine Geschäftsstrategie. Bis zu diesem Zeitpunkt hatte Yahoo viele Dienste wie E-Mail-Konten, Online-Terminplaner usw. den Benutzern kostenlos angeboten, um eine möglichst große Zahl an Kundenkontakten auf seinen Seiten zu generieren. Denn: Je mehr Kundenkontakte realisiert wurden, desto teurer konnte Yahoo die Werbebanner auf seinen Seiten verkaufen. Diese Strategie basierte auch darauf, dem User alle Dienste, die er „braucht", aus einer Hand anzubieten, um den Kunden zu binden.

Yahoo erweiterte seine Produktpalette und bot schließlich auch kostenpflichtige Dienstleistungen an. Hierzu kaufte Yahoo beispielsweise die Jobbörse HotJobs und die Fotoseite Flickr und integrierte diese in seine Angebotspalette. Neben einem kleinen Angebot bezahlter Inhalte und Services wird der Großteil der Umsätze aber nach wie vor über Werbung generiert und damit sichergestellt, dass den Nutzern die meisten Yahoo-Produkte kostenlos zur Verfügung stehen.

Bis nach der Jahrtausendwende nutzte Yahoo die Datenbestände von Altavista, Inktomi und zuletzt von Google als Grundlage für die eigene Suchmaschine. Im Februar 2004 wurden aber die Verträge mit Google gekündigt. Bis zum Inkrafttreten der im Februar 2009 mit Microsoft vereinbarten Suchallianz verwendete Yahoo eigene Suchalgorithmen und Indizes. Um gegenüber Google im Suchmaschinen-Sektor Boden gut zu machen, wurden am 7. Oktober 2003 mit Overture Services (später: Yahoo Search Marketing) ein Spezialist für Online-Suche und -Marketing und am 19. März 2003 der Suchmaschinenbetreiber Inktomi übernommen.

2005 stieg Yahoo für eine Milliarde US-Dollar beim chinesischen Online-Portalbetreiber Alibaba.com ein.

Am 30. April 2007 übernahm Yahoo den Werbespezialisten Right Media. Der Preis soll bei 680 Millionen US-Dollar (500 Millionen Euro) gelegen haben.

Anfang Mai 2007 berichtete die New York Times von Fusionsgesprächen zwischen Microsoft und Yahoo, diese wurden jedoch erfolglos abgebrochen.

Am 18. Juni 2007 trat Yahoo-Chef Terry Semel zurück. Der Mitgründer Jerry Yang übernahm seine Position.

Ende 2007 erwarb Yahoo das global agierende Online-Werbenetzwerk BlueLithium für knapp 300 Millionen Dollar.

Trotz der abgebrochenen Gespräche im Mai 2007 hat Microsoft am 1. Februar 2008 angekündigt, Yahoo für 44 Milliarden US-Dollar übernehmen zu wollen. Ein entsprechendes Angebot wurde den Aktionären vorgelegt. Dieses Angebot wies Yahoo zurück und forderte pro Aktie rund neun US-Dollar mehr. Am 4. Mai 2008 zog Microsoft das Angebot zurück.[4]

Am 18. November 2008 trat Jerry Yang als CEO von Yahoo zurück.[5] Am 14. Januar 2009 übernahm die Software-Managerin Carol Bartz das Amt.[6]

Im Juli 2009 schloss Yahoo eine strategische Allianz mit Microsoft im Bereich der Internetsuche. Microsoft nutzt die eigenen und die Suchtechnologien von Yahoo um daraus eine neue, noch leistungsfähigere Suchmaschine zu entwickeln. Die Yahoo-Suchtechnologie wird also Teil dieser neuen Suche sein. Zudem verantwortet, gestaltet und entwickelt Yahoo auf den eigenen Seiten weiterhin die Suche, greift also nur im Backend auf eine andere Suchtechnologie zurück. Die zuständigen Behörden in den USA und Europa haben diese Partnerschaft im Februar 2010 ohne Auflagen genehmigt, die Umsetzung erfolgt sukzessive.[7]

Im August 2009 folgte die Akquisition einer der führenden Internet-Gemeinschaften im arabischen Raum: Maktoob.com.

Am 16. Dezember 2009 ging die neue Startseite von Yahoo deutschlandweit an den Start. Jeder Nutzer kann von nun an seine persönlichen Seiten und Dienste aus dem gesamten Internet einbinden und sich so seinen eigenen Startpunkt ins Web gestalten.

Im Februar 2010 ging Yahoo eine weltweite Partnerschaft mit dem sozialen Netzwerk Twitter ein.

Anfang März 2010 feierte Yahoo sein 15-jähriges Jubiläum.

Seit 8. Juni 2010 findet die weltweite Integration von Facebook-Inhalten statt. Nutzer, die sowohl Yahoo als auch Facebook nutzen, können ihre Konten somit verbinden.

Am 6. September 2011 trennte sich Yahoo per sofort von ihrem Chief Executive Officer (CEO) Carol Bartz und ernannte Finanzvorstand Timothy Morse zum CEO ad interim.[8] Morse wurde am 9. Januar 2012 durch Scott Thompson als permanenter CEO abgelöst.[9] Anfang 2012 legte Mitbegründer Yang seinen Sitz im Verwaltungsrat nieder und zog sich aus dem Unternehmen zurück.[10]

Am 13. Mai 2012 gab Yahoo bekannt, dass Scott Thompson sein Amt als CEO per sofort niederlegt. Grund dafür ist der fehlende akademische Titel, der in seinem Lebenslauf genannt wurde. Interimistischer Nachfolger wurde der bisherige Leiter des globalen Mediengeschäfts, Ross Levinsohn.[11] Zur gleichen Zeit trat der Chairman of the Board Roy Bostock zurück, um den Führungswechsel für den neuen Vorstand zu beschleunigen. Er wurde durch Fred Amoroso abgelöst.[12] Seit dem 16.Juli 2012 ist Marissa Mayer, eine ehemalige Vizepräsidentin von Google, Vorstandsvorsitzende von Yahoo.

Im Mai 2012 begann Yahoo, die Hälfte seines 40 %-Anteils für rund 7,1 Milliarden Dollar wieder zurück an Alibaba zu verkaufen. Die Transaktion wurde im September 2012 abgeschlossen. Seither hält Yahoo also noch 20 % an Alibaba.[13]

# Namensherkunft

Laut der englischen[14] und deutschen Unternehmenswebsite[15] ist der Name des Internetportals Yahoo zwar auch ein Akronym für *Yet Another Hierarchical Officious Oracle*, wurde aber von den beiden Firmengründern aufgrund der allgemeinen Begriffsbestimmung von *yahoo* als *„rude, unsophisticated, uncouth“* (engl. für ungezogen, unverfälscht, ungehobelt)[16] gewählt. Das Akronym ist also passend zum Begriff erfunden worden, dementsprechend ein Backronym und *falsches Akronym.*[17]

Andere Quellen nennen die Herkunft des Namens in Jonathan Swifts Roman Gullivers Reisen.[18]

# Finanzdaten

### Umsatz- und Gewinnentwicklung bei Yahoo in Millionen US-Dollar[19]

| Jahr | Umsatz | Nettogewinn bzw. -verlust |
|---|---|---|
| 1996 | 19,6 | −4,2 |
| 1997 | 70,3 | −25,4 |
| 1998 | 218,2 | 11,1 |
| 1999 | 557,5 | 60,8 |
| 2000 | 1005 | 101,8 |
| 2001 | 717,4 | −92,8 |
| 2002 | 953,1 | 42,9 |
| 2003 | 1472 | 237,82 |
| 2004 | 3574 | 839,3 |
| 2005 | 5256 | 1333,4 |
| 2006 | 6425 | 750,9 |

| | | |
|---|---|---|
| 2007 | 6969 | 660 |
| 2008 | 7209 | 424 |
| 2009 | 6460 | 598 |
| 2010 | 6325 | 1232 |
| 2011 | 4984 | 1049 |

- Es gibt 1,21 Milliarden Aktien von Yahoo.
- Der Kurs lag am 24. April 2012 bei 11,67 Euro.
- Der Börsenwert lag damit bei 14,7 Milliarden Euro (19,5 Mrd USD).
- Microsoft bot Anfang 2008 31 Dollar je Aktie, doch Yahoo lehnte ab.[20]
- Die Yahoo-Aktie lag 1997 bei 0,86 Euro, den Höchstwert erreichte sie Anfang 2000 mit 119,55 Euro.[21]
- Unternehmensgründer David Filo hält heute sechs Prozent der Aktien, sein Kollege Jerry Yang vier Prozent.[22]

# Angebote

Weltweit nutzen derzeit mehr als 700 Millionen Menschen[23] Yahoo. Zu den Produkten und Services von Yahoo gehören beispielsweise in Deutschland unter anderem die Yahoo Startseite, Yahoo Nachrichten, Yahoo Suche, Flickr, Yahoo Mail und Yahoo Messenger.

Yahoo bietet mit Yahoo Mail seit Jahren ein eigenes Freemail-Angebot mit unlimitiertem Speicherplatz an und gehört mit etwa 300 Millionen Nutzern, davon knapp sechs Millionen in Deutschland[24] , neben Hotmail zu den Marktführern bei den Freemail-Anbietern. Ein eigener Instant Messenger namens Yahoo Messenger existiert seit 1998.

Einige Dienste von Yahoo treten unter eigenen Markennamen auf, wie etwa:

- Alltheweb (eingestellt am 4. April 2011)
- AltaVista (am 16. Dezember 2010 wurde bekannt, dass Yahoo den Dienst einstellen wird)
- Delicious (Mitte 2011 veräußert)
- Flickr
- MyBlogLog (wurde am 24. Mai 2011 eingestellt und durch Yahoo Pulse abgelöst)
- Upcoming

# Yahoo in der Kritik

Im März 2002 unterschrieben mehr als 300 Unternehmen, darunter auch Yahoo, eine „Öffentliche Erklärung zur Selbstdisziplin“ des chinesischen Staates. Darin verpflichten sich die unterzeichnenden Unternehmen, „keine gefährlichen Informationen zu produzieren, zu veröffentlichen oder zu verbreiten, die die staatliche Sicherheit oder die soziale Stabilität gefährden könnten“. Yahoo unterschrieb kritiklos und ohne Suche nach einem Kompromiss und kennzeichnet zensierte Ergebnisse auch nicht (im Unterschied zu beispielsweise Google).[25]

Weiterhin scheint das Unternehmen Daten über seine Nutzer an die chinesischen Behörden auszuliefern. Zwei inhaftierte chinesische Journalisten hatten eine Klage gegen Yahoo angestrengt, weil sie die Ursache für Gefangennahme und anschließende Folterung in der Informationsweitergabe durch Yahoo sahen. Die Klage wurde inzwischen durch einen Vergleich beigelegt.[26] Im Falle des zu 10 Jahren Haft verurteilten Journalisten Shi Tao wurde bekannt, dass Yahoo die zur Ergreifung nötigen Informationen der chinesischen Autorität ausgeliefert hatte. Das *Committee to Protect Journalists* und Reporter ohne Grenzen zeigten sich entrüstet.[27]

Reporter ohne Grenzen kritisierte Yahoo 2006 scharf für seine mutmaßliche Rolle bei der Verhaftung von vier chinesischen Dissidenten.[28]

Die britische Journalistengewerkschaft NUJ hat am 2. Juni 2006 ihre 40.000 Mitglieder aufgefordert, Yahoo zu boykottieren. Grund für die Aktion der National Union of Journalists, die auch Mitglieder in Irland hat, ist laut NUJ die Kooperation des Konzerns bei Zensurmaßnahmen Chinas im Internet.

Im Juni 2007 gab es eine erneute Klage der Weltorganisation für Menschenrechte, Yahoo hätte der chinesischen Regierung bei der Identifizierung von regimekritischen Bürgerrechtlern geholfen.[29]

Im Oktober 2009 berichtet der Blog ZDNet Government, dass Yahoo während der Proteste im Iran Daten von 200.000 Yahoo-Nutzern der Regierung zur Verfügung gestellt haben soll.[30] Diese Falschmeldung wurde umgehend richtiggestellt.[31]

Im April 2011 wurde bekannt, dass Yahoo bei seiner Suchmaschine Daten 18 Monate lang aufbewahren wolle.[32]

Im November 2011 berichtete die Dortmunder Agentur Gestaltmanufaktur, dass Yahoo mit seinen Geschäftsbedingungen für Privatkunden möglicherweise gegen geltendes deutsches Recht verstoße. Die Voraussetzungen für eine Abmahnung seien aus Sicht des Bundesverbandes der Verbraucherzentralen gegeben, wird Referentin Carola Elbrecht zitiert. Stein des Anstoßes sei eine Klausel, wonach die Nutzer bestimmter Yahoo-Dienste dafür „verantwortlich" sein sollen, ihre Kommunikationspartner darüber „zu informieren", dass das Unternehmen den kompletten Datenaustausch auswertet – unter anderem zu Werbezwecken. Die für Yahoo zuständige Datenschutzaufsicht beleuchte den Fall.[33]

Am 12. Juli 2012 wurde bekannt, dass es Crackern gelungen war, Hunderttausende von Benutzerkontonamen samt Kennwörtern zu ermitteln, da die entsprechende Datenbank weder hinreichend gesichert noch hinreichend verschlüsselt gewesen war. Die Zugangsdaten wurden im Internet veröffentlicht.[34]

# Weblinks

- Yahoo Deutschland [35]
- Yahoo Österreich [36]
- Yahoo Schweiz [37]
- Yahoo Vereinigte Staaten [3]
- Yahoo! Search Marketing [38]

## Yahoo und Yahoo-Produkte in den Medien

- New York Times *In the Race With Google, It's Consistency vs. 'Wow'* [39] vom 24. Juli 2006
- Welt Online *Islamisten infiltrieren Yahoo, MSN und Google* [40] vom 24. Juli 2007
- Silicon.de *Yahoo erobert iPhone und TV* [41] vom 16. April 2009
- Create or Die *Yahoo Open Hack Day* [42] vom Mai 2009
- Der Spiegel (26/2009) *Die digitale Revolution*
- FAZ *Hart im Nehmen und im Austeilen* [43] vom 23. Juli 2009
- PC Welt *Yahoo Search Pad soll Internetrecherche revolutionieren* [44] vom 6. Juli 2009
- Tecchannel *Yahoo startet neue Suche in Deutschland* [45] vom 19. November 2009
- Manager Magazin *Die Tage geschlossener Webseiten sind gezählt* [46] vom 6. November 2009
- Focus.de *Neue Offenheit beim Internetriesen* [47] vom 5. November 2009
- Computerwoche.de *Flickr startet Personen-Marketing in Fotos* [48] vom 23. Oktober 2009

## Einzelnachweise

[1] Yahoo Investor FAQ (http://yhoo.client.shareholder.com/faq.cfm)
[2] *Yahoo! Reports Fourth Quarter and Full Year 2011 Results.* (http://pressroom.yahoo.net/pr/ycorp/225718.aspx) Abgerufen am 30. November 2012.
[3] http://www.yahoo.com
[4] Yahoo-Flirt mit Google - Microsoft zieht sich zurück vom 4. Mai 2008 (http://www.n-tv.de/YahooFlirt_mit_Google_Microsoft_zieht_sich_zurueck/040520085111/958263.html)
[5] Yahoo - Jerry Yang legt CEO-Posten nieder (http://www.finanznachrichten.de/nachrichten-2008-11/12401232-yahoo-jerry-yang-legt-ceo-posten-nieder-009.htm)
[6] Bei Yahoo wird Carol Bartz neue Chefin (http://www.finanznachrichten.de/nachrichten-2009-01/12831376-bei-yahoo-wird-carol-bartz-neue-chefin-009.htm)
[7] Yahoo! und Microsoft starten Suchallianz (http://yahoo.enpress.de/pressemeldungen.aspx?p=2411)
[8] Handelsblatt, *Yahoo feuert CEO Carol Bartz*, 7. September 2011 (http://www.handelsblatt.com/unternehmen/it-medien/yahoo-feuert-ceo-carol-bartz/4583288.html)
[9] Ebay-Manager soll Yahoo retten. (http://www.sueddeutsche.de/wirtschaft/paypal-chef-scott-thompson-ebay-manager-soll-yahoo-retten-1.1250752) In: sueddeutsche.de vom 4. Januar 2012
[10] *Yang tritt ab – Yahoos Zukunft unklar.* (http://www.heise.de/newsticker/meldung/Yang-tritt-ab-Yahoos-Zukunft-unklar-1415163.html) Abgerufen am 30. November 2012.
[11] Yahoo-Chef Thompson muss gehen (http://www.spiegel.de/wirtschaft/unternehmen/yahoo-chef-thompson-in-titelaffaere-vor-ruecktritt-a-832941.html). In: Spiegel Online vom 13. Mai 2012
[12] Yahoo! Names Fred Amoroso Chairman and Appoints Ross Levinsohn Interim CEO. (http://pressroom.yahoo.net/pr/ycorp/233946.aspx) Medienmitteilung vom 13. Mai 2012
[13] Yahoo verkauft Alibaba-Beteiligung (http://www.heise.de/newsticker/meldung/Yahoo-verkauft-Alibaba-Beteiligung-1579850.html), heise, 21. Mai 2012.
[14] *The History of Yahoo!* auf docs.yahoo.com (engl.) (http://docs.yahoo.com/info/misc/history.html)
[15] *Basisinformationen* im Yahoo-Presseportal (25. Mai 2011) (http://yahoo.enpress.de/basisinformationen.aspx)
[16] entsprechend der engl. Begriffsbestimmung, vgl. Eintrag *yahoo* auf dictionary.com (engl.) (http://dictionary.reference.com/browse/yahoo), sowie ihrer Ableitung (The Oxford Dictionary of Phrase and Fable, 2006; Collins Dictionary) von den primitiven menschenähnlichen Yahoos in Jonathan Swifts Erzählung *Gullivers Reisen*
[17] *Backronym#False_acronyms* in Wikipedia (engl.) (http://en.wikipedia.org/wiki/Backronym#False_acronyms), auch zu 'Yahoo'
[18] *Woher hat der Mac von Apple eigentlich seinen Namen bekommen und was bedeuten Google und Yahoo?* (http://www.gmx.net/themen/digitale-welt/quiz/061xyr6-heisst-mac-mac) Abgerufen am 24. Oktober 2012 (Frage 6 von 10 gibt Antwort zu yahoo).
[19] Umsätze ohne Traffic Acquisition Costs (TAC) und Gewinne ohne Sonderposten. Siehe hierzu: Yahoo! Investor Relations (http://yhoo.client.shareholder.com/)
[20] *Microsoft will Yahoo kaufen*, heise-Newsticker (http://www.heise.de/newsticker/Microsoft-will-Yahoo-kaufen-Update--/meldung/102860)
[21] Yahoo Aktie (http://www.ariva.de/chart/index.m?ind_volume=ON&boerse_id=1&save_presets=0&secu=392&zoom.x=0&zeitvon=0&zeitraum=8&kx=s&go=upper)
[22] Informationen zur Yahoo-Aktie bei Ariva.de (http://www.ariva.de/statistics/facunda.m?secu=392&page=-1)
[23] Quelle: comScore US Februar 2012
[24] Quelle: comScore Februar 2012
[25] *Zensur im Internet: "Yahoo ist am schlimmsten"* (http://www.spiegel.de/netzwelt/web/0,1518,413805,00.html) – Bericht von Spiegel online
[26] *Einigung mit Chinesischen Journalisten*, sueddeutsche.de 14. November 2007 (http://www.sueddeutsche.de/digital/yahoo-einigung-mit-chinesischen-journalisten-1.341718)
[27] Frankfurter Allgemeine Zeitung. FAZ.net *Journalist mit Unterstützung von Yahoo verhaftet, vom 8. September 2005*
[28] *Reporter ohne Grenzen: Yahoo beugt sich in China kompromisslos*, Heise-Newsticker (http://www.heise.de/newsticker/meldung/72654)
[29] *Menschenrechtler verklagen Yahoo*, Meldung von Spiegel Online Netzwelt (http://www.spiegel.de/netzwelt/web/0,1518,478158,00.html)
[30] Meldung ZDNet Government, 8. Oktober 2009
[31] *Retraction: Yahoo and Iran*, Richtigstellung bei ZDNet (engl.) (http://blogs.zdnet.com/BTL/?p=25745&tag=col1;post-5547)
[32] Herbert Braun: Yahoos neue Vorratsdatenspeicherung (http://www.heise.de/newsticker/meldung/Yahoos-neue-Vorratsdatenspeicherung-1230325.html). In: Heise Newsticker. 19. April 2011. Abgerufen am 20. April 2011.
[33] *Yahoo: Eigenwillige Geschäftsbedingungen.* (http://www.gestaltmanufaktur.de/front_content.php?idcat=25&idart=168) Abgerufen am 30. November 2012.
[34] Angriff auf Yahoo: Hacker zeigen Daten von 450 000 Yahoo-Nutzern (http://www.focus.de/digital/internet/diebstahl-von-passwoertern-hacker-zeigen-daten-von-450-000-yahoo-nutzern_aid_781269.html), Focus online, abgerufen am 12. Juli 2012
[35] http://de.yahoo.com/

[36] http://at.yahoo.com/
[37] http://ch.search.yahoo.com/
[38] http://searchmarketing.yahoo.com/de_DE
[39] http://www.nytimes.com/2006/07/24/technology/24yahoo.html?ei=5090&en=59f037c1cd98257f&ex=1311393600&partner=rssuserland&emc=rss&pagewanted=all
[40] http://www.welt.de/webwelt/article1050437/Islamisten_infiltrieren_Yahoo_MSN_und_Google.html
[41] http://www.silicon.de/software/business/0,39039006,41002975,00/yahoo+erobert+iphone+und+tv.htm
[42] http://createordie.de/cod/artikel/Yahoo-Open-Hack-Day-2305.html
[43] http://www.fazfinance.net/Aktuell/Wirtschaft-und-Konjunktur/Hart-im-Nehmen-und-im-Austeilen-8758.html
[44] http://www.pcwelt.de/start/dsl_voip/online/news/199896/yahoo_search_pad_soll_internetrecherche_revolutionieren/index.html
[45] http://www.tecchannel.de/news/themen/windows/2023912/yahoo_startet_neue_suche_in_deutschland/
[46] http://www.manager-magazin.de/it/artikel/0,2828,659612,00.html
[47] http://www.focus.de/digital/internet/yahoo-neue-offenheit-beim-internetriesen_aid_451410.html
[48] http://www.computerwoche.de/netzwerke/web/1908842/

# Deutsche_Telekom

| Deutsche Telekom AG | |
|---|---|
| | |
| **Rechtsform** | Aktiengesellschaft |
| **ISIN** | DE0005557508 [1] |
| **Gründung** | 1995 (Privatisierung) |
| **Sitz** | Bonn, Deutschland |
| **Leitung** | • René Obermann, Vorstandsvorsitzender<br>• Ulrich Lehner, Aufsichtsratsvorsitzender |
| **Mitarbeiter** | 234.040 (erstes Halbjahr 2012)[1] |
| **Umsatz** | 58,7 Mrd. EUR (2011)[2] |
| **Gewinn** | 670 Mio. EUR (2011)[2] |
| **Bilanzsumme** | 122,5 Mrd. EUR (2011)[2] |
| **Branche** | Telekommunikation |
| **Website** | www.telekom.com [3] |

Die **Deutsche Telekom AG** mit Sitz in Bonn ist Europas größtes Telekommunikationsunternehmen. Sie ging aus der Privatisierung der staatlichen Deutschen Bundespost und deren Bereichen für Telekommunikation und Fernmeldedienst (die sogenannte „Graue Post") hervor.

Das Unternehmen betreibt technische Netze (ISDN, DSL, Satelliten, Gigabit-Ethernet, usw.) für den Betrieb von Informations- und Kommunikationsdiensten (IuK), etwa Telefonen (Festnetz und Mobilfunk) oder Onlinediensten. Die Deutsche Telekom beschäftigt weltweit 246.777 Mitarbeiter, davon 121.564 Mitarbeiter in Deutschland. 2011 erzielte das Unternehmen einen Umsatz in Höhe von 58,7 Milliarden Euro[2]

Sie war bis Anfang 2008 außerdem einer der wichtigsten Betreiber von Rundfunksendern in Deutschland. Die für den Senderbetrieb zuständige Tochtergesellschaft T-Systems Media Broadcast wurde zu diesem Zeitpunkt an die französische TDF Group verkauft, die dann zur Media Broadcast GmbH umfirmierte. Die Bundesrepublik Deutschland hält direkt 15,00 Prozent und indirekt über die KfW Bankengruppe weitere 17,00 Prozent der Aktien. Die Mehrheit der Aktien (rund 62 Prozent) befinden sich in Streubesitz.[4]

Die Monopolkommission ermittelte die Deutsche Telekom AG als das im Jahr 2006 größte Unternehmen in Deutschland.[5] Das gilt sowohl hinsichtlich der Wertschöpfung in Deutschland,[6] der Sachanlagen[7] sowie nach Cashflow[8] und nach Umsatz in Deutschland.[9] An sechster Position liegt die Deutsche Telekom AG nach Mitarbeiterzahl mit 160.000 Beschäftigten in Deutschland.[10]

## Geschichte

Die Deutsche Telekom AG in ihrer heutigen Form ist am 1. Januar 1995 mit dem Inkrafttreten der zweiten Postreform aus der früheren *Deutschen Bundespost TELEKOM* entstanden – zunächst mit dem Bund als alleinigem Aktionär.

Telekom-Konzernzentrale in Bonn

### Die Ära Sommer

Am 16. Mai 1995 wurde Ron Sommer Vorstandsvorsitzender der Deutschen Telekom AG. Zuvor war Helmut Ricke, langjähriger Vorstandsvorsitzender der DBP TELEKOM, im Dezember 1994 – angeblich aufgrund von Meinungsverschiedenheiten mit dem damaligen Postminister Wolfgang Bötsch über die Postreform – von seinem Amt zurückgetreten.[11]

Unter Ron Sommer erfolgte am 18. November 1996 der Börsengang der Telekom. In einer bis dahin beispiellosen Werbekampagne wurde der Begriff der *T-Aktie* geprägt. Der Erstausgabepreis betrug 28,50 DM (14,57 €). Das entsprach einem Erlös von 10,0 Mrd. €. Später folgten noch eine zweite und dritte Tranche (28. Juni 1999, Stückpreis 39,50 €, Erlös 10,88 Mrd. € und 19. Juni 2000, Stückpreis 63,50 €, Erlös 15 Mrd. €)

Mit dem Inkrafttreten des Telekommunikationsgesetzes im Januar 1998 fiel das im Fernmeldeanlagengesetz (FAG) der Telekom staatlich garantierte Monopol für den Telefondienst in Deutschland. Zur Herstellung von Chancengleichheit für Wettbewerber mit dem ehemaligen Monopolisten wurde die Regulierungsbehörde RegTP (später Bundesnetzagentur, BNetzA) gegründet. Zu ihren Befugnissen gehörte u. a. die Formulierung von Auflagen und die Prüfung und Genehmigung von Tarifänderungen – besonders der marktbeherrschenden Telekom. Ebenfalls aus wettbewerbsrechtlichen Gründen musste die Telekom auf Druck der EU-Kommission ihr deutschlandweites Breitbandkabel-Netz verkaufen.[12] Das Netz wurde in mehreren Teilen an unterschiedliche Investoren verkauft nachdem es vorher in neun Regionalgesellschaften ausgegliedert war. Insgesamt zog sich der Prozess ab 1999 über mehrere Jahre hin, bis Mitte 2003 die letzten Anteile verkauft waren.

Die Ausgründung einzelner Geschäftsfelder (u.a. DeTeMobil – heute Telekom Mobilfunk und Online Pro Dienste GmbH – später T-Online) mündete schließlich in Ron Sommers so genannte *Vier-Säulen-Strategie* (T-Com, T-Mobile, T-Online und T-Systems) mit dem erklärten Ziel, jede der vier Töchter als eigenständige AG an die Börse zu bringen.[13] Umgesetzt wurde dies jedoch nur für T-Online (17. April 2000, Stückpreis 27 €, Erlös 2,7 Mrd. €).

In Sommers Amtszeit fiel auch die Ersteigerung der deutschen UMTS-Lizenzen im Juli/August 2000 durch T-Mobile für 16,58 Mrd. DM (8,48 Mrd. €)[14] und der Mai 2001 vollzogene Kauf der US-amerikanischen Mobilfunkunternehmen *Voicestream* und *Powertel* für ca. 39,4 Mrd. € (inkl. übernommener Schulden).[15] Wegen des hohen Preises und der damit verbundenen hohen Schuldenlast des Konzerns wurde insbesondere das VoiceStream- Engagement öffentlich stark kritisiert. 2005 galt die mittlerweile in *T-Mobile USA* umbenannte Mobilfunksparte jedoch als sehr erfolgreich und profitabel.[16] Anfang 2001 führte eine Wertberichtigung von Immobilienwerten um 2,2 Milliarden Euro in der Bilanz für 2000 zu einer Klagewelle von Privataktionären, die sich betrogen fühlten.[17]

Ron Sommer trat am 16. Juli 2002 vom Amt des Vorstandsvorsitzenden zurück. Begründung war ein „gestörtes Vertrauensverhältnis" zum Aufsichtsrat. Die Bundesregierung als Hauptanteilseignerin hatte Sommer nach massiven Kursverlusten infolge der Börsenkrise ab 2001 sowie der inzwischen hohen Konzernverschuldung zum Rücktritt gedrängt.

## Die Ära Ricke

Deutsche Telekom in der Welt

Am 15. November 2002 übernahm Kai-Uwe Ricke, Sohn des einstigen DBP-TELEKOM-Chefs Helmut Ricke, den Telekom-Vorstandsvorsitz vom Interimschef Helmut Sihler. Sihler kündigte einen harten Sparkurs an. Hatte Ron Sommer auf der Hauptversammlung im Mai 2002 noch von einem Überhang von 22.000 Stellen gesprochen, so wurde unter Sihler im Oktober 2002 bekannt, dass insgesamt 50.000 Stellen im Konzern abgebaut werden sollen. Ricke vollendete im Oktober 2003 mit der Gründung der konzerneigenen Personal-Service-Agentur Vivento den schon vor seiner Amtszeit begonnenen Plan, abzubauende Mitarbeiter in eine Beschäftigungsgesellschaft zu versetzen.

Der Schwerpunkt von Rickes Amtsführung lag zunächst auf dem Abbau der Schulden. Im April 2005 revidierte er Sommers Vier-Säulen-Strategie, indem er die erst 4½ Jahre zuvor an die Börse gebrachten 20,4 % Anteile der T-Online wieder zurückkaufte. So sollte die konzerninterne Konkurrenz zwischen T-Online und den DSL-Anschlüssen der T-Com verringert und der Konzern eher an den Bedürfnissen der Kunden ausgerichtet werden. Eine Klage von Kleinaktionären gegen die zwangsweise Verschmelzung und die zu geringen Abfindungsangebote scheiterte im Juni 2006.

Im November 2005 teilte die Telekom mit, dass in den folgenden drei Jahren erneut 32.000 Mitarbeiter das Unternehmen verlassen sollten. Im April 2006 verkaufte der Bund einen Anteil von 4,5 % an der Telekom für 2,7 Milliarden Euro an die Blackstone-Gruppe, was für einen Aufsichtsratsposten genügte. Es wurde vermutet, dass man sich von der Beteiligung auch einen positiven Effekt auf die noch immer niedrigen Aktienkurse erwartete.[18] So wurde auch Rickes Rücktritt vom Vorstandsvorsitz am 12. November 2006 auf den (vom Bund erwünschten) Einfluss von Blackstone zurückgeführt. Neben dem schlechten Aktienkurs wurde ihm auch zu zaghaftes Handeln angesichts eines dramatischen Kundenverlustes beim Festnetz vorgeworfen.

## Die Ära Obermann

Als neuer Telekom Vorstandsvorsitzender trat am 13. November 2006 René Obermann an. Als Schwerpunkte kündigte er die Verbesserung des Service und eine stärkere Verzahnung der Sparten Festnetz und Mobilfunk an. Sein Sanierungsplan führte im Frühjahr 2007 zu einem massiven Tarifkonflikt, in dessen Folge über 50.000 Mitarbeiter ab dem 1. Juli 2007 in die Tochtergesellschaft T-Service ausgegliedert wurden.

In Ergänzung des Sanierungsplanes vollzieht Obermann im selben Monat die Einführung eines Billigablegers unter dem Namen congster (heute congstar)[19] und strebt den Vertrieb des iPhones an[20] , um die Marke Telekom neu zu positionieren.

Seit Mai 2008 ermittelt die Staatsanwaltschaft Bonn im Fall der Telekom-Überwachungsaffäre. Die Staatsanwaltschaft hat in diesem Zusammenhang Ermittlungen gegen acht leitende Mitarbeiter und Aufsichtsratsmitglieder der Deutschen Telekom eingeleitet. Den Beschuldigten wird unter anderem die Bespitzelung von Journalisten, Aufsichtsräten der Arbeitnehmerseite, Betriebsräten und weiteren Telekom-Mitarbeitern sowie des Vizeaufsichtsratschefs der Deutschen Post AG während der Amtszeit Rickes vorgeworfen.

Im Oktober 2008 rückte die Telekom des Weiteren in den Blickpunkt der Öffentlichkeit, als sie nach einem Spiegel-Artikel einräumte[21] , dass ca. 30 Millionen Kundendaten der Mobilfunktochter T-Mobile ohne großen Aufwand über das Internet abgerufen und manipuliert werden konnten. In diesem Zusammenhang ermitteln zwei Staatsanwaltschaften wegen des Datendiebstahls von 17 Millionen Kundendaten, welche vermutlich aus einem Call-Center der Telekom-Konzerntochter Vivento entwendet wurden[22] .

Am 1. April 2010 wurde die Auflösung der T-Mobile Deutschland GmbH und der Konzernschwester T-Home durch den Start der neuen Telekom Deutschland GmbH endgültig vollzogen. Diese Zusammenlegung geht auf den Plan zur One Company zurück, der von Obermann zielstrebig umgesetzt wurde. Damit werden die Produkte rund um Festnetz, Mobilfunk, Internet und IPTV aus einer Hand angeboten.[23]

Im Frühjahr 2010 führte die Deutsche Telekom eine Frauenquote von 30 Prozent der oberen und mittleren Führungspositionen in dem Unternehmen ein, die bis 2015 umgesetzt sein soll.[24] Die ersten beiden Frauen wurden im Juli 2011 vom Aufsichtsrat in den Vorstand berufen. Seit Oktober 2011 ist Claudia Nemat als Vorstand für die Region Europa tätig, während die ehemalige baden-württembergische Bildungsministerin Marion Schick zu einem späteren Zeitpunkt im Jahr 2012 Personalchefin wird.[25]

Am 20. März 2011 gab die Deutsche Telekom bekannt, dass sie ihre US-Mobilfunktochter T-Mobile USA für insgesamt 39 Milliarden US-Dollar an den amerikanischen Telekommunikationskonzern AT&T verkaufen wolle, wobei AT&T 25 Milliarden US-Dollar in bar und 14 Milliarden US-Dollar in Form von AT&T-Aktien zahlen sollte. Dadurch sollte die Deutsche Telekom nach dem Vollzug der Transaktion mit bis zu 8 Prozent Aktien an AT&T beteiligt sein. Damit wäre sie zum größten Minderheitsaktionär des US-Branchenführers geworden. Mit dem Erlös wollte die Deutsche Telekom ihre Nettoverschuldung um rund 13 Milliarden Euro senken sowie eigene Aktien für rund 5 Milliarden Euro zurückkaufen.[26] [27] . Im Dezember 2011 lösten AT&T und die deutsche Telekom die Vereinbarung zum Verkauf von T-Mobil USA wegen umfassender Widerstände von US-Wettbewerbsbehörden auf.[28]

Am 20. Dezember 2012 gab Obermann bekannt, dass er Ende 2013 von seinem Amt als Vorstandsvorsitzender zurücktreten werde. Sein Nachfolger wird Timotheus Höttges, der bisherige Finanzvorstand der Deutschen Telekom AG.[29] .

## Konzernstruktur

### Gliederung bis 2004

Die Deutsche Telekom gliederte sich bis Ende 2004 in vier Hauptgeschäftsbereiche (die „4 Säulen"), die jeweils einen eigenen Vorstand hatten und weitgehend autonom agierten. Es handelte sich im Einzelnen um:

Logo der T-Com

- T-Com, die Festnetzsparte. Sie bietet Sprachtelefonie über das analoge Telefonnetz (ehemalige Markenbezeichnung: T-Net) und das digitale Telefonnetz (ISDN) und Datendienste über DSL und das DTAG-IPnet (Hochleistungs-Internetbackbone auf Glasfaserbasis, siehe Backbone) mit insgesamt 39 Mio. Telefonkanälen (2004: davon 2 Mio. an Wettbewerber vermietet).
- T-Mobile, die Mobilfunksparte. Sie bietet mobile Sprach- und Datendienste über ihr GSM-Netz an (seit Ende 2007 flächendeckend EDGE), ebenso über ihr UMTS-Netz.
- T-Online, die Internetsparte. T-Online bietet als Internetdienstanbieter Zugang zum Internet über Analogmodem, ISDN und DSL an. Eine neue Einnahmequelle soll im sogenannten *Non-Access-Geschäft* durch Anbieten von bezahlpflichtigen Inhalten erschlossen werden.
- T-Systems, das Systemhaus (aus ehemals debis Systemhaus und diversen Teilbereichen der Deutschen Telekom – zum Beispiel T-Nova, DeTeCSM, DeTeSystem, etc.). T-Systems übernimmt die Betreuung der Großkunden der Telekom und realisiert Projekte. Weiterhin sind dort die konzernweite Forschung & Entwicklung (F&E) angesiedelt.

## Gliederung ab 2005

Ab Anfang 2005 entstanden aus den „vier Säulen" der Telekom drei strategische Geschäftsfelder. Die Säulen „T-Com" und „T-Online" werden unter der Marke T-Com zum strategischen Geschäftsfeld Breitband/Festnetz zusammengeführt.[30] Bis zum 6. Juni 2006 war T-Online (International AG) noch ein eigenständiges börsennotiertes Unternehmen. Nach der Genehmigung durch den Bundesgerichtshof wurde am 6. Juni 2006 die Verschmelzung der T-Online International AG auf die Deutsche Telekom AG in das Handelsregister eingetragen. Durch die Umstrukturierung soll dem Privatkunden die Bereitstellung von Telefon und Internet erleichtert werden, da diese beiden Produkte nun aus einer Hand angeboten werden können.

T-Mobile bildet weiterhin das Geschäftsfeld Mobilfunk und T-Systems ist zuständig für die Geschäftskunden, was zur Folge hat, dass die Geschäftskundenniederlassungen von T-Com zu T-Systems wechseln. Im Jahr 2005 werden die beiden Tochtergesellschaften DeTeLine und T-Data, die bereits 2003 zur „Deutsche Telekom Network Projects and Services GmbH" fusionierten, ebenfalls in die T-Systems integriert.

Neben den strategischen Geschäftsfeldern verbleiben unter dem Dach der Deutschen Telekom AG verschiedene Geschäftseinheiten, die als so genannte „shared services" zentrale Funktionen übernehmen. Hierzu gehören u. a. das Personalwesen, Telekom Training (Berufsausbildung und Weiterbildung), die Commundo Tagungshotels, die F&E-Einheit T-Labs sowie die konzerneigene Personalserviceagentur Vivento. An die Querschnittsbereiche angeschlossen sind auch einzelne Tochtergesellschaften wie DeTe Immobilien und DeTe Medien, Deutsche Funkturm. DeTe Immobilien wurde 2008 an den österreichischen Baukonzern Strabag verkauft.[31] .

## Gliederung ab 2007

Im Mai 2007 wurde das Kerngeschäft erneut umstrukturiert und auf die beiden Marken „T-Home" und „T-Mobile" konzentriert. Anfang Juli 2007 verschmolzen T-Com und T-Online zu T-Home, wobei die Marke T-Online aber weiterhin für das Internetportal (nicht jedoch für das Internet-Zugangsgeschäft) des Konzerns genutzt wird.

Mitte Juli 2007 wurde die bereits bestehende Zweitmarke *congster*, unter der günstige DSL-Internetzugänge vermarktet worden waren, in die Marke congstar umgewandelt. congstar bietet auch Mobilfunkdienstleistungen an und steht damit in direktem Wettbewerb sowohl zu T-Home als auch zu T-Mobile.

Künftig soll nicht mehr der technische Aspekt für die Zuordnung zu den Geschäftsbereichen entscheidend sein. Unter den Produktmarken T-Home und congstar sollen alle Privatkundenangebote für Zuhause gebündelt werden. Einzelne Produkte wie T-DSL werden nicht mehr als separate Marke (mit vorangestelltem „T-") beworben. Für System- und Großkunden ist weiterhin T-Systems zuständig.

## Gliederung ab 1. April 2010

Telekom Deutschland GmbH

> Diese Gesellschaft ging aus der Geschäftseinheit T-Home und der ehemaligen T-Mobile Deutschland GmbH hervor. Die Geschäftseinheit T-Home wurde am 30. März 2010 von der Deutschen Telekom AG ausgegliedert und an die Tochtergesellschaft T-Mobile Deutschland GmbH übertragen, die seit 1. April 2010 unter Telekom Deutschland GmbH firmiert. Die Telekom Deutschland GmbH bietet nun die Dienstleistungen der Marken T-Home und T-Mobile „aus einer Hand" an und bündelt nun alle Privatkundengeschäfte in den Bereichen Mobilfunk, Festnetz, Internet und IPTV.

Die Marken T-Mobile und T-Home sind nahezu komplett vom deutschen Markt verschwunden.

T-Systems

> Die T-Systems bleibt von der Neuausrichtung des Konzerns unberührt.

Damit hat die Telekom aus drei Kernsäulen zwei gemacht und investiert laut Pressemitteilung vermehrt in Online-Dienste und neue Wachstumsfelder.[32]

## Tochtergesellschaften und Beteiligungen

Die Deutsche Telekom AG hat Tochtergesellschaften und Beteiligungen auf fünf Kontinenten.[33]

Telefonzelle der Deutschen Telekom in Budapest, Ungarn

### Neue Service-Gesellschaften

Die Deutsche Telekom will bis 1. Juli 2007 die geschäftlichen Aktivitäten der Bereiche „Technischer Kundendienst", „Technische Infrastruktur" und „Call Center" in drei rechtlich selbständige Service-Gesellschaften überführen: „Deutsche Telekom Technischer Service GmbH" (DTTS), „Deutsche Telekom Technik GmbH" und „Deutsche Telekom Kundenservice GmbH" (DTKS)[34] . Über diese Ausgliederung ist im Frühjahr 2007 eine heftige Auseinandersetzung mit der Gewerkschaft ver.di entbrannt.

Logo der Deutschen Telekom auf einer Telefonzelle

### Telekom Shop Vertriebsgesellschaft mbH (TSG)

Die Telekom Shop Vertriebsgesellschaft mbH ist ein eigenständiges Unternehmen, das in seinen gleichnamigen Verkaufsstellen speziell die Produkte der Deutschen Telekom AG vertreibt. Die ehemaligen T-Punkte, die sich speziell an Privatkunden, als auch solche, die sich speziell an Geschäftskunden gerichtet haben (T-Punkt-Business), betreuen jetzt beide Kundensegmente.

Der Telekom Shop geht auf den Telefonladen der Deutschen Bundespost und den Telekom-Laden der Deutschen Bundespost TELEKOM zurück.

Seit dem 1. September 2007 existiert kein T-Punkt-Business mehr. Die Ladenlokale werden weiter als T-Punkt (Telekom-Shop) geführt, aber die spezielle Ausrichtung auf den Mittelstand fällt weg. Es wird dafür im Hause der T-Mobile ein Vertrieb Mittelstand installiert, der verstärkt auf Beratungen beim Mittelständler vor Ort setzt.

### T-Systems

T-Systems verkauft Produkte und Dienstleistungen an mittlere bis sehr große Geschäftskunden. Der Schwerpunkt liegt dabei auf der Vermarktung komplexer Dienstleistungen und Branchenlösungen.

### T-Venture

Die T-Venture Holding GmbH ist eine 1997 gegründete hundertprozentige Tochter der Deutschen Telekom und gehört zu den großen Corporate-Venture-Capital-Gesellschaften in Europa. T-Venture beteiligt sich an neu gegründeten Unternehmen, die Synergien zu T-Home, T-Mobile oder T-Systems aufweisen und ein Wachstumspotenzial versprechen.

### Deutsche Funkturm (DFMG)

Die Deutsche Funkturm GmbH (DFMG) ist eine 2002 gegründete Tochtergesellschaft der Deutschen Telekom AG (ca. 83 % der Anteile) und von T-Mobile (ca. 17 % der Anteile). Aufgabe der DFMG ist die Planung, Errichtung, Umbau, Betrieb und Vermarktung von Antennenträgern- und Technikflächen an Turm-, Mast- und Rooftop-Standorten.

## Telekom-Aktie/Anteilseigner

Vorstandsvorsitzender der Deutschen Telekom AG ist seit dem 13. November 2006 René Obermann, Aufsichtsratsvorsitzender ist seit dem Frühjahr 2008 Ulrich Lehner. Die Aktien des Unternehmens (WKN 555750, ISIN DE0005557508) werden von der Deutschen Börse unter dem Kürzel *DTE* notiert und sind Bestandteil des DAX an der Frankfurter Wertpapierbörse.

Bei der Gründung der AG am 1. Januar 1995 war die Aktie nicht börsennotiert. Der Börsengang folgte am 18. November 1996. Die Aktie der Deutschen Telekom, kurz T-Aktie, wurde bei ihrer Einführung als Volksaktie bezeichnet. Im Umfeld des damaligen Internet-Booms investierten viele Privatinvestoren in die T-Aktie. Von einem im Bookbuilding-Verfahren ermittelten Ausgabekurs von € 14,57 stieg der Wert der Aktie bis auf € 104,90 (6. März 2000) an, sank dann aber wieder auf einen Kurs, der zeitweise unter dem Ausgabekurs lag.

Am 31. Oktober 2006 wurde bekannt, dass der russische Mischkonzern Sistema Großaktionär bei der DTAG werden möchte.[35] Im Gegenzug soll von Sistema die russische Telekommunikationssparte, zu der auch Russlands größtes Mobilfunkunternehmen MTS (knapp 60 Mio. Kunden, ehemalige Minderheitsbeteiligung der DTAG) als Mehrheitsbeteiligung (50,6 %) gehört, in den Konzern eingebracht werden. Beraten wird Sistema unter anderem von Ron Sommer, dem ehemaligen Vorstandsvorsitzenden der DTAG. Der Einstieg wurde aber wegen Sicherheitsbedenken durch die Bundesregierung abgeblockt.[36]

| Anteil | Anteilseigner | Sitz |
|---|---|---|
| 17,00 % | KfW Bankengruppe | Frankfurt am Main |
| 15,00 % | Bundesrepublik Deutschland | Berlin |
| 3,34 % | BlackRock | New York |
| 2,93 % | The Blackstone Group LP | New York |
| 61,73 % | Streubesitz | |

Stand: November 2012[4]

## Corporate Design

Leuchtreklame am Frankfurter Flughafen

Logo mit Posthorn vor der Privatisierung

Das Corporate Design der Deutschen Telekom wird durch den magenta geschriebenen Buchstaben T geprägt, der durch mehrere Punkte, in der Markensprache der Telekom als Digits bezeichnet, eingeschlossen wird. Die Telekom führte mehrere Prozesse, auch bis vor den Bundesgerichtshof, in denen es um die Schutzwürdigkeit der Farbe Magenta und des Buchstabens T ging. So wurden auch Domainnamen wie T-Wurst.de und T-Beutel.de von der Deutschen Telekom registriert.[37] [38]

Entsprechend wurden Produkte der Tochterunternehmen auch mit dem Buchstaben T versehen und mit Digits geschrieben. Typische Beispiele für diese Kunstbegriffe waren *T-NetBox* und *T-DSL*. In der aktuellen Ausrichtung der Markenstrategie wird das „T“ Zug um Zug aus den Produktbezeichnungen entfernt. Das Symbol wurde von der Deutschen Bundespost übernommen, die als Zeichen für den Geschäftsbereich TELEKOM ein ähnliches Symbol verwendete. Es bestand aus dem Wort „TELEKOM“ mit grauen Quadraten zwischen den Buchstaben und dem Posthorn. Die Farbe hat sich von damals bis heute nicht geändert. Allgemeine Hausschrift war lange Zeit eine modifizierte ITC Century Book, die *TeleAntiqua*. Mittlerweile wurde die TeleAntiqua durch die serifenlose Schrift TeleGrotesk abgelöst.

Im April 2008 wurde der US-Blog *Engadget Mobile*[39] von der Telekom aufgefordert, die Farbgestaltung von Logo und Blog zu ändern, da es sonst wegen der Farbe Magenta zu Verwechslungen kommen könnte.[40]

## Corporate Responsibility

Corporate Responsibility ist mittlerweile für viele deutsche Großunternehmen Teil der Unternehmensstrategie geworden. Auch die Deutsche Telekom nimmt ihre Verantwortung für nachhaltiges Wirtschaften wahr. Sie investiert unter anderem in Bildungsförderung, indem sie allgemein- und berufsbildenden Schulen in Deutschland einen kostenlosen Internetzugang zur Verfügung stellt, stärkt die Nutzung von Online-Rechnungen, um Papier und Kosten zu sparen und hat eine Handy-Rücknahme-Aktion gestartet, die nach eigenen Angaben die Rückgewinnung von Wertstoffen aus alten, nicht genutzten Handys zum Ziel hat.

Außerdem ist das Unternehmen Mitglied der Initiative „econsense“[41] , ein Zusammenschluss von 28 international agierenden deutschen Unternehmen, die sich gemeinsame Ziele für nachhaltige Entwicklung in der deutschen Wirtschaft setzt. Rating-Agenturen bescheinigen der Deutschen Telekom gute Noten. Sie liegt in dem aktuellen sustainalytics-Bericht 2010 nach BMW und Henkel auf dem dritten Platz.[42] [43] Laut Bericht ist das Unternehmen im Branchenvergleich mehr als 20 Bewertungspunkte über dem internationalen Durchschnitt. Um bessere Vergleichbarkeit des Nachhaltigkeitsberichts der Deutschen Telekom zu gewährleisten, verpflichtet sie sich zur Einhaltung der „Global Reporting Initiative“ Richtlinien.[44]

# Historische Preisstruktur

## Grund- und Anschlussgebühren

Wer einen Telefonanschluss von der Post haben wollte, musste neben der Grundgebühr auch eine Anschlussgebühr bezahlen. Diese betrug seit Juli 1974 200,– DM (102,26 EUR) und wurde ab Dezember 1984 auf 65,– Mark (33,23 EUR) gesenkt. Zum 1. Januar 1996 stieg die Gebühr wieder auf dann 100,– DM (51,13 EUR).

Die Grundgebühr für einen normalen Analoganschluss betrug von 1979 bis Juni 1990 27,– DM (13,80 EUR). Darin waren 20 Freieinheiten enthalten um eine Entschädigung für abgebrochene Verbindungen oder Verwählen zu gewähren. Ab Juli 1990 wurde der Markt für Telefone geöffnet, so dass die Telekom auch fremde Apparate an ihren Anschlüssen zulassen musste. Da nun die Kunden ihre Standardapparate zurückgeben konnten wurden 27,– Mark in die Grundgebühr für den Telefonanschluss 24,60 DM (12,60 EUR) und der monatlichen Miete für das Telefon 2,40 DM (1,23 EUR) aufgeteilt. Zum 1. Januar 1996 wurden die Freieinheiten auf 10 gekürzt und fielen ca. 1998 ganz weg.

Die Mehrwertsteuererhöhung im April 1998 von 15 auf 16 Prozent wurde voll an die Kunden weitergegeben, so dass die Grund- und Anschlussgebühren nun krumme Werte aufwiesen (24,82 DM bzw. 100,86 DM), die dann im 2002 auch genauso in Euro umgerechnet wurden.

In den Folgejahren hat die Deutsche Telekom immer mehr Bündelangebote in ihr Portfolio aufgenommen, so dass der Standard-Telefonanschluss heute keine große Rolle mehr spielt.

## Ortsnetz

Ein Ortsgespräch war für die Telekom nicht nur ein Gespräch zu einem Anschluss mit gleicher Vorwahl sondern galt für alle Ortsnetze, die sich im Umkreis von etwa 20 km des eigenen Ortsnetz befanden.

### Historische Preise für ein Ortsgespräch

| Zeitraum | | Tageszeit | Tarifpreis | Rechnerischer Minutenpreis und Takt |
|---|---|---|---|---|
| von | bis | | | |
| bis 1979 (Westberlin bis 1996) | | | 23 Pf pro Verbindung | |
| 3. Januar 1980 | 24.12.1988 | werktags 8-18 Uhr | 23 Pf je 8 Min | 1,5 ct/min im 480/480-Takt |
| | | übrige Zeit | 23 Pf je 16 Min | 0,7 ct/min im 960/960-Takt |
| 24.12.1988 | 31. März 1991 | werktags 8-18 Uhr | 23 Pf je 8 Min | 1,5 ct/min im 480/480-Takt |
| | | übrige Zeit | 23 Pf je 12 Min | 1 ct/min im 720/720-Takt |
| 1. April 1991 | 31. Dez. 1995 | werktags 8-18 Uhr | 23 Pf je 6 Minuten | 2 ct/min im 360/360-Takt |
| | | übrige Zeit | 23 Pf je 12 Min | 1 ct/min im 720/720-Takt |
| 1. Januar 1996 | 30. Juni 1999 | werktags 9-18 Uhr | 12 Pf je 1,5 Minuten | 4 ct/min im 90/90-Takt |
| | | 21-5 Uhr | 12 Pf je 4 Min | 1,5 ct/min im 240/240-Takt |

## Ferngespräche

Vom 1. April 1991 bis zum 31. Dezember 1995 kostete das Ferngespräch (alle Gespräche über 50 km Entfernung) werktags zwischen 8 und 18 Uhr alle 21 Sekunden 23 Pfennig, also 34 ct/min im 21/21-Takt, in der Nebenzeit kostete es alle 42 Sekunden 23 Pfennig, also 17 ct/min im 42/42-Takt. Zum 1. Januar 1996 führte die Deutsche Telekom, damals noch Monopolist, neue Preise und den 0,12-DM-Takt ein. Statt zwei Zeitzonen gab es derer nun fünf: werktags den Vormittagstarif von 9-12 Uhr, den Nachmittagstarif von 12-18 Uhr, den Freizeittarif von 18-21 Uhr und von 5-9 Uhr, den Mondscheintarif von 21-2 Uhr und den Nachttarif von 2-5 Uhr. Samstags, sonntags und feiertags galt von 5-21 Uhr der Freizeittarif, sonst der Mondscheintarif. Gleichzeitig wurde eine weitere Entfernungszone (Region 200) eingeführt, so dass es vier Entfernungsbereiche gab, die die selbsterklärenden Namen „Orts- und Nahbereich“, „Region 50“, „Region 200“ sowie „Fernzone“ trugen. Umgerechnet auf heute übliche Tarifangaben lagen die Gesprächspreise für Ferngespräche (alle Gespräche über 200 km Entfernung) zwischen 3 ct/min im 120/120-Takt (zwischen 21 und 5 Uhr) und 30 ct/min im 12/12-Takt (zwischen 9 und 12 Uhr).

### Mobilfunknetz

1996 gab es für Gespräche ins Mobilfunknetz zwei Zeitzonen und es wurden unterschiedliche Preise für Gespräche ins C-Netz, D-Netz und E-Netz (damals nur E-Plus) verlangt. Die Preise lagen zwischen 68 ct/Min im 6/6-Takt und 28 ct/Min im 13/13-Takt.

## Strommarkt

Zukünftig plant die Deutsche Telekom dezentrale Blockheizkraftwerke in privaten Häusern und Wohnungen anzubieten. Das Angebot richtet sich an Stadtwerke, die diese Anlagen von der Telekom bei ihren Kunden einbauen und warten lassen können.[45]

## Kritik

### Corporate Responsibility

Es gibt immer wieder Kritik an den internationalen Tochterunternehmen der Deutschen Telekom, insbesondere der US-Tochter T-Mobile USA, bezüglich mangelnder Corporate Responsibility.[46] Zahlreiche Gewerkschaften, Menschenrechts- und Arbeitsrechtsorganisationen werfen der Deutschen Telekom wiederholt Arbeitsrechtsverletzungen und Gewerkschaftsfeindlichkeit vor. NGOs wie *American Rights at Work* and Human Rights Watch haben Berichte veröffentlicht, die belegen, dass die Deutsche Telekom mit enormem Druck versucht, Beschäftigte, die sich gewerkschaftlich organisieren wollen, einzuschüchtern.[47] Die US-amerikanische Telekommunikationsgewerkschaft *Communications Workers of America* und die Vereinte Dienstleistungsgewerkschaft ver.di haben im April 2008 eine internationale Gewerkschaft für T-Mobile Beschäftigte gegründet, die T-Mobile Workers Union.

### Korruptionsaffäre

Die US-Börsenaufsicht SEC warf der ungarischen Telekom-Tochter Magyar vor, gegen das Anti-Korruptionsgesetz verstoßen zu haben und sich in den Jahren 2005 und 2006 durch Schmiergelder in Montenegro und Mazedonien einen Vorteil verschafft zu haben. Gegen drei Magyar-Manager reichte die SEC Klage ein. Die Ermittlungen wurden Ende 2011 gegen eine Geldzahlung eingestellt: Magyar zahlte 90 Millionen Dollar Strafe, die Deutsche Telekom knapp 4,4 Millionen Dollar.[48] Die SEC und das amerikanische Justizministerium begründeten die Strafzahlung der Telekom damit, dass der Konzern sein 60-prozentiges Tochterunternehmen nicht ausreichend kontrolliert habe. Außerdem wurden der Telekom die Verletzung von Buchführungs- und Berichtspflichten vorgeworfen. Den Bestechungs-Vorwurf gab es nur gegen Magyar.[49] [50]

## Siehe auch

- Liste der Fernsehtürme und Sendeanlagen der Deutschen Telekom
- Deutsche Telekom ist Mitglied der Europäischen Bewegung Deutschlands.[51]

## Weblinks

- Webseite der Deutschen Telekom AG [52]
- Literatur zum Schlagwort *Deutsche Telekom* im Katalog der DNB [53] und in den Bibliotheksverbünden GBV [54] und SWB [55]

## Einzelnachweise

[1] Deutsche Telekom AG: Konzern-Zwischenbericht. 1. Januar bis 30. Juni 2012.
[2] Deutsche Telekom AG: *Das Geschäftsjahr 2011.* (http://www.telekom.com/static/-/102686/12/120223-gb11-pdf-si) Abgerufen am 24. August 2012 (PDF).
[3] http://www.telekom.com
[4] Anteile (http://www.boersen-zeitung.de/index.php?li=22&l=0&isin=DE0005557508), boersen-zeitung.de, 9. November 2012
[5] Monopolkommission [das sind J. Basedow, J. Aldag, J. Haucap, P.-M. Preusker, K. Trebitsch]: *Weniger Staat, mehr Wettbewerb. Gesundheitsmärkte und staatliche Beihilfen in der Wettbewerbsordnung. Siebzehntes Hauptgutachten der Monopolkommission gemäß § 44 Abs. 1 Satz 1 GWB. 2006/2007* (http://www.monopolkommission.de/haupt_17/gesamtfassung_h17.pdf). Bonn, 30. Juni 2008 (PDF, 5,9 MB). Vgl. Übersicht zum 17. Hauptgutachten (http://www.monopolkommission.de/aktuell_hg17.html).
[6] Monopolkommission: *17. Hauptgutachten* (http://www.monopolkommission.de/haupt_17/gesamtfassung_h17.pdf). 2008 (PDF, 5,9 MB), S. 120 und S. 134: 17,2 Milliarden Euro, dazu 6,6 Milliarden Euro weltweit.
[7] Monopolkommission: *17. Hauptgutachten* (http://www.monopolkommission.de/haupt_17/gesamtfassung_h17.pdf). 2008 (PDF, 5,9 MB), S. 140: 49 Milliarden Euro.
[8] Monopolkommission: *17. Hauptgutachten* (http://www.monopolkommission.de/haupt_17/gesamtfassung_h17.pdf). 2008 (PDF, 5,9 MB), S. 141: 9 Milliarden Euro; nicht berücksichtigt wurden hier Banken und Versicherungen.
[9] Monopolkommission: *17. Hauptgutachten* (http://www.monopolkommission.de/haupt_17/gesamtfassung_h17.pdf). 2008 (PDF, 5,9 MB), S. 153: 32,5 Milliarden Euro, Platzierung nur im Vergleich mit Verkehrs- und Dienstleistungsunternehmen.
[10] Monopolkommission: *17. Hauptgutachten* (http://www.monopolkommission.de/haupt_17/gesamtfassung_h17.pdf). 2008 (PDF, 5,9 MB), S. 138.
[11] *Rücktritt angeblich aus persönlichen Gründen. Telekom-Chef Helmut Ricke wirft resigniert das Handtuch* (http://www.computerwoche.de/heftarchiv/1994/50/1125246). Auf: Computerwoche.de, 16. Dezember 1994.
[12] *Deutsche Telekom: Die Qual der Wahl* (http://www.teltarif.de/arch/1999/kw34/s676.html). Auf: teltarif.de, 23. August 1999.
[13] *Von der staatlichen Fernmeldebehörde zum globalen Konzern: Die Transformation der Deutschen Telekom 1995–2005* (http://www.input-consulting.com/download/MS_ISW_Telekom_end.pdf). Michael Schwemmle, 9. Oktober 2005.
[14] Vgl. UMTS – Wikipedia.
[15] *Geschäftsbericht der Telekom AG 2001* (http://www.download-telekom.de/dt/StaticPage/47/29/gb_d_komplett.pdf_47298.pdf). (PDF), S. 131.
[16] *Von der staatlichen Fernmeldebehörde zum globalen Konzern: Die Transformation der Deutschen Telekom 1995–2005* (http://www.input-consulting.com/download/MS_ISW_Telekom_end.pdf). Michael Schwemmle, 9. Oktober 2005, S. 11.
[17] T-Aktionäre machen sich weiter Hoffnung (http://www.zdnet.de/news/tkomm/0,39023151,39133725,00.htm), ZDNet.de/wiwo.de, 3. Juni 2005.
[18] Von der „Heuschrecke“ zum willkommenen Telekom-Investor (http://www.heise.de/newsticker/meldung/72353), heise newsticker, 25. April 2006
[19] Start Congstar (http://www.welt.de/wirtschaft/article996370/Telekom_startet_Mitte_Juli_mit_Billig-Ableger.html)
[20] Bietergefecht um iPhone (http://www.welt.de/wirtschaft/article994840/T-Mobile_verkauft_iPhone_fuer_450_Euro.html)
[21] Neues Sicherheitsleck bei der Telekom (http://www.handelsblatt.com/unternehmen/it-medien/neues-sicherheitsleck-bei-der-telekom;2061570), Handelsblatt.com, 13. Oktober 2008
[22] Der Telekom-Code (http://www.stern.de/wirtschaft/unternehmen/unternehmen/:Gravierende-Sicherheitslücke-Der-Telekom-Code/641811.html), Stern, 41/2008
[23] Telekom.com (http://www.telekom.com/dtag/cms/content/dt/de/840224)
[24] Frauenquote bei der Telekom. heise.de (http://www.heise.de/jobs/meldung/Frauenquote-bei-der-Telekom-954670.html)
[25] Telekom beruft Frauen in den Vorstand. heise.de (http://www.heise.de/newsticker/meldung/Telekom-beruft-Frauen-in-den-Vorstand-1273292.html)
[26] Deutsche Telekom: Pressemitteilung zum Verkauf von T-Mobile USA an AT&T (http://www.telekom.com/dtag/cms/content/dt/de/51236?archivArticleID=1005636) vom 20. März 2011

[27] Der Spiegel: Deal mit AT&T: Telekom verkauft US-Tochter für 39 Milliarden Dollar (http://www.spiegel.de/wirtschaft/unternehmen/0,1518,752122,00.html) vom 20. März 2011
[28] Deutsche Telekom: Medieninformation: AT&T und Deutsche Telekom lösen Vereinbarung für Verkauf der T-Mobile USA auf (http://www.telekom.com/medien/konzern/96642) vom 20. Dezember 2011
[29] Telekom Chef Obermann tritt ab (http://www.n-tv.de/wirtschaft/Telekom-Chef-Obermann-tritt-ab-article9837746.html), n-tv
[30] Dow Jones: T-Com soll Umsätze stabil halten (http://www.finanznachrichten.de/nachrichten-2004-12/1823754-ricke-deutsche-telekom-t-com-soll-umsaetze-stabil-halten-ftd-015.asp), 27. Dezember 2004
[31] Telekom verkauft Tochterfirma an Österreicher (http://www.spiegel.de/wirtschaft/0,1518,567632,00.html)
[32] telekom.com: *Alles aus einer Hand.* (http://www.telekom.com/dtag/cms/content/dt/de/840224)
[33] Hier eine aktuelle Auflistung der Beteiligungen: Deutsche Telekom weltweit (http://www.telekom.com/dtag/cms/content/dt/de/28748).
[34] telekom.com (http://www.telekom.com/dtag/cms/content/dt/de/593742)
[35] Russen liebäugeln mit Deutscher Telekom (http://www.spiegel.de/wirtschaft/0,1518,445791,00.html), Spiegel Online, 31. Oktober 2006
[36] (http://www.capital.de/unternehmen/management/:Ron-Sommer-im-Capital-Interview--Ich-hatte-keine-Glaskugel/100036776.html?p=2&p=3&p=2), Capital.de, aufgerufen 6. Juli 2011
[37] DENIC in der Wikipedia
[38] denic.de - Domainabfrage. (http://www.denic.de/hintergrund/whois-service/webwhois.html)
[39] Engadget Mobile (http://www.engadgetmobile.com/).
[40] *Trademark auf Farbe Magenta. Deutsche Telekom fordert US-Blog zum Farbwechsel auf* (http://www.gulli.com/news/trademark-auf-farbe-magenta-2008-04-02). Auf: gulli.com, 1. April 2008. Vgl. *Die Farbe Magenta. Deutsche Telekom legt sich mit Blog an* (nicht mehr online verfügbar). Auf: tagesschau.de, 3. April 2008.
[41] econsense Mitgliedsunternehmen (http://www.econsense.de/_ueber_uns/_mitglieder/index.asp)
[42] Nachhaltigkeitsrating der DAX-30 Unternehmen. (http://www.glocalist.com/news/kategorie/wirtschaft/titel/nachhaltigkeitsrating-der-dax-30-unternehmen/)
[43] Sustainalytics - Die Nachhaltigkeitsleistungen deutscher Großunternehmen. (http://sustainalytics.com/sites/default/files/Sustainalytics_DAX_30_Studie_2009.pdf)
[44] Deutsche Telekom - Corporate Responsiblity Bericht 2010. (http://cr-bericht.telekom.de/epaper/epaper-CR-2010-DE/index.html)
[45] Telekom steigt ins Stromgeschäft ein (http://www.stromvergleich-kostenlos.org/blog/telekom-steigt-ins-stromgeschaft-ein/) Abgerufen am 28. November 2012.
[46] Bonner Generalanzeiger: Telekom-Mitarbeiter in den USA haben "vor allem eines: Angst (http://www.general-anzeiger-bonn.de/index.php?k=loka&itemid=10002&detailid=722429)"
[47] Logan, John: Maßstäbe setzen oder Maßstäbe senken. Arbeitspraktiken der Deutsche Telekom in den USA (http://www.americanrightsatwork.org/dmdocuments/ARAWReports/loweringthebar_german_final.pdf ), DC (2009); Compa, Lance: A Strange Case: Violations of Workers' Freedom of Association in the United States by European Multinational Corporations (http://www.hrw.org/node/92719), DC (2010)
[48] *Telekom legt Schmiergeldaffäre mit Millionenzahlung bei.* (http://www.webcitation.org/64J9FmbIw) tagesschau.de, 30. Dezember 2011, archiviert vom Original (http://www.tagesschau.de/wirtschaft/telekomschmiergeld100.html) am 30. Dezember 2011, abgerufen am 30. Dezember 2011.
[49] *Telekom kauft sich frei.* (http://www.taz.de/Schmiergeldaffaere-auf-dem-Balkan/!84626/) taz.de, 30. Dezember 2011, abgerufen am 30. Dezember 2011.
[50] *Telekom zahlt Millionen an US-Justiz.* (http://www.spiegel.de/wirtschaft/unternehmen/0,1518,806295,00.html) spiegel.de, 30. Dezember 2011, abgerufen am 30. Dezember 2011.
[51] *Mitgliedseite im EBD.* (http://www.europaeische-bewegung.de/mitglieder/europa-profile-der-mitgliedsorganisationen/mitglieder-von-a-z/mitglieder-d/deutsche-telekom-ag/) Abgerufen am 6. Oktober 2010.
[52] http://www.telekom.com/
[53] http://d-nb.info/gnd/4245823-7
[54] http://gso.gbv.de/DB=2.1/CMD?ACT=SRCHA&IKT=1016&SRT=YOP&TRM=4245823-7
[55] http://swb2.bsz-bw.de/DB=2.1/CMD?ACT=SRCHA&IKT=2013&SRT=YOP&REC=2&TRM=4245823-7

# Telefónica_Germany

| Telefónica Germany GmbH & Co. OHG (börsennotiert als Telefónica Deutschland Holding AG) | |
|---|---|
| **Rechtsform** | GmbH & Co. OHG, Aktiengesellschaft (Holding) |
| **ISIN** | DE000A1J5RX9 [1] |
| **Gründung** | 1995 |
| **Sitz** | München, Deutschland |
| **Leitung** | René Schuster, Vorsitzender der Geschäftsführung |
| **Mitarbeiter** | 7.642 (2012) [1] |
| **Umsatz** | 5,04 Mrd. EUR (2011) [2] |
| **Branche** | Telekommunikation |
| **Website** | www.telefonica.de [3] |

Die **Telefónica Germany GmbH & Co. OHG** ist ein Telekommunikationsunternehmen in Deutschland. Unter der Marke $O_2$ wird ein Mobilfunknetz betrieben, welches sich aus mehr als 18.100 GSM- und 11.500 UMTS-Basisstationen zusammensetzt.[4] Außerdem bietet das Unternehmen DSL- und Festnetzanschlüsse an. Die Tochtergesellschaft der Telefónica Deutschland Holding hat 25,3 Millionen Kunden, darunter 19,11 Millionen Mobilfunkkunden.[2] Damit ist das Unternehmen der nach Kundenzahlen viertgrößte Mobilfunknetzbetreiber in Deutschland. (30. September 2012) Telefónica Germany gehört zu Deutschlands besten Arbeitgebern.[1]

## Geschichte

### Viag Interkom

1995 wurde das Mobilfunkunternehmen *Viag Interkom* gegründet. Es befand sich zu 45 % im Besitz der VIAG AG (später: E.ON), sowie der BT Group mit ebenfalls 45 % und des norwegischen Telekommunikationsunternehmens Telenor. Die Lizenz zum Aufbau eines GSM-Netzes erhielt das Unternehmen zwei Jahre später im Februar 1997. Am 1. Oktober 1998 startete Viag Interkom seinen Netzbetrieb in anfangs acht Ballungszentren. 1999 folgte die Einführung des Produkts *Genion*, mit dem innerhalb einer sogenannten *Homezone* Telefonate zu festnetzähnlichen Preisen geführt werden konnten und der Teilnehmer unter einer eigenen Festnetznummer erreichbar war.

Logo der ehemaligen Viag Interkom

Am 17. August 2000 erhielt Viag Interkom für 16,52 Mrd. DM eine von insgesamt sechs UMTS-Lizenzen. Im selben Jahr übernahm die BT Group das Unternehmen vollständig, nachdem sich E.ON aus der Telekommunikation zurückzog. Im Zuge der Strategie einer Abtrennung des Mobilfunks aus dem übrigen Geschäft spaltete sich der neue Mutterkonzern BT Group im Jahr 2001 in die Unternehmen *BT Ignite* (Festnetz) sowie $mmO_2$ (Mobilfunk). Auch das deutsche Tochterunternehmen Viag Interkom vollzog diese Trennung und verkaufte das Festnetzgeschäft an die BT Group.

Logo von $O_2$

## $O_2$ Germany

Daraufhin wurde im Jahr 2002 der Name an die Mutter angepasst und es entstand die Marke $O_2$. Um Verwechslungen mit der Vodafone-Mobilfunktochter Mannesmann Mobilfunk GmbH und deren früherer Bezeichnung D2 zu vermeiden, verständigte man sich mit Vodafone darauf, in Deutschland auf die Schreibweise O2 zu verzichten und nur $O_2$ oder *o2* zu verwenden.

Im Jahr 2003 gründete $O_2$ Germany mit mehreren anderen ausländischen Netzbetreibern die Starmap Mobile Alliance. Man erhoffte sich so Ersparnisse durch eine höhere Einkaufsmacht gegenüber Netzausrüstern und Endgeräteherstellen. Gleichzeitig waren netzübergreifende Dienste, wie z. B. das Aufladen einer Prepaid-Karte mit einer Guthabenkarte eines Allianzmitgliedes möglich.

Vier Jahre nach dem Erwerb der UMTS-Lizenz startete $O_2$ nach dem Aufbau erster UMTS-Basisstationen am 1. Juli 2004 den Verkauf von UMTS-Handys an Privatkunden.

Am 31. Oktober 2005 gab die spanische Telefongesellschaft Telefónica bekannt, den Mobilfunk-Anbieter $O_2$ mit seinen Töchtern in Deutschland, Großbritannien und Irland für insgesamt 26 Milliarden Euro aufzukaufen.[5]

Das Firmengebäude von Telefónica Germany am Georg-Brauchle-Ring in München

Im Oktober des folgenden Jahres startete das $O_2$-eigene DSL- und Festnetzangebot mit Geschwindigkeiten von bis zu 16 Mbit/s. Dieses wird über das DSL-Netz des damaligen Schwesterunternehmens Telefónica Deutschland realisiert. Auf der IFA 2007 in Berlin stellte $O_2$ seine eigene Discountmarke FONIC vor. Als erster Anbieter durchbrach Fonic mit einem Gesprächspreis von damals 9,9 Cent/Minute die 10-Cent-Marke. Am 1. Oktober selbigen Jahres gab der damalige $O_2$ Germany-Chef Rudolf Gröger seinen Posten ab. Nachfolger wurde Jaime Smith Basterra.

## Telefónica $O_2$ Germany

Im Juni 2008 wird schließlich aus *$O_2$ Germany* die *Telefónica $O_2$ Germany*, womit die Zugehörigkeit zum weltweit agierenden Telefónica-Konzern unterstrichen werden soll. Ein Jahr später beendete Jaime Smith Basterra nach nur zwei Jahren seine Tätigkeit für das Unternehmen, um sich neuen Aufgaben in Fernost zu widmen. Ihm folgte René Schuster. Am 14. August 2009 wurde die Telefónica Deutschland GmbH mit etwa 450 Mitarbeitern auf die Telefónica $O_2$ Germany GmbH & Co. OHG verschmolzen.

Ende Januar 2010 erhielt Telefónica $O_2$ Germany die Erlaubnis der Europäischen Kommission, den Internetanbieter HanseNet mit seiner Marke *Alice* für 900 Mio. Euro von der italienischen *Telecom Italia* zu übernehmen. Damit vergrößerte das Unternehmen sein Internet- und Festnetzgeschäft.[6] 2011 wurde Telefónica der Unternehmensname in Deutschland. $O_2$ bleibt als Produktmarke für Privat- und Geschäftskunden bestehen.

### Telefónica Germany

Seit 1. April 2011 firmiert das Unternehmen nach abgeschlossener Integration des Festnetz-Anbieters HanseNet daher unter dem neuen Namen *Telefónica Germany.*

Der Firmensitz von Telefónica Germany befindet sich in München am Rande des Olympia-Parks am Georg-Brauchle-Ring, wobei der Großteil der Belegschaft im Hochhaus Uptown München untergebracht ist. Teile der Kundenbetreuung befinden sich in Nürnberg, Teltow, Bremen, Brandenburg, Neubrandenburg, Schwerin, Osnabrück, Dortmund, Potsdam und auch im *Uptown* selbst.

#### Telefónica Deutschland Holding

Im Juni 2012 wurde bekannt, dass der spanische Mutterkonzern Telefónica plane, einen Minderheitsanteil des Unternehmens über die Börse zu verkaufen.[7] Aus diesem Grund wurde die *Telefónica Deutschland Holding AG* gegründet, welche aus der Umbenennung der *Telefónica Germany Verwaltungs GmbH* entstanden ist[8] und die *Telefónica Germany GmbH & Co. OHG* als hundertprozentige Tochter besitzt. Der Börsengang dieses neuen Unternehmens wurde am 30. Oktober vollzogen und war der Größte an der Frankfurter Wertpapierbörse seit 2007. Es wurden knapp 259 Mio. Aktien zum Preis von 5,60 Euro pro Aktie ausgegeben, womit Telefónica 1,45 Mrd. Euro einnahm.[9] Damit sind ca. 23 % des Unternehmens nicht mehr im Besitz der Telefónica Europe, sondern im Streubesitz.[10] Am ersten Handelstag stieg der Kurs um 4 %. Es wurde angekündigt, im Jahr 2013 eine Dividende von 500 Mio. Euro an die Aktionäre auszuschütten.[9]

## Produkte

### Mobilfunk

$O_2$ war Vorreiter bei Online-Verträgen, bei denen die gesamte Abwicklung des Mobilfunk-Vertrags über das Internet oder Hotlines abläuft. Als Gegenleistung erhält der Kunde einen Online-Vorteil in Form von Vergünstigungen oder Zusatzleistungen.

Logo der $O_2$ Genion Homezone

Mit dem 1999 noch unter dem Namen VIAG Interkom eingeführten Tarif „Genion" ermöglichte das Unternehmen dem Kunden, in einem bestimmten, definierten Bereich (der sogenannten „Homezone") zu einem günstigeren Tarif zu telefonieren. Dabei erhielt der Kunde für seine SIM-Karte sowohl eine Festnetznummer als auch eine Mobilfunknummer. Befand sich der Nutzer im Bereich seiner beliebig im $O_2$-Netz wählbaren Homezone, so telefonierte er zu festnetzähnlichen Preisen und sein Mobiltelefon war für Anrufer auch unter einer Festnetznummer erreichbar. Verließ der Nutzer die Homezone, war er für Anrufer lediglich unter seiner Mobilfunknummer erreichbar, es sei denn der Kunde hatte für diesen Fall eine kostenpflichtige Rufumleitung eingerichtet. Als Reaktion auf den Markterfolg der Mobilfunk-Discounter hatte $O_2$ von November 2006 bis April 2009 mit Genion S (ohne Handy) einen monatlich kündbaren Genion-Laufzeitvertrag ohne Grundgebühren und ohne Mindestumsatz im Angebot, der sich an den niedrigen Minutenpreisen der Mitbewerber orientierte.

Von November 2004 bis April 2005 konnte bei den „Active„-Tarifen gegen einen Monatsaufpreis von fünf Euro das sogenannte „After Work Pack" aufgebucht werden. Dies war die erste Mobilfunk-Teilzeitflatrate in Deutschland, die täglich von 18 bis 22 Uhr unbegrenztes Telefonieren ins deutsche Festnetz sowie innerhalb des Mobilfunknetzes von $O_2$ ermöglichte.

Im Mai 2009 stellte $O_2$ das Tarifportfolio um. Kern der neuen Vermarktungsstrategie war der Tarif $O_2$ o, der als Alternative zu Discounter-Angeboten positioniert wurde. Der monatlich kündbare Tarif ohne Grundgebühr und Mindestumsatz führte eine als „Kosten-Airbag" bezeichnete Kostenlimitierung für Gespräche und SMS innerhalb Deutschlands bei 50 Euro im Monat ein. Zeitgleich wurde der Tarif „Genion" eingestellt. Heute ist gegen einen monatlichen Aufpreis von 5 Euro und gegen eine einmalige Einrichtungsgebühr von 15 Euro eine mit dem „Genion"-Tarif vergleichbare Homezone zum $O_2$ o-Tarif zubuchbar.

Mit $O_2$ on startete im Januar 2010 ein neuer Geschäftskunden-Tarif. Dieser erhält eine Sprachflatrate für alle deutschen Fest- und Mobilfunknetze sowie eine Daten-Flatrate.[11] Seit Juli 2010 heißt der Geschäftskundentarif $O_2$ on Business.

Das Prepaid-Angebot von $O_2$ wurde lange unter dem Namen $O_2$ LOOP vermarktet. Ab Mai 2009 gab es jedoch nur noch den neu eingeführten Tarif $O_2$ o als Prepaid-Angebot, die bisherigen LOOP-Tarife wurden Neukunden nicht länger angeboten. Seit August 2012 werden die beiden Tarife $O_2$ Loop und $O_2$ Loop Smartphone aktiv vermarktet und sowohl Neu- als auch Bestandskunden angeboten.

## Mobilfunkkooperationen

Seit 2004 existieren Mobilfunkangebote in Kooperation mit dem Unternehmen Tchibo unter dem Namen Tchibo Mobil. Diese werden als erste Versuche eines Anbieters auf dem deutschen Mobilfunk-Discounter-Markt angesehen. Seit 2006 wurden Mobilfunk-Tarife in Kooperation mit AOL angeboten. Seit Frühjahr 2007 auch über HanseNet, zu welcher über die Konzernmütter Verbindungen bestehen, unter dem Namen Alice vermarktet. Der Mobilfunkprovider Freenet AG realisiert ebenfalls seit Frühjahr 2007 die damals erste in Deutschland angebotene Mobilfunk-Flatrate in alle nationalen Netze über das Netz von $O_2$.

Seit September 2007 gibt es von $O_2$ mit Fonic den ersten eigenen Discounter.

Discountmarke von $O_2$: Fonic

## Mobile Internet-Zugänge

$O_2$ bot von September 2003 bis März 2008 mit dem *Surf & E-Mail-Pack* als erster Anbieter in Deutschland eine Flatrate für die mobile Internet-Nutzung über WAP-Browser an. Deren Nutzungsspektrum hat sich seit dem Aufkommen von leistungsfähigeren Mobile HTML-Browsern insbesondere auf Smartphones zunehmend auf sämtliche Webseiten ausgedehnt. Seit Februar 2008 wird das Pack jedoch nicht mehr angeboten. Seitdem können verschiedene Internet-Packs hinzugebucht werden. Die Internet-Packs unterliegen im Gegensatz zum *Surf & E-Mail-Pack* keinen Beschränkungen auf bestimmte Internetdienste.

Ab dem 15. April 2005 war mit $O_2$-Surf@home innerhalb eines Wunschbereiches ein schneller, drahtloser Internet-Zugang möglich. Dazu wurde ein *Surf@Home-Box* genannter UMTS-Router eingesetzt, der Daten-Signale im UMTS-Netz empfängt und über ein Netzwerkkabel und/oder WLAN an einen oder mehrere PCs weitergibt. Dieses Vermarktungskonzept war vor allem für Kunden interessant, die sich komplett vom Festnetzanschluss lösen wollten oder keinen DSL-Anschluss bekommen konnten. $O_2$-Surf@home wurde für Neukunden im Zuge der Neustrukturierung der Tarife im Herbst 2007 eingestellt. Neukunden sollten stattdessen über ein an den PC angeschlossenes Handy oder mit einer Notebook-UMTS-Datenkarte online gehen. Seit Herbst 2008 gibt es wieder eine ähnliche Vermarktungsstrategie mit dem „$O_2$ Surf Stick". Bei diesem Angebot gibt es allerdings keine räumliche Begrenzung, da der Stick deutschlandweit benutzt werden kann.

Seit Juli 2011 bietet $O_2$ Tarife für die Nutzung des eigenen LTE-Netzes an. Die Tarife sind zunächst nur für die Nutzung zu Hause mit einem LTE-Router bestimmt. Sie bieten eine Geschwindigkeit von bis zu 7,2 Mbit/s, die nach einer bestimmten Datenmenge gedrosselt wird.[12]

Ab dem 12. März 2012 bietet Telefónica in Kooperation mit Kaspersky Labs Inhabern von O2-Handyverträgen gegen Aufpreis einen Service an, mit dem das Smartphone vor Schadsoftware sowie Phishing-Attacken geschützt werden kann. Auch eine Kindersicherung sowie eine Sperre bei Verlust des Mobilgeräts sind in dem Paket enthalten.[13]

## Handys und Endgeräte

$O_2$ ist seit geraumer Zeit auch im Handel mit Handys, Smartphones und Tablets aktiv. Nahezu alle angebotenen Endgeräte können auch ohne Laufzeitvertrag erworben werden und besitzen keinen SIM-Lock. Statt der sofortigen Bezahlung des gesamten Kaufpreises bietet $O_2$ eine Ratenzahlung über 12 oder 24 Monate an. Der Netzbetreiber gehörte zu den ersten Händlern in Deutschland, die das iPhone 4 und iPad 2 ohne Vertragsbindung ausgeliefert haben.[14] Neben Produkten fremder Unternehmen werden Surfsticks unter der eigenen Marke angeboten, die der chinesische Netzwerkausrüster Huawei für $O_2$ herstellt.

## Festnetz und DSL

Seit 27. Oktober 2006 gibt es festnetzbasierte Breitbandanschlüsse und Komplettanschlusspakete von Telefónica Germany mit Geschwindigkeiten von bis zu 16 Mbit/s (ADSL2+). Genutzt werden das eigene DSL-Konzentratornetz und Backbone. Nur die so genannte letzte Meile wird von der Telekom angemietet. Der zum DSL-Anschluss gehörende Telefonanschluss wird als VoIP-Anschluss realisiert und bietet alle gängigen ISDN-Merkmale.

Aktuelles Alice-DSL-Logo

Sofern sowohl Mobilfunkverträge als auch ein DSL-Anschluss über $O_2$ abgewickelt werden, kann kostenlos die Family-Flat gebucht werden, welche kostenlose Telefonate zwischen den Familienhandys und dem Festnetzanschluss bietet. Alle Anschlüsse müssen dabei auf einer Kundennummer laufen.

Ehemaliges $O_2$-DSL-Logo

Ende Januar 2010 erhält Telefónica O2 Germany die Erlaubnis der Europäischen Kommission, den Internetanbieter HanseNet mit seiner Marke Alice für 900 Mio. Euro von der italienischen Telecom Italia zu übernehmen.

Alice vermarktet seine Telekommunikationslösungen bundesweit. Das Kerngeschäft von Alice basiert auf der vollständig entbündelten Teilnehmeranschlussleitung und damit auf der Möglichkeit, mittels eigener Technik in den Vermittlungsstellen den Teilnehmer direkt mit dem eigenen Netz der Telefónica zu verbinden. Die sogenannte letzte Meile wird dabei von der Telekom Deutschland gemietet. Seit Markteintritt sind sämtliche vermarkteten Tarife kurzfristig kündbar, während die meisten Wettbewerber mittlerweile die gesetzlich zulässige Vertragsbindung von zwei Jahren voll ausschöpfen.

Seit März 2010 bietet Alice seinen Kunden unter dem Namen Alice Disk und Alice SmartDisk eine Online-Festplatte an. Die Technologie für das Produkt stammt von Humyo.

Zum 30. August 2011 wurde der Onlinevertrieb von DSL unter der Marke $O_2$ eingestellt.

Am 16. Januar 2012 endete die Nutzung der Marke Alice durch $O_2$.

### Fernsehen

Alice bietet IPTV-Anschlüsse an. Die Schaltung des Fernsehangebotes erfolgt nur über Telefónica-eigenen Netze. Geliefert wird eine HomeBox, die an den DSL-Router angeschlossen wird und die Nutzung über die DSL-Leitung ermöglicht. Mit Alice TV kann der Kunde auf das Video-On-Demand-Angebot der Alice-Mediathek zugreifen und das laufende Programm anhalten und aufnehmen. Die Vermarktung wurde im April 2012 eingestellt und wird bislang nur für Bestandskunden aufrechterhalten.[15]

### Hosting

Telefónica Germany bietet seit einiger Zeit auch Hosting-Dienstleistungen für große und mittlere Unternehmen an. Im Juli 2011 wurde das Hosting-Geschäft in eine eigene Tochtergesellschaft *Telefónica Germany Online Services GmbH* ausgegliedert[16] , die den Bereich in Deutschland weiter entwickeln soll. Neben Managed Hosting werden unter der Marke $O_2$ auch standardisierte Hosting-Lösungen, z. B. für Microsoft Exchange, angeboten.[17] Zu den großen Kunden im Hosting-Segment gehören beispielsweise Spiegel Online, Zalando oder ProSiebenSat.1 Media. Telefónica Germany betreibt zwei Rechenzentren in Deutschland, eines davon in Zusammenarbeit mit der Bertelsmann-Tochter Arvato.

## Netze

### GSM-Netz

Das GSM-Mobilfunknetz startete am 1. Oktober 1998 zunächst als reines DCS 1800-Mobilfunknetz („E-Netz"). Aus wirtschaftlichen Gründen wurde es anfänglich nicht wie die übrigen drei Netze voll flächendeckend ausgebaut, vielmehr konzentrierte man sich auf Ballungsräume und Verkehrsachsen.

Zur Abdeckung der übrigen Gebiete konnten anfangs mit einem speziellen über Swisscom realisierten Roaming-Verfahren alle drei übrigen deutschen Mobilfunknetze genutzt werden. Dazu enthielten die Viag Interkom-SIM-Karten technisch betrachtet zwei unterschiedliche Datensätze, wobei der der schweizerischen SwissCom durch Anhängen einer „1" an die eigentliche PIN beim Einschalten des Mobiltelefons aktiviert wurde. Dadurch konnte Viag Interkom die internationalen Roaming-Abkommen der SwissCom für nationales Roaming in Deutschland nutzen. Nachteilig war jedoch, dass der Kunde auch im Netz der Viag Interkom als SwissCom-Kunde registriert wurde und somit auch für Gespräche zu anderen Viag Interkom-Kunden der Fremdnetztarif angewandt wurde und die Homezone ebenfalls nicht galt. Der Kunde musste sich somit immer durch Aus- und Wiedereinschalten des Gerätes ummelden, je nachdem ob ihm gerade die Homezone und/oder netzinterne Gespräche oder die Netzabdeckung wichtiger war.[18]

Seit 1999 beschränkte sich das nationale Roaming auf das Netz von T-Mobile; auch dieses wurde in den folgenden Jahren sukzessive nach erfolgtem Netzausbau eingeschränkt (sogenanntes *Barring*).

Im Jahr 2001 führte man als erster deutscher Mobilfunkanbieter GPRS ein. Somit konnten erstmals in Deutschland Daten mobil mit einer Geschwindigkeit von bis zu 55,6 kbit/s heruntergeladen werden.

Nachdem man 2006 von der Bundesnetzagentur reichweitenstärkere E-GSM-Frequenzen erhalten hatte, wurde das eigene GSM-Netz auch in ländlichen Gebieten flächendeckend ausgebaut. Im November 2008 verkündete Telefónica, nun 99 Prozent der Bevölkerung mit einem eigenen GSM-Netz versorgen zu können.[19]

Ab 2008 wurde das eigene GSM-Netz mit EDGE ausgebaut.[20] Telefónica konzentrierte sich dabei vor allem auf noch nicht mit UMTS versorgte Gebiete. Im November 2008 waren 2600 Stationen mit EDGE ausgestattet.[21] Im März 2009 gab $O_2$ bekannt, die EDGE-Geschwindigkeit als erster deutscher Mobilfunkanbieter von 220 kBit/s auf 384 kBit/s zu erhöhen.[22] Diese lässt sich mit neueren Endgeräten nutzen.

Anfang 2010 wurde das T-Mobile-Roaming eingestellt.[23] [24] Zu diesem Zeitpunkt war das GSM-Netz mit Hilfe von 17.000 GSM-Basisstationen fast flächendeckend verfügbar. In der Folge wurde das Roaming überflüssig.[25]

### UMTS-Netz

Seit dem 1. Juli 2004 können Kunden von $O_2$ das eigene UMTS-Netz nutzen. In der Vergangenheit konnte mit *Active-Data*-Verträgen zusätzlich auch das UMTS-Netz von T-Mobile mitgenutzt werden. Mittlerweile ist in allen Neuverträgen nur noch der Zugriff auf das eigene UMTS-Netz möglich. Am 1. Dezember 2006 hat $O_2$ als dritter deutscher Mobilfunkanbieter nach T-Mobile und Vodafone den sogenannten „UMTS-Turbo“ HSDPA in einigen Ballungszentren eingeführt. Mittlerweile ist das gesamte UMTS-Netz mit der Technik ausgebaut.

Ende 2008 wurden mit UMTS 57 % und mit der Erweiterung HSDPA 55 % der Bevölkerung über die eigene Netzversorgung erreicht.[26] Somit ist es möglich, mit Geschwindigkeiten von bis zu 7,2 MBit/s zu surfen. Ende 2008 begann der Netzbetreiber damit, seine Sendeanlagen mit HSUPA aufzurüsten. Diese Technik erhöhte den Upstream im UMTS-Netz von 384 kbit/s auf bis zu 5,76 Mbit/s.

Auf dem Mobile World Congress 2009 in Barcelona gab $O_2$ zudem bekannt, das UMTS-Netz mittels HSPA+ auf bis zu 28 MBit/s zu beschleunigen.[27] Erste Tests fanden ab Sommer 2009 in München statt. Mittlerweile befindet sich HSPA+ an einigen Ballungszentren im Regelbetrieb.

### LTE-Netz

Anfang September 2010 nahm Telefónica eines der ersten städtischen LTE-Pilotnetze in München in Betrieb, das im 2,6-Gigahertz-Bereich sendet. Das zweite städtische Pilotnetz in Halle läuft ebenfalls. Seit November 2010 werden auch erste ländliche Gemeinden versorgt: In Teutschenthal bei Halle und Ebersberg bei München wurden Pilotnetze mit 800-Megahertz-Frequenzen eingeschaltet, die aus der so genannten „Digitalen Dividende“ stammen. Seit dem 1. Juli 2011 hat die LTE-Vermarktung begonnen, und kann jetzt in ausgewählten Orten Deutschlands angeboten werden.

## Unternehmensdaten

### Kundenzahl

| 31. Dez. | Kunden (in Mio.) | Marktanteil |
|---|---|---|
| 1998 | 0,021 | 0,2 % |
| 1999 | 0,900 | 3,9 % |
| 2000 | 3,200 | 6,6 % |
| 2001 | 3,656 | 6,5 % |
| 2002 | 4,563 | 7,7 % |
| 2003 | 5,586 | 8,6 % |
| 2004 | 7,398 | 10,4 % |
| 2005 | 9,769 | 12,3 % |
| 2006 | 11,025 | 12,9 % |
| 2007 | 12,471 | 13,0 % |
| 2008 | 14,200 | 13,2 % |
| 2009 | 15,507 | 14,3 % |
| 2010 | 17,049 | 15,7 % |
| 2011 | 18,380 | 16,1 %[28] |

## ARPU

Der durchschnittliche Kundenumsatz (ARPU) lag im Dezember 2011 bei 13,8 Euro im Monat.[2]

## Telefónica als Sponsor

$O_2$ World Berlin

$O_2$ sponserte 2006 das Formel-1-Team BMW Sauber F1 Team. Weiterhin wird die Deutschlandtour der Natural Born Golfers und der Mobile Movie Award finanziell unterstützt. Zudem tritt das Unternehmen regelmäßig als Sponsor der Bayerischen Staatsoper München in Erscheinung. Seit Mai 2004 ist $O_2$ Hauptsponsor des deutschen Kajak-Zweiers Tim Wieskötter und Ronald Rauhe.

$O_2$ ist seit Anfang 2005 offizieller Partner des Deutschen Ski-Verbands. Im November 2005 wurde bekannt, dass Telefónica den Staatsempfang der bayerischen Staatsregierung zu Franz Beckenbauers 60. Geburtstag gesponsert hat.

Am 10. September 2008 wurde die $O_2$ World Berlin mit einem Fassungsvermögen von bis zu 17.000 Besuchern eröffnet. Sie ist Austragungsort zahlreicher Sport-, Musik- und Entertainment-Veranstaltungen. Die $O_2$ World Berlin entstand auf der Fläche des ehemaligen Berliner Ostgüterbahnhofs und ist eine der modernsten Multifunktionshallen der Welt.

Im Sommer 2010 wurde auch aus der Hamburger Color Line Arena die $O_2$ World Hamburg. Die Multifunktionsarena ist die Heimspielstätte der Hamburg Freezers und des HSV Hamburg.

## Corporate Responsibility

Seit 2005 veröffentlicht das Unternehmen – ebenso wie der Mutterkonzern Telefónica S.A. – einen jährlichen Corporate Responsibility-Bericht (Nachhaltigkeitsbericht) gemäß den Richtlinien der Global Reporting Initiative (GRI).[29] Der Bericht für das Geschäftsjahr 2010 ist im Juni 2011 erschienen und wurde einer unabhängigen prüferischen Durchsicht unterzogen.[30] Kernthemen des CR-Engagement sind das Jugendmedienkompetenzprojekt „Think Big“[31] , das gemeinsam mit der Deutschen Kinder- und Jugendstiftung (DKJS) durchgeführt wird, Klima- und Umweltschutz[32] sowie barrierefreie Telekommunikation, insbesondere für Menschen mit Hörschädigung.[33] Zu diesen drei Schwerpunktthemen führt Telefónica Germany regelmäßige Stakeholder-Dialoge durch.[34]

Im Dow Jones Sustainability Index (DJSI) ist der Mutterkonzern Telefónica S.A seit September 2010 als nachhaltigstes Unternehmen der Telekommunikationsbranche gelistet.[35]

## Kritik

### National Roaming

Im Zuge des eigenen Netzausbaus wurde das sogenannte National Roaming im T-Mobile-Netz schrittweise bis Ende 2009 abgeschaltet. In vereinzelten Fällen wurde das Roaming bereits abgeschaltet, bevor $O_2$ die Netzversorgung durch eigene Mobilfunkmasten sicherstellen konnte. Das führte dazu, dass Kunden an betroffenen Standorten plötzlich über schlechteren Netzempfang, abbrechende Gespräche, undeutliche Sprachqualität oder schlimmstenfalls über Funklöcher klagten. $O_2$ zeigte sich dabei teilweise unkulant und drängte auf die kundenseitige Erfüllung der Verträge bis zum Ende der Laufzeit, obwohl die Mobilfunknutzung am Kundenstandort nach der Roaming-Abschaltung nicht mehr befriedigend möglich war. Das Amtsgericht München verurteilte Telefónica im September 2007 dazu, einen betroffenen Kunden aus dem Vertrag zu entlassen.[36] Später wurde bei entsprechenden Netzverlusten den Kunden oftmals eine Grundgebührbefreiung über mehrere Monate angeboten.

### Preiserhöhung für Sonderrufnummern

Ende 2006 änderte $O_2$ den Preis für Gespräche zu einigen Rufnummern für alle Kunden. Durch diese Änderungen erhöhten sich zum Beispiel die Verbindungspreise zu 0180-5-Nummern von damals 25 Cent pro Minute (in der Nebenzeit) auf 69 Cent pro Minute. Das Unternehmen informierte dabei die Kunden nicht über diese Preiserhöhungen. $O_2$ lehnte außerordentliche Kündigungen ab, die durch einseitige Vertragsänderungen möglich sind. Das Unternehmen begründete das unter Berufung auf die eigenen AGB, nach denen der Netzbetreiber „Nebenleistungen“ jederzeit beliebig ändern dürfe, ohne dass es einer Mitteilung an die betroffenen Kunden bedürfe. Verbraucherzentralen vertreten hingegen die Auffassung, dass es sich nicht um eine Nebenleistung handelt, da das Telefonieren zu den Hauptleistungen eines Kommunikationsanbieters gehört.[37] Die Gerichte beurteilen den Fall unterschiedlich. Während das Amtsgericht München mit seinem Urteil die Auffassung von $O_2$ bestätigte (AZ: 281 C 6003/07)[38] , gab das Amtsgericht Charlottenburg dem Kunden Recht (AZ: 237 C 58/07).[39]

### Limitierung von Calling-Cards und Sprach-Chats

Im März 2008 wurde bekannt, dass $O_2$, wie E-Plus[40] und Vodafone[41] auch, die Erreichbarkeit der Rufnummern von Sprach-Chat-Lines, sowie von Calling-Card-Anbietern (nur bei $O_2$) erheblich einschränkte. Bei diesen Rufnummern handelt es sich um normale Festnetzrufnummern, die im Rahmen von Festnetz-Flatrates gratis angerufen werden können und damit ein hohes Gesprächsaufkommen für den Anbieter bedeuten. Durch die Limitierung wird den Kunden erschwert, die höheren Verbindungspreise für Sonderrufnummern oder Auslandstelefonate zu umgehen.[42] Im September 2008 hob $O_2$ die Limitierung zum Teil wieder auf.[43]

## Weblinks

- Unternehmenswebseite der Telefónica Germany GmbH & Co. OHG [3]
- Privatkundenwebseite [44]
- „$O_2$ – Engagiert für morgen“ [45]
- Abfrage der Senderstandorte [46] (nicht immer aktuell)
- Abfrage der Netzabdeckung [47] (nicht immer aktuell)

## Einzelnachweise


[1] „Deutschlands Beste Arbeitgeber 2012“ (http://www.greatplacetowork.net/best-companies/europe/germany/best-workplaces-in-germany)bei www.greatplacetowork.net. Abgerufen am 16. November 2012.

[2] Pressemitteilung Telefónica Germany vom 25. Februar 2011: Umsatz von Telefónica Germany erstmals über 5 Milliarden Euro (http://www.telefonica.de/news/303/msg/17638/erfolgreicher-jahresabschluss-2011-umsatz-von-telefonica-germany-erstmals-ueber-5-milliarden-euro.html)

[3] http://www.telefonica.de/

[4] $O_2$: Zahlen & Fakten (http://de.o2.com/ext/portal/online/22/index)

[5] Telefónica kauft O2 (http://www.golem.de/0510/41309.html)

[6] EU: Telefónica O2 darf HanseNet übernehmen (http://www.boersennews.de/nachrichten/artikel/eu-telefnica-o2-darf-hansenet-uebernehmen/133435064/2000)

[7] „IPO/Kreise: Telefónica will 20 Prozent von O2 Germany an die Börse bringen“ (http://www.onvista.de/news/alle-news/artikel/05.06.2012-16:32:23-ipo-kreise-telefonica-will-20-prozent-von-o2-germany-an-die-boerse-bringen) auf *onvista.de*. 5. Juni 2012. Abgerufen am 4. November 2012

[8] Bekanntmachung im Bundesanzeiger (https://www.bundesanzeiger.de/ebanzwww/wexsservlet?session.sessionid=e9c32ff91d8f8d0bdcc3cf55fe1d1731&page.navid=detailsearchlisttodetailsearchdetail&fts_search_list.selected=7fcb21b621590c75&fts_search_list.destHistoryId=99178)

[9] „O2 Börsengang - Neue Fantasien im Mobilfunk“ (http://www.fr-online.de/it-branche/o2-boersengang-neue-fantasien-im-mobilfunk,16489518,20752030.html) auf fr-online.de. 30. Oktober 2012. Abgerufen am 4. November 2012

[10] „Telefónica Deutschland platziert Aktien“ (https://www.telefonica.de/ext/o2/wizard/index?tree_id=3920;message_id=4780;page=0;style=portal_ag_de;page_id=0;state=online) auf telefonica.de. 29. Oktober 2012. Abgerufen am 4. November 2012.

[11] o2 on: Sprach- und Daten-Flat für 29 Euro (http://www.areamobile.de/news/13864-o2-on-sprach-und-daten-flat-fuer-29-euro) - Areamobile.de

[12] Breitband-Surfen für alle: o2 LTE für Zuhause (http://www.o2online.de/blog/allgemein/breitband-surfen-fuer-alle-o2-lte-fuer-zuhause/)

[13] Telefónica kombiniert Mobilfunknetz und Virenchecker (http://www.heise.de/newsticker/meldung/Telefonica-kombiniert-Mobilfunknetz-und-Virenchecker-1465795.html), heise, abgerufen am 9. März 2012.

[14] $O_2$ startet Verkauf des iPad 2 (http://www.netzwelt.de/news/87691-o2-apple-ipad-2-per-ratenzahlung-finanzieren.html)

[15] *Leiser Tod für IPTV-Angebot Alice TV - Vermarktung eingestellt* (http://www.digitalfernsehen.de/Leiser-Tod-fuer-IPTV-Angebot-Alice-TV-Vermarktung-eingestellt.81958.0.html)

[16] Pressemitteilung: Telefónica Germany gründet Hosting-Tochter (http://www.telefonica.de/ext/o2/wizard/index?page_id=17346;message_id=3839;category_id=;tree_id=2932;state=online;style=portal)

[17] $O_2$: E-Mail-Kommunikation mit Hosted Exchange (http://www.netzwelt.de/news/87951-getestet-e-mail-kommunikation-hosted-exchange-o2.html)

[18] Rückblick: $O_2$ feiert seinen 10. Geburtstag (http://www.teltarif.de/arch/2008/kw40/s31470.html)

[19] „O2-Mobilfunknetz erreicht 99 Prozent der Bevölkerung“ bei *golem* (http://www.golem.de/0811/63537.html)

[20] teltarif.de, 11. Februar 2008: *$O_2$: Neben GSM auch umfangreicher UMTS-Netzausbau. Außerdem EDGE über GSM und HSUPA im UMTS-Netz geplant* (http://www.teltarif.de/arch/2008/kw07/s28810.html)

[21] $O_2$: Netzabdeckung (http://www.o2online.de/nw/produkte/beratung/abdeckung/index.html)

[22] „EDGE im o2-Netz künftig mit bis zu 384 kBit/s“ bei *teltarif.de* (http://www.teltarif.de/o2-edge-384-kbit-s/news/33313.html)

[23] o2 schaltet am 5. Januar National Roaming im T-Mobile-Netz ab (http://www.teltarif.de/o2-national-roaming-januar-abschaltung/news/36899.html)Meldung bei teltarif.de, abgerufen am 17. Dezember 2009

[24] Meilenstein: $O_2$ mit komplett unabhängigem Netz (http://www.de.o2.com/ext/o2/wizard/index?page_id=15955) Pressemitteilung von $O_2$

[25] $O_2$ Germany Pressemappen, 27. Februar 2008: *Strategie Netzausbau $O_2$ 2008/2009* (http://www.de.o2.com/ext/common/download?file_id=9251&state=online&style=standard&link_id=144246)

[26] Telefónica: Statistik zur Netzabdeckung (http://www.o2online.de/nw/support/mobilfunk/netz/index.html), unter Abschnitt *Mobiles Internet* (Flash vorausgesetzt)

[27] Beschleunigung (http://www.teltarif.de/arch/2009/kw08/s33063.html) auf Teltarif.de

[28] Bundesnetzagentur: Teilnehmerentwicklung im Mobilfunk nach Netzen pro Quartal (http://www.bundesnetzagentur.de/cln_1931/DE/Sachgebiete/Telekommunikation/Marktbeobachtung/Mobilfunkteilnehmer/Mobilfunkteilnehmer_Basepage.html)

[29] Telefónica Germany: CR-Bericht und Publikationen (http://www.telefonica.de/ext/portal/online/17267/index)

[30] Telefónica Germany - Corporate Responsibility Report 2010, S. 46 (http://www.telefonica.de/ext/o2/wizard/popup/file_popup?file_id=25033;state=online;style=portal;thumb=1)

[31] Initiative Think Big (http://www.o2thinkbig.de/)

[32] Umwelt- und Klimaschutz bei Telefónica Germany (http://www.telefonica.de/ext/portal/online/17183/index)

[33] Angebote für hörgeschädigte Menschen bei $O_2$ (http://www.o2online.de/nw/hoergeschaedigte/hoergeschaedigte.html)

[34] UPJ-Dialogplattform "diskutiere - Gesellschaftliche Verantwortung" (http://www.diskutiere.de/)

[35] Sustainable Asset Management (SAM): Telefónica S.A. - Company Despriction (http://www.sustainability-index.com/djsi_pdf/Bios10/Telefonica_10.pdf)

[36] teltarif.de, 21. September 2007: T-Mobile-Roaming: $O_2$ muss Kunden aus Vertrag entlassen (http://www.teltarif.de/arch/2007/kw38/s27301.html)

[37] Teltarif zur $O_2$-0180-Tariferhöhung (http://www.teltarif.de/arch/2007/kw03/s24595.html)

[38] Teltarif zum Urteil des Amtsgerichts München (http://www.teltarif.de/arch/2007/kw22/s26123.html)

[39] Teltarif zum Urteil des Amtsgerichts Charlottenburg (http://www.teltarif.de/arch/2007/kw29/s26569.html)

[40] „Nach o2: Auch E-Plus sperrt Sprach-Chat-Lines" bei *teltarif* (http://www.teltarif.de/arch/2008/kw26/s30373.html)

[41] „Einschränkungen für Sprach-Chats offenbar auch bei Vodafone" bei *teltarif* (http://www.teltarif.de/arch/2008/kw43/s31672.html)

[42] Nachricht teltarif.de vom 4. März 2008: *$O_2$ limitiert Chat-Hotlines und Calling-Card-Einwahlnummern* (http://www.teltarif.de/arch/2008/kw10/s29127.html)

[43] Nachricht teltarif.de vom 8. September 2008: *$O_2$ schaltet gesperrte Festnetz-Nummern teilweise frei* (http://www.teltarif.de/arch/2008/kw37/s31214.html)

[44] http://www.o2.de/

[45] http://www.o2.de/verantwortung

[46] http://gisweb.o2online.de/bts/app

[47] http://gisweb.o2online.de/netcheck/jsp/index.jsp

# Vodafone

| Vodafone D2 GmbH | |
|---|---|
| **Rechtsform** | GmbH |
| **Gründung** | 1992[1] |
| **Sitz** | Düsseldorf, Deutschland |
| **Leitung** | Jens Schulte-Bockum, Vorsitzender der Geschäftsführung |
| **Mitarbeiter** | 12.000 (31. März 2012)[2] |
| **Umsatz** | 9,545 Mrd. Euro (2011/2012)[2] |
| **Branche** | Telekommunikation |
| **Produkte** | Mobilfunk, Festnetz, DSL |
| **Website** | www.vodafone.de [3] |

Die **Vodafone D2 GmbH** ist die deutsche Tochter der britischen Mobilfunkgesellschaft Vodafone Group. Sie bietet in Deutschland Mobilfunk, DSL, LTE und Festnetz an. Gegründet wurde sie unter dem Namen **Mannesmann Mobilfunk** als Mobilfunk-Tochterunternehmen des ehemaligen Mannesmann-Konzerns.

Firmensitz und Zentralgebäude der Vodafone D2 GmbH in Düsseldorf, Am Seestern 1

Die Konzern-Standorte der heutigen Vodafone D2 GmbH befinden sich in Düsseldorf (Unternehmenszentrale), Eschborn, Essen und Berlin (Konzernrepräsentanz). Daneben gibt es insgesamt acht Regional-Niederlassungen: Hamburg und Langenhagen/Hannover (Region Nord), Berlin (Region Nord-Ost), Dortmund (Region Nord-West), Eschborn/Frankfurt (Region Mitte), Radebeul/Dresden (Region Ost), München (Region Süd), Stuttgart (Region Süd-West) sowie Ratingen/Düsseldorf (Region West).[4]

## Geschichte

Im Jahre 1988 wurde vom Ministerium für Post und Telekommunikation eine Lizenz für ein GSM-Netz ausgeschrieben. Es bildeten sich daraufhin mehrere Bewerberkonsortien, unter Anderem ein Konsortium unter der Führung der Mannesmann AG. Am Donnerstag, dem 8. Dezember 1989, erhielt das Mannesmann-Konsortium den Zuschlag für die GSM-Lizenz. Noch im Dezember 1989 ging aus dem erfolgreichen Bewerberkonsortium die *Mannesmann Mobilfunk GmbH* (MMO) als erster privater deutscher

Netzbetreiber mit Sitz in Düsseldorf hervor. Vorsitzender der Geschäftsführung war Peter Mihatsch. Bis Ende 1990 war die Mitarbeiterzahl bereits auf 350 angestiegen. Im Februar 1991 wurde die GSM-Lizenz auch auf das Beitrittsgebiet der deutschen Wiedervereinigung erweitert. Der kommerzielle Betrieb des GSM-Netzes mit der Kurzbezeichnung *D2* begann mit der Auslieferung der ersten Endgeräte am 30. Juni 1992. Gegen Ende des Jahres 1992 konnte bereits der 100.000ste Kunde im *D2-Netz* eingebucht werden.[5] Mannesmann Mobilfunk trat damit in Konkurrenz zur Deutschen Bundespost, die damals bereits das analoge C-Netz betrieb und ebenfalls eine Lizenz für den Aufbau eines digitalen Mobilfunknetzes erhalten hatte, das zur Abgrenzung von D2 als „D1“ vermarktet wurde.

Vodafone-Hochhaus in Düsseldorf, Mannesmannufer

Die Mobiltelefone wurden zunächst über Fernsehhändler und Kaufhäuser zu einem Preis von knapp unter 3.000 DM angeboten. Mit etwa 200 Antennenstationen begann D2 zunächst in einigen deutschen Großstädten wie Hamburg, Bremen, Hannover, Frankfurt am Main und Stuttgart. Schon Ende 1992 erreichte das D2-Netz 80 Prozent Deutschlands. Die Gebühren lagen unter denen des bestehenden C-Netzes der Post. Von Anfang an waren Übergänge an das Festnetz der Telekom vorgesehen. Seit Dezember 1993 schrieb das Unternehmen schwarze Zahlen.

Bei der Deutschen Bundespost wurde der Mobilfunkbereich als Marke „D1“ zunächst beim Zentralamt für Mobilfunk und nach der Privatisierung bei der Gesellschaft DeTeMobil (seit 2010 Telekom Deutschland GmbH) des Telekomkonzerns geführt. Daher wandelte sich bei Mannesmann nun auch der Produktname **D2 privat** immer mehr zu „D2 Mannesmann“. Das Wort „privat“ hatte seine Zugkraft verloren. Bis zur Übernahme von D2 Mannesmann durch den britischen Vodafone-Konzern im Februar 2000 wechselten sich D2 Mannesmann und T-D1 in der Marktführerstellung mehrfach ab.

Mit dem Markenwechsel von D2 zu Vodafone wurde 2002 die Mannesmann Mobilfunk GmbH in Vodafone D2 GmbH umbenannt.

Ebenfalls wurde die Festnetzsparte von Mannesmann Arcor in Arcor umbenannt. Vodafone hat im Mai 2008 die Anteile der Mitgesellschafter an Arcor von der Deutschen Bank und der Deutschen Bahn gekauft. Zum 1. August 2009 wurde die Arcor AG & Co. KG in Vodafone AG & Co. KG umfirmiert, um dann am 10. Dezember 2009 komplett in der Vodafone D2 GmbH aufzugehen.[6] Mit der Übernahme wurde Vodafone in Deutschland zum integrierten Telekommunikationskonzern mit den Sparten Mobilfunk, Festnetz, Internet und Datendienste.

## Mobilfunknetze

Vodafone D2 betreibt bundesweite Mobilfunknetze nach dem GSM-, dem UMTS- und dem LTE-Standard.

Die Netze im einzelnen:

### GSM

Für GSM werden die Frequenzbereiche bei 900 MHz und bei 1800 Mhz genutzt. Das GSM-Netz umfasst dabei ca. 20.000 und das UMTS-Netz mehr als 13.000 Basisstationen.[7]

### UMTS

Die UMTS-Dienste werden im Frequenzbereich bei 2100 MHz angeboten.

### LTE

Für LTE wurden im Jahre 2010 Frequenzen im Bereich 800 MHz und 2600 MHz ersteigert.[8]

Aktuell läuft die Umrüstung des Vodafone-Mobilfunknetzes auf den neuen Netzstandard LTE (Long Term Evolution). Dabei werden nur bestehende Vodafone-Mobilfunk-Basisstationen aufgerüstet und um LTE-Module erweitert.[9] Nach eigener Aussage wurde Ende 2012 eine LTE-Flächendeckung von 60% erreicht.[10] Derzeit bietet Vodafone LTE-Geschwindigkeiten nach Tarifen gestaffelt bis maximal 100 Mbit/s an. In der Vodafone-Netzabdeckungskarte lässt sich der aktuelle Stand des LTE Ausbaus erkennen.[11]

## Logos

Erstes Logo (1992–1999)

Zweites Logo (1999–2000)

Drittes Logo (2001–2002)

Viertes Logo (2002–2006)

Fünftes Logo (seit 2006)

## Unternehmensdaten

Der Umsatz stieg von ca. 0,071 Mrd. € im Jahr 1992 über 5,1 Mrd. (1999) auf 9,292 Mrd. im Geschäftsjahr 2010/2011. Der Marktanteil im Mobilfunkgeschäft lag 1992 bei 61,6 %, 1999 bei 40,8 % und sank bis 2008 auf 34,1 %. 2011 sank der Marktanteil auf 32,97 %.[12]

## Executive Committee

| | Geschäftsbereich | Mitglied seit | vorheriges Wirken |
|---|---|---|---|
| Jens Schulte-Bockum | Vorsitzender der Geschäftsführung | 1. April 2012 | Chief Executive Officer Vodafone Niederlande |
| Dirk Barnard | Geschäftsführer Personal | 1. Januar 2011 | Global Head of Human Resources Braun |
| Sebastian Ebel | Geschäftsführer Finanzen | 1. April 2011 | Chief Operating Officer Auto-Teile-Unger |
| Thomas Ellerbeck | Konzernkommunikation, Politik und Regulierung, Stiftungen | 1. Oktober 2006 | Director Relations der Lufthansa AG |
| Susan Hennersdorf | Privatkundenvertrieb | 1. September 2010 | Geschäftsführerin der Staples GmbH |
| Hartmut Kremling | Geschäftsführer Technik | 1. Oktober 2004 | Vorstand der Arcor Verwaltungs-GmbH |
| Frank Rosenberger | Geschäftsführer Global Products and Services | 1. Juli 2011 | Geschäftsführer Privatkundengeschäft |
| Peter Walz | Strategie & Partnerunternehmen | 1. August 2008 | Hauptabteilungsleiter Consumer Indirect |
| Achim Weusthoff | Geschäftsführer Kundenservice | 1. Februar 2006 | Hauptabteilungsleiter Customer Management |

## Werbung

Durch die Werbung mit einer Eintagsfliege[13] soll demonstriert werden, dass sich jeder auf das Einfache im Leben konzentrieren soll. „Ein Augenblick ist die wertvollste Sache der Welt." Der Spot sowie das neue Motto „make the most of now" wurden ab dem 1. April 2006 (Beginn des Geschäftsjahres 2006/2007) ausgestrahlt und verbreitet. Laut einer repräsentativen Studie der Kölner Agentur Endmark konnte nur jeder dritte Befragte das englische Motto korrekt übersetzen.[14] Anfang 2007 wurden durch die Werbeagentur JWT weitere Spots ausgestrahlt mit dem Motto „Genieße den Tag". Andere wie zum Beispiel „Ein frohes neues Jahr" und „Frühlingsgefühle" bewerben verschiedene Vodafone-Tarife.

Seit Anfang April 2010 wirbt das Unternehmen mit den Mottos „power to you" sowie „Du bist so stark wie dein Netz".

Relativ bekannt ist zudem der Song *Bohemian Like You* von der Band The Dandy Warhols, der um das Jahr 2000 für die Fernsehwerbung von Vodafone D2 eingesetzt wurde. Im Zeitraum Oktober 2010 bis März 2011 wurde mit dem Song *We are the people* von der Band Empire of the Sun geworben, der aufgrund der Fernsehwerbung wochenlang auf Platz 1 der deutschen Charts gestiegen war[15] und der auch als Hotline-Hintergrundmusik Verwendung findet.

Seit April 2011 läuft die neue Vodafone Werbung *Ich will schneller sein* mit dem neuen Song *Way back Home* von den Bag Raiders.[16] Ab 14. November 2011 wirbt Vodafone im neuen Werbespot *Willkommen im Netz von morgen* mit der Leistungsstärke seines Netzes. Musikalisch wird der Spot von *Gypsy & The Cat*, einer weiteren australischen Newcomer-Band, deren Musik durch Vodafone in Deutschland Bekanntheit erfährt, mit dem Titel *Time to Wander* untermalt.[17] Seit Mai 2012 werden neue Spots ausgestrahlt, in dem das Leben aus der sicht eines Smartphones gezeigt wird. Dazu spielt das Lied *Disparate youth* von Santigold.

## Kritik

Vodafone hatte den Wert von Mannesmann nach der Übernahme um 50 Milliarden Euro nach unten korrigiert und auf diesen Betrag Teilwertabschreibungen beantragt. Damit konnte der Mobilfunkriese seine Steuerlast über einen längeren Zeitraum um bis zu 20 Milliarden Euro senken. In den Medien präsent war die „Vodaklau"-Kampagne von Attac.[18] Die Abschreibung war legal und sogar gesetzlich vorgeschrieben. Die Kritiker des Konzerns beanstanden auch solche und ähnlich konzernfreundliche Gesetze.

## Literatur

- Thomas Heuzeroth: *Der Mobilfunker. Obwohl die Geschäfte von Vodafone in Deutschland gut laufen, setzt der Konzern mit Jens Schulte-Bockum einen neuen Chef an die Spitze. Der ähnelt seinem Vorgänger.* In Welt am Sonntag, 18. März 2012, S. 32. Online [19]

## Einzelnachweise

[1] Vodafone D2: Geschichte von Vodafone Deutschland (http://www.vodafone.de/unternehmen/geschichte.html)

[2] Vodafone D2: Umsatz, Mitarbeiter und Kunden des Telekommunikationskonzerns (http://www.vodafone.de/unternehmen/umsatz.html)

[3] http://www.vodafone.de

[4] Vodafone-Standorte in Deutschland: http://www.vodafone.de/unternehmen/standorte.html [Aufgerufen am 28. April 2011]

[5] Susanne Päch: *Die D2 Story*. 1 Auflage. ECON Verlag GmbH], 1994, ISBN 3-430-17425-2.

[6] „Arcor-Übernahme durch Vodafone von Deutsche Bahn AG bis Jahresende" auf http://www.portel.de/nc/nachricht/artikel/17722-arcor-uebernahme-durch-vodafone-von-deutsche-bahn-ag-bis-jahresende/[Aufgerufen am 21. September 2008]

[7] Vodafone D2 GmbH: *UMTS – die dritte Mobilfunkgeneration.* (http://www.vodafone.de/unternehmen/presse/138912_141494.html) 11. Februar 2009, abgerufen am 17. März 2009.

[8] Bundesnetzagentur: *Frequenzspektrum in den Bereichen bei 800 MHz, 900 MHz, 1,8 GHz, 2 GHz und 2,6 GHz.* (http://www.bundesnetzagentur.de/SharedDocs/Downloads/DE/BNetzA/Presse/Pressemitteilungen/2010/100830VerlosungGraphikFrequenzspektrum_pdf.pdf?__blob=publicationFile) 30. August 2010, abgerufen am 31. Dezember 2012.

[9] Vodafone LTE: *Vodafone LTE Video bei Youtube mit Erklärung von LTE Ausbau.* (http://www.youtube.com/user/vodafonelte#p/u/0/-jFgk3Wasx0) 30. April 2011, abgerufen am 30. April 2011.

[10] Vodafone LTE: *Datenblatt - LTE bei Vodafone Deutschland.* (https://www.vodafone.de/downloadarea/121221_LTE_Faktenblatt.pdf) 21. Dezember 2012, abgerufen am 10. Januar 2013 (pdf).

[11] vodafone.de - Netzabdeckung (http://www.vodafone.de/privat/hilfe-support/netzabdeckung.html) abgerufen am 10. Januar 2013

[12] Bundesnetzagentur: Teilnehmerentwicklung im Mobilfunk nach Netzen pro Quartal (http://www.bundesnetzagentur.de/cln_1931/DE/Sachgebiete/Telekommunikation/Marktbeobachtung/Mobilfunkteilnehmer/Mobilfunkteilnehmer_Basepage.html)

[13] Vodafone Werbung: *Werbespot Eintagsfliege bei Youtube.* (http://www.youtube.com/user/vodafonewerbung#p/c/EEF37D31EF0BA2D9/4/Mms-5pp0F0s) 30. April 2011, abgerufen am 30. April 2011.

[14] http://www.spiegel.de/wirtschaft/0,1518,450681,00.html

[15] Vodafone Werbung: *Vodafone Werbespot mit Song We are the People erobert Single-Charts.* (http://www.vodafone-angebote-news.de/5553-vodafone-song-aus-werbung-we-are-the-people-erobert-singlecharts) 30. April 2011, abgerufen am 30. April 2011.

[16] Vodafone Werbung: *Neuer Vodafone Werbespot Ich will schneller sein.* (http://www.vodafone-angebote-news.de/8440-vodafone-fernsehwerbung-ich-will-schneller-sein-song-way-back-home) 30. April 2011, abgerufen am 30. April 2011.

[17] Vodafone Werbung: *Neue Vodafone Kampagne Willkommen im Netz von morgen.* (http://www.vodafone.de/unternehmen/presse/pm-archiv-2011_195302.html) 10. November 2011, abgerufen am 8. Dezember 2011.

[18] Pressemitteilung von attac zur Kampagne (http://web.archive.org/web/20090414093918/http://www.attac.de/aktuell/presse/detailsicht/datum/2004/07/05/vodaklau-kampagne/) beim Internet Archive

[19] http://www.welt.de/print/wams/wirtschaft/article13928481/Der-Mobilfunker.html

## Weblinks

- Vodafone Deutschland (http://www.vodafone.de)

Koordinaten:

[//toolserver.org/~geohack/geohack.php?pagename=Vodafone&language=de&params=51.2420777778_N_6.73751388889_E_ 51° 14′ 31″ N, 6° 44′ 15″ O]

# YOC

| YOC AG | |
|---|---|
| **Rechtsform** | Aktiengesellschaft |
| **ISIN** | DE0005932735 [1] |
| **Gründung** | Dezember 2000 |
| **Sitz** | Berlin |
| **Leitung** | Dirk Freytag (CEO, ab 1.12.2012) |
| **Mitarbeiter** | 227 (31. Dez. 2011)[1] |
| **Umsatz** | 33,332 Mio. Euro (2011)[1] |
| **Branche** | Mobile-Marketing, Mobile-Advertising und Mobile-Internet |
| **Website** | http://group.yoc.com |

Die **YOC AG** ist ein deutsches Unternehmen mit Hauptsitz in Berlin (Deutschland). Darüber hinaus unterhält die YOC AG Standorte in Deutschland und vier weiteren Ländern (Großbritannien, Österreich, Spanien und Frankreich). Die Geschäftsbereiche umfassen Mobile-Marketing, Mobile Advertising und Mobile-Internet. Das Unternehmen wurde im Dezember 2000 in Berlin gegründet und ist nach eigenen Angaben Marktführer in Europa für Mobile-Marketing.[2]

## Weblinks

- Webseite des Unternehmens [3]
- YOC auf der Webseite der deutschen Börse [4]

## Einzelnachweise

[1] Geschäftsbericht 2011 (http://group.yoc.com/articles/01842/YOC-Gruppe_Geschaeftsbericht_2011.pdf)
[2] DGAP-News: YOC AG baut in 2009 Marktführerschaft aus (http://www.mittelstandcafe.de/dgap-news-yoc-ag-baut-in-2009-marktfuhrerschaft-aus-193976.html) (vom 28. April 2010)
[3] http://group.yoc.com/
[4] http://deutsche-boerse.com/dbag/dispatch/de/isg/gdb_navigation/listing/10_Market_Structure/20_Markets/50_Official_Market?action=ISGFormProcessingAction&eventSubmit_doSimplestocksearch=true&wp=YOC&linkList=Bitte+ausw%C3%A4hlen...

Koordinaten:
[//toolserver.org/~geohack/geohack.php?pagename=YOC&language=de&params=52.519264_N_13.402546_E_region:DE-BE_type
52° 31′ 9″ N, 13° 24′ 9″ O]

# Arbeitsgemeinschaft_Telegrafie

| AGCW-DL e.V. | |
|---|---|
| **Gründung** | 1971 |
| **Ort** | Hannover |
| **Mitglieder** | 2250 |
| **Website** | www.agcw.org [1] |

Die **Arbeitsgemeinschaft Telegrafie e.V.** (AGCW-DL) ist ein Telegrafieclub, mit Sitz in Hannover. Sie ist mit ca. 2250 Mitgliedern (Stand: Dezember 2008) der größte europäische Telegrafieclub. Die Mitglieder haben ihren Wohnsitz meist in Deutschland, aber auch in den Nachbarländern.

## Ziele, Aufgabenstellungen und Aktivitäten

Der Verein unterstützt den Amateurfunkbetrieb in der Betriebsart Morsetelegrafie. Interessenten unterstützt er beim Erlernen theoretischen Kenntnisse und der praktischen Fertigkeiten. Gemeinsam mit anderen Amateurfunkvereinen leistet er Lobbyarbeit am Runden Tisch Amateurfunk. Ein Wettbewerbsprogramm fördert den aktiven Funkbetrieb und die Auslastung der Amateurfunkbänder.

Bei der Jahresversammlung des Vereins wird den Mitgliedern und Interessenten neben dem geselligen Teil ein Vortragsprogramm zu technischen und amateurfunkspezifischen Themen angeboten. Im Rahmen dieser Veranstaltung trägt der Deutsche Amateur-Radio-Club e.V. (DARC) seine Wettbewerbe zum Deutschen Telegrafiepokal aus.

## Publikationen

Die AGCW-DL strahlt wöchentlich einen Rundspruch in Morsetelegrafie auf Kurzwelle aus. Die Rundsprüche werden auch auf der Website des Vereins veröffentlicht. Halbjährlich erscheint die Clubzeitschrift "AGCW-Info".

## Mitgliedschaften

Die AGCW-DL ist Mitglied folgender Körperschaften:

- Runder Tisch Amateurfunk
- The European CW Association, Dachverband europäischer Telegrafieclubs
- IG Fuchskaute

## Weblinks

- Offizielle Website [2]
- The European CW Association [3]
- IG Fuchskaute [4]

## References

[1] http://www.agcw.org
[2] http://www.agcw.de/
[3] http://www.agcw.org/eucw/
[4] http://ham.darc.de/fuchskaute/

# Article Sources and Contributors

**Arbeitsgemeinschaft_Online_Forschung** *Source*: http://de.wikipedia.org/w/index.php?title=Arbeitsgemeinschaft_Online_Forschung *Contributors*: AHZ, Dynamonit, Felix Rade, GeorgR (de), Hmm204, INM, Ingo Notthoff, Jebby, Jergen, John-vogel, John.constantine, Malte Schierholz, Marlus Gancher, Medienoekonom, Millbart, Muck31, Nicolas17, PsY.cHo, Quosch, Sedatp81, Sigbert, Sol1, Spacemati, Speck-Made, Stadtmaus0815, Staro1, 26 anonymous edits

**Internet** *Source*: http://de.wikipedia.org/w/index.php?title=Internet *Contributors*: 1-1111, 790, A.Savin, APPER, AZH, Abubiju, Achim Raschka, Aconcagua, Ahasver, Ahellwig, Ahoerstemeier, Aka, Alauda, Albertschulz, Alfred Heiligenbrunner, Alkab, Alkibiades, Alondro666, Andek, Andre M., Andreas -horn- Hornig, Andreas 06, Andreas Marc Klingler, Andreas kunert, Andrest, Andrsvoss, Andy king50, Andy1982, Antemister, Anwiha, Arbitro, Arcy, Armin P., Arnomane, Asb, Astc, Ataraxis1492, Aule, Avatar, Ayacop, B.Klak, BLueFiSH.as, Baird's Tapir, Balloo950, Bapho, Barthi, Batke, Baynado, Bdk, Ben-Zin, Benatrevqre, Berliner Schildkröte, Bernd vdB, Besim Karadeniz, Betterworld, Betweeneastandwest, Bhaskara, Bib, Bitsandbytes, Blacklibra, Blaumaler, Bling Bling, Blunt., Bomzibar, Boonekamp, Borcherding, Boshomi, Brackenheim, Braveheart, Brenzliglöscher, Bugert, Bücherhexe, Caramdir, Carlos-X, Carter666, Casp11, Caulfield, CedricBLN, Centovalli, Chd, Cherubino, Chesk, Chippolino, Chotaire, Chrigu F, Chris Ulbrich, Christian Günther, Christian Plasa, ChristophDemmer, Cic, Cirdan, Clemensfranz, Clue4fun, Codc, Cologinux, Complex, Conny, Conversion script, Corrigo, CroMagnon, Crux, Cujo, Cymothoa exigua, Cyper, D, D-Kuru, Dachris, Dagonet, Danyalov, Darfvader, Das Eierplätzchen des Todes, Dave81, Dejus, Der Ersteller, Der.Traeumer, DerHexer, DerSchim, Dextwin, Diba, Diddi, Die.keimzelle, Dirk Weber, Dishayloo, Dominic Z., Dominik, Don Magnifico, Don.haraldo, Dotox, Dundak, E.Biermann, Echoray, Eddia, Egore911, ElRaki, Ela-luca, Elend, Ellenmz, Eloquence, Elya, Englandfan, Ephraim33, Eriom, Euku, EvaK, FBE2005, Fabchief, Fabian6129, Falense, FeddaHeiko, FirstClass, FischX, Fisted, Fkoch, Floffm, Fomafix, Forevermore, Frank Jacobsen, Franz Richter, Freak111, Fristu, Fuechsle, Fuenfundachtzig, Funji, FutureCrash, G-u-t, GFJ, Gabbahead., Gardini, Geos, Gerbil, GerhardG, Gerhardvalentin, Geschichte09, Gestumblindi, Glglgl, Gnu1742, GodsBoss, Graf Alge, Groucho M, Guandalug, Guety, Guillermo, Gujoh, Gum'Mib'Aer, H-stt, Hadhuey, HaeB, Haeber, Hagbard, Hanauska, Hangy, Hank van Helvete, Hartsig2000, HaukeZuehl, He3nry, Head, Headbreak, Heliozentrik, Hella, Helmut Zenz, Hephaion, Herbert Lehner, HerbertErwin, Hey Teacher, Hiko, Hkwm rls, Hofres, Holman, Hot Fuzz, Howwi, Hubertl, Hubi, Hutch, Häuslebauer, Hüning, I net12, IGEL, Ice Hawk123456, Ich, IchHier--15er, Ichmichi, Ilja Lorek, InMooseWeTrust, Indianerfreund, Inkowik, Interbay, Irmgard, Irmi.b, Iste Praetor, J budissin, J-PG, JARU, Jae, Jan Schreiber, Jeanpol, Jergen, JeromyKeloway, Jivee Blau, Jjanis, Jkbw, Johanna R., JohnCleese, Jonny good, Josch1992, Jowo, Jpp, JuergenL, Juesch, Kaihuener, Kalligraf, Kam Solusar, Karl-Henner, Kbrose, Kdwnv, Kerbel, Kereul, Kgfleischmann, Klamser, Klaus Eifert, Kliv, Klmann, Kniffmaster, Knoerz, Koethnig, Kolja21, Kopoltra, Koskar, Kristjan, Kritischer Geist, Krtschil, Krügi, Kubrick, Kuebi, Kuemmi, Kuli, Kurt Jansson, KönigAlex, LKD, LKr, LabFox, Lane09, Lapidar, Le-comte, Learny, Lehmi, Lencer, Lennex, Lewofra, Littl, Logograph, Lucky strike, Lukas$^{23}$, Lustiger seth, Lyzzy, M-J-G, M.L, M.lange, MAK, MAY, MFM, MGla, MadWheel, Maedhros dsg, Maggot, Magnummandel, Manecke, MannMaus, Marcm, MarioS, Markus Schweiß, Martin Aggel, Martin Herbst, Martin Loga, Martin-vogel, Martin1978, Martinroell, Martinwilke1980, Mathias Schindler, Matt1971, Matthias Bock, Matthäus Wander, Matzee, MauriceKA, Mavimi, Max Mira, Maxb88, Maximilian Schönherr, Media lib, Medienblogger, Meister Yoda, Melancholie, Melkom, Meph666, Merenda, Merkel, Merlissimo, MetalSnake, Michael Micklei, Michael32710, MichaelDiederich, MichaelSchoenitzer, Michail, Michiwerfeli, Mikano, Mikue, Mis-wolff, Mitten, Mnh, MoLa, Modoq, Molily, Morpheus1703, Mps, MrBurns, MsChaos, Muck31, Muckelchen, Multi io, Murat Bezel, Mwka, N-true, Nachtgestalt, Nb, Nemissimo, Nerdi, Nerezza, Netzi111, NiTeChiLLeR, NiTenIchiRyu, Nichtbesserwisser, NicoHaase, Nicolas G., Nicor, Nikkis, Ninabeck, Ningling, Ninjamask, Niteshift, Nocturne, Nothere, Numbo3, Nx7000, O.Koslowski, Ocrho, Onkel Sam, Onno, Organic Thought, Ot, Owltom, Oxcuro, P. Birken, P. S. F. Freitas, PDD, PM3, Paddy, Pajz, Pascal76, PaterMcFly, PatriceNeff, PeeCee, Pelz, Pendulin, Pessottino, Peter200, PhJ, Phil41, Philipendula, Philipp Wetzlar, Phoks, Phrood, Piatkowskk, Pionic, Pittimann, Pixelfire, Pkn, Plankton314, Poelchen1337, Polarlys, Port(u*o)s, Postman Lee, Prolineserver, Protecta52379, Qualle, Quasiteilchen, Quosch, Ralf Roletschek, Ratzer, Rdb, Reclus, RegMan, Regi51, Reinhard Kraasch, Reykholt, Ri st, Riptor, Rischmueller, Robert Kropf, RobertLechner, Roest, Rogi, Roland Bless, Roo1812, Roxbury, SDB, SMAMSinator, SPS, STBR, SWAT, Sabria, Sallynase, Schattenraum, Schindlermarco, Schlesinger, Schnargel, Schwarzseher, Scoid, Scooter, Scorpion2211, Scraps, Scravy, Seb1982, Sebastian Witt, Sechmet, Seewolf, Semper, Sicherlich, Siebzehnwolkenfrei, Siekermann, Silvestre Zabala, SimpleMinder, Sina Eetezadi, Sinuhe20, Sir, Sir Anguilla, Small Axe, Sms, Snc, Sommerkom, SonicY, Southpark, Sportman69, Spuk968, Srbauer, StYxXx, StarShaper, SteBo, Stefan, Stefan Kühn, Stefan Neumeier, Stefan64, Stern, SteveK, StillesGrinsen, Stummi, Suricata, Swgreed, Syrcro, Tali, Taprogge, Team Rocket, TheK, ThePacker, Theosch, Thomas Dancker, Thomas280793, Thorbjoern, Ticketautomat, Till, Till.niermann, Tinz, Tischbeinahe, Tobias Conradi, Tom Jac, TomK32, Tomcat83, Torfkopp, Torsten.otto, Traroth, Trash:Pet, Treaki, Tronicum, Trustable, Tsor, Tsui, Tsukasa, Ulrich.fuchs, Umweltschützen, Unscheinbar, Unsterblicher, User399, User500, Ute Erb, V.R.S., VanGore, Vareside, Verbund, Vitoek82, WAH, WITTus, WKr, Wachs, Wahldresdner, Wahrerwattwurm, Webverbesserer, Wega14, Wendelin, Wiki-vr, WikiNick, WikiPimpi, Wildtierreservat, Wimox, Wingthom, Wirthi, WissensDürster, Wnme, Wo st 01, Wolfgang Schulze, Wombi, Wowo2008, Wst, XenonX3, Xoius, YMS, YourEyesOnly, Z()cki, Zaibatsu, Zeitendreher, Zeno Gantner, Ziko, Zinnmann, Zorglub, Zxb, 948 anonymous edits

**IP_Deutschland** *Source*: http://de.wikipedia.org/w/index.php?title=IP_Deutschland *Contributors*: ++gardenfriend++, Crazy1880, DH93, Delgado, Dev107, Dinah, Esk1973, Fleetwood Mac, Formoterol, Frank Murmann, Fredho, Geos, He3nry, Ipdeutschland, Ippresse, JaScho, Koelncampus, LKD, Lirum Larum, MDXDave, Marlus Gancher, Purist, Quintero, RomanMLink, Sk!d, Sprachpfleger, Steffen2, Svens Welt, Thorbjoern, Tim Schulz, Tmg1977, Trg, Umweltschützen, WIKIdesigner, WikiNick, 19 anonymous edits

**Organisation** *Source*: http://de.wikipedia.org/w/index.php?title=Organisation *Contributors*: +Fredi+, A.Savin, Aka, Andromedus, Baird's Tapir, Beelzebubs Grandson, Benatrevqre, Bernd.Brincken, Beschloss, Briony, Brodkey65, Bux123, C.Löser, ChemRR, Conversion script, Crux, D, DFK, DL5MDA, Darkone, Dave81, Der.Traeumer, Dergreg:, Dersachse95, Devika, Dietrich, Docmo, ELD, ESPOIR, Edoe, El, El., Entlinkt, Erwin Mustermann, Falko Wilms, FelMol, Fish-guts, Flo 1, Fozzie, Fredo 93, Fristu, GS, Gerd Roppelt, Gerd Taddicken, Gerhardvalentin, Ghw, Gilliamjf, Gohnarch, HaeB, Hao Xi, He3nry, Helmut Zenz, Hendel8, Herbert Wanner, Hystrix, Idgie2211, Igelball, Ihhcs, Inkowik, Isabella1, Jan eissfeldt, Jeanpol, Joerch, Jowo, Jpp, Juliaerk, Kaisersoft, Katach, Klemen Kocjancic, Krtschil, Kurt Jansson, LKD, Leadership-Master, M-sch, Mariusmilo, Matt1971, Media lib, Millbart, Moni64, Nagy+, Nicor, NihilBaxter1978, Ninjamask, PM3, Pawla, Performanz, Peter200, Petfren, Pittimann, PsY.cHo, QualiStattQuanti, RainerB., Regi51, Saehrimnir, Sampi, Sarge Baldy, Sargoth, Schwalbe, Semper, Sicherlich, Sigur, Simitar, Sinn, Smasheng, Sommerkom, Sonne111, StefanRybo, Stephan Deichstetter, Stern, Tasma3197, Tim1900, Tschäfer, Ute Erb, VÖRBY, Windman, WissensDürster, Woches, Wolfgang1018, Wst, Yotwen, YourEyesOnly, Zaibatsu, Zehntwerder, €pa, 161 anonymous edits

**Frankfurt_am_Main** *Source*: http://de.wikipedia.org/w/index.php?title=Frankfurt_am_Main *Contributors*: -Lemmy-, -jha-, 08-15, 0x54, 20percent, 2micha, 36ophiuchi, 4342, 44Pinguine, 4tilden, A.Savin, ADK, AHZ, APPER, Aaaah, Abena, Abrakadabra, Adornix, Aetas volat., Agadez, Aglarech, Ahellwig, Aineias, Aka, Akkakk, Al33x, Albrecht1, Alex Tempelfeld, Alex1011, Alexandrzej, Algebraa, Alib, Allen rush, Alnilam, AlterVista, Ambross07, Anathema, Andrea8, Andreas Parker, Andreas S., Andrew-k, Androl, Anjatansania, Anneke Wolf, Antaios, Anteeru, Antonsusi, Arbagit, Arbeit13, Arbol01, ArcCan, Ark, Armin P., Arne Heise, Arno Matthias, Artmax, Aryamehr, Aschmidt, Augensternchen, Avoided, Avstriakos, Azim, B.Thomas95, B77-6, BA123, BGVA3, BKSlink, BLueFiSH.as, BSI, Bahner, Bahnmoeller, Baird's Tapir, Balduin, Balû, Bardenoki, Baumanns, Baumfreund-FFM, Bdk, Bear, Ben-Zin, Benatrevqre, Benedikt, Benedikt2008, Benni Bärmann, BerlinWIKKI, BertholdD, BesondereUmstaende, Bierdimpfl, Big.N, Bildungsbürger, Billy.shears, Birger Fricke, Bitteloeschen, Bkl, Blaubahn, Blaufisch, Bob., Boonekamp, Boris24011981, Boshomi, Braunfruchtbär, Breuer41564, Brubacker, Brühl, Bulle-Baer, BurghardRichter, Bvo66, Bärski, Börse, CH1982, Cairimba, Campoman, Capaci34, Captainguinness, Carol.Christiansen, CarstenK, Cartinal, Ce2, Ceddyfresse, CedricBLN, Chaddy, Chaosmaster, Chdeppisch, Chepry, Chexpert, ChocoBoy, Cholo Aleman, ChrisHamburg, ChrisMitBiss, Chriss hessen, Chrissib1989, ChristophDemmer, Christophe Watier, Christos Vittoratos, ChristosV, Chrizz, Chrkl, Chumwa, Church of emacs, Ciconia58, Civvi, Claus Ableiter, Cmdr, Coatilex, Codc, College 1, Cologinux, Complex, Conny, Conversion script, Cosal, Cruel, Crux, Cubanito, D, D0c, DZTuser, DaB., Dandelo, DanielMrakic, Danimo, Dansker, Dark-hawk, DasBee, David Liuzzo, Daviidos, Dazewie, Dbawwsnrw, DeBugger, DeDonatis, Deditor, Delos, Deluxeffm, Der Buckesfelder, Der Frankfurter, Der Naturfreund, Der Rabe Ralf, Der Wolf im Wald, Der.Traeumer, DerHexer, DerKaiser, Descuderoa, Dhulikhel, Diba, Didym, Dilerius, Dionysos1988, Dirschne, Dishayloo, Don Magnifico, Don-kun, Donald24, Donaulustig, Dontworry, Dorades, Dr. Meierhofer, Drejob, Dreukauf, Duesentrieb, Dundak, EBB, EINFPOL05-fraenkel, EPei, Ebrownless, Ehrhardt, Eike sauer, Eilmeldung, Eispin, El., Elch33, Elenao, Engelbaet, Englischer Limonen-Harald, Enricopedia, Enst38, Entlinkt, Enzyeditor, Ephraim33, Epistolos, Eras-mus, ErikDunsing, Erwin E aus U, Euku, Euronaut, EvaK, Ewv gmbh, ExilWestfale, Experiminta, Exprimidor, F12, Falcomata, Faltenwolf, Farbenpracht, Fastfood, Fbav, Feidl, Feldkurat Katz, Felix König, Felix Stember, Felix1411, Fester-de, FiatLUX, Firefox13, Fitman, Flann, Flibbertigibbet, Floffm, Flominator, Florian K, Florian.Keßler, Fluffystar, Flups, Flöchen, Fomafix, FordPrefect42, FotoFux, Franjo, Frankforter, Frankfurt1, Frankfurtda, Frankfurterz, Freak-Line-Community, Frederikmallon71, Freek Verkerk, Friedrich Hoffmann, Fristu, Fritz Händel, Frosty79, Fuego del Sol, Fugazi, Fusslkopp, Fuzzy, Gail, Gamma9, Garcia, Gary Dee, Gegenwind, Geisslr, Geos, Gerbil, Gereon K., Gestumblindi, Ghoraidh, Giftmischer, Giro, Gizmo23, Gleiten, Glowhand, Glsystem, Goforgold, Gogeta, Goodway, Gorgo, Gr3g0r 1, Graphikus, Grawp, Greudin, Grujicic, Guandalug, Guillermo, Gulli, Gundi123, Gunnar.Forbrig, Guntscho, Gurumaker, Gustafs, Gut informiert, H-stt, H005, HAJ, HAL Neuntausend, HV, Hadhuey, Hadibe, HaeB, Hafenbar, Hagrid, Hajo Schröter-Naumann, Hakies, Halbarath, Hannes Röst, Hans Dunkelberg, Hans J. Castorp, Hansele, Hardenacke, Harry8, Hayabusa future, He3nry, Head, Heartdigger, Hedwig in Washington, Heidas, Heimbar, Helenopel, Hephaion, Hermannthomas, Herr Klugbeisser, Herr von Quack und zu Bornhöft, Herzbert, Herzi Pinki, Hessenfisch, Heurik, Hi-Lo, Highpriority, Hmwpriv, Hofres, Horsi, Horst, Horst Gräbner, Horst-schlaemma, Hoss, Hotcha2, Hotti4, Howwi, Hozro, Hpots, Hsche, Hubertl, Humphrey20020, Hurin Thalion, HurwiczRocks, Hybridbus, Hydro, Hönnetaler, I.Scream, Ian Dury, Ian Kershaw, Idler, Ilja Lorek, Inkowik, Inu, Investor, Invisigoth67, Ischgucke, Iste Praetor, Ivla, Ixitixel, J. 'mach' wust, J. Schwerdtfeger, JCIV, JMiddle, JackMullins, Jan Niggemann, Jan Schreiber, Janneman, Java-Coffee, Jawbone, JaynFM, Jazzman, JeLuF, Jed, Jens Vogel, Jenseits von Kreben, Jensre, Jerry Fischer, Jesi, Jivee Blau, Jkbw, Jo Oh, Jobu0101, Jockel Hofmann, Jodo, JoergBohlmann, Jofi, Johamar, Johannes Ries, Johnny Controletti, Jonaslange, Jones300, Jot, Jpp, JuergenL, Julia-Roberts-Fan, Julia69, Justy, Jón, KAMiKAZOW, Kadellar, Kaffeefan, Kaiserj, Kam Solusar, Kandschwar, Kareem abd elmageed, Karl-Henner, Karsten11, Kdwnv, Keichwa, Keuner, Kh80, Kiker99, Kiu77, Klassekassel, Klaus 123 Klaus, Klemen Kocjancic, Klxtctc, Knarf-bz, Koffer, Kolja21, Kozalla, Kpaugustin, Krauterer, Kris Kaiser, Krischan111, Kubi, Kuhlo, Kulturtor, Kurt Jansson, Kösliner, L.Willms, LIU, LKD, LZ6387, Lacrimus, Lady Whistler, LadyLilly, Lagopus, Lambada, Lambdacore, Langec, Lanka tt, Lberges, Le Fou, Lear 21, Leichtbau, Leipnizkeks, Leit, LennyWikipedia, Leo979, LeoBloom, Leppus, Letdemsay, Leyo, Liesbeth, Liesel, Limasign, LoKiLeCh, Longoso, Lord Patrick, LordofHavoc, Louis Bafrance, Ludger1961, LugPaj, Luke.S.94, Lumpeseggl, Lutheraner, LwVpR0v0uhY, Löschfix, M.duQuère, M.schneider, MB-one, MBq, MFM, MaRaBa, Mac, Mad2000, Madden, Magadan, Magnummandel, Magnus, MagnusFFM, MalteF, MalteRuhnke, Malteser, Manicretard, Marc Rodrigues, Marcnesello, Marcus Cyron, Mardil, Mark1000, Markus Schulenburg, Markutsch, Maros, Marsupilami, Marta9, Martin Bahmann, Martin Rasmussen, Martin-vogel, Martin1978, Martinroell, Massi, Mathias Schindler, Matt1971, Matthias Friehe, Matthias Winterer, Matthias.S, Matthiasb, Matthäus Wander, Maturion, Matux, Max Kellermüller, Mayada, Mazdan, MdE, MdotIO, Medianer, Mediatas, Medienmann, Melkom, Memmingen, Merc, Merops, MesseFFM, Metroskop, Meursault2004, Micha2564, MichiK, Mifrank, Mikano, Mikullovci11, Millbart, Mju1975, MlwEc9JTnv, Mmg, Mnh, Mogelzahn, Moguntiner, MoiraMoriaMöööh!, Mok120, Morabi, Mps, Mr. Anderson, Mr.

Cider, Mr.Kobayashi, Mrdaemon, Mulno, Munin2005, Musikwissenschaftler, Müller81, München2018, N3MO, NEXT903125, Nassauer27, Nd, NebMaatRe, Necrophorus, Nellse, Nemissimo, Nepenthes, Nephelin, Nerd, Nergal, Neroclaudius, Neu1, Neuroca, Nhauser, Nheoklrgeeurs, NiTeChiLLeR, Nicolas17, Niggo911, Nightflyer, Nikkis, Niklas Zimmermann, Ninjamask, Nixred, Nobart, Nobody.de, Nolispanmo, Norbirt, Nosgart, Nothere, Novil Ariandis, O.Koslowski, Oasis, Obersachse, Ocrho, Odin, Odo2004, Oeoeoe, Ogharis, Oliver S.Y., One o oner, Opihuck, Origami-Kranich, Ortmart, Oskar Lightning, Ot, Otberg, Ottomanisch, Oxydo, P. Birken, PD70, PENISANALFICKER!!!!, PS-2507, Paddy, PanchoS, Panter Rei, Parakletes, PaterMcFly, Payton M., Pco, Pedelecs, Pedste, PeeCee, Pelz, Peng, Perconte, Pessottino, Peter200, Peterlustig, Pfaerrich, Pfalzfrank, Pfieffer Latsch, PhElias, Phileasson, Philipd, Philipendula, Philipp Gross, Photoman, Phrood, Pischdi, Pittimann, Pixelfire, Pjacobi, PlanW, Planersocietaet, Platte, Pm, Polarlys, PolskiNiemiec, Popie, Poupou l'quourouce, Presse03, PrimQuackus, Primus von Quack, Pro2, Profiteur, Projekt 2.0, PsY.cHo, Psi, Ptolusque, Publius, Quietschente, RSN, RUUBYN, Radical, Rainer Lippert, Ratopi, Raymond, Rdb, Rdennis, Rec, Redf0x, Regi51, Reinhard Dietrich, Reinhard Kraasch, Reni Tenz, Rennboot, RheinMainRedaktion, Ri st, RicardaHuch, Robbel60, Robert-Baethke, Rohieb, Roland.M, Roland1952, Rolf H., RolfS, RonMeier, Ronald M. F., Rosa Lux, Roterraecher, Roughneck, Rp., Rr2000, Rs newhouse, Rufus46, Runghold, Rupp.de, S12345678901234567890, SPS, STBR, SZOM, Saanix, Sabata, Sadduk, Sallynase, Salomis, SamIam, Sandres, Sansculotte, Sargoth, Sarion, Sarkana, Sascha Brück, Schaengel, Schaengel89, Schally, Schatzgraeberin, Schaumal, ScheSche, Scherben, Schubbay, Schwarzwälder, Schwittus, Scooter, Scorpion2211, Seewolf, Sefo, Semolo75, Semper, Septembermorgen, Sflori, Shenhemu, Siebzehnwolkenfrei, Silberchen, Silbertanne3, Silberštejn, Sinn, Siric, Sitacuisses, Skyprayer, Smial, Sokkok, Sol1, SpecialEd, Sproink, Spuk968, Spurzem, Späthe, Srbauer, Srittau, Sschuste, Stefan, Stefan Knauf, Stefan Kühn, Stefan Volk, StefanAndres, Stefanbw, Steffen, SteffenB, Steigi1900, Steinbeisser, Steinsplitter, Stephan Klage, Stephanmorgenstern, Stern, StillesGrinsen, Strickelrampf, Strickelrmühle, Subbuteo, Suburbia, Suit, Superbass, Sven Marnach, Sven-steffen arndt, Svencb, Symposiarch, Sypholux, Sökaren, T.a.k., THOMAS, TM, TP12, TUBS, Taadma, TableSitter, Tabularasa, Tafkas, Talaborn, Talaris, Tanabor, Taxiarchos228, Teflon21, Template namespace initialisation script, Tengai, Terabyte, Terfili, Textkorrektur, Thalimed, TheFlixx, ThiloK, Thisbede, Thomas R. Schwarz, Thomas Raschke, Thomas Schulte im Walde, Thomas doerfer, ThomasPusch, Thomy3k, Thorsten Krob, Thorwald C. Franke, Thunder-cobra, Tilla, Tilman Kluge, Tilman-AB, Tilo23, Tim Schulz, Times, Timk70, Timmy, TippEx, Tlustulimu, To old, Toadfan, Tobi 0210, TobiWanKenobi, Tobias Conradi, Tobias1983, TomAlt, TomK32, Tonispitz, Torsten Goy, Triebtäter, Tromla, Tsor, Tzzzpfff, Tönjes, Uimp, Ukuechle, UliphotoDe, Ulli Purwin, Ulrich Breden, Ulz, Umdenker, Umherirrender, Unscheinbar, Unsterblicher, Unukorno, Update, Urbanquest, Ureinwohner, Urmelbeauftragter, Usquam, Uwe Gille, VBremer, Vanlenderius, Varina, Vilby, Villa1, Vlad7, Volkes Stimme, Voyager, WAH, WOBE3333, Waelder, Wahldresdner, Watchmen, WebwurmBigT, Weialawaga, WeißNix, Welle, Wheeke, Wiebelfrotzer, Wiegels, Wika, Wiki-Hypo, Wiki-observer, Wikinero, Wikinger08, Wildtierreservat, WilfriedC, Wilinckx, Wir IHK, Wissen, Wivoelke, Wnme, Wo st 01, Woelle ffm, Woldemar, Wolfgang K, Wolfgang Nuss, Wolfgang Pehlemann, Wolfgang Schulze, Wolfgang1018, Wolpertinger, World24, Xeph, Xocolatl, Xqt, YMS, YourEyesOnly, Zahnstein, Zaphiro, Zaungast, Zero Thrust, Zerolevel, Zeuke, Zickzack, Zico, Ziegelbrenner, Zieshan, Zinnmann, Zoph, Zw.Illing, ZweiBein, pC19F0338.dip.t-dialin.net, Äppler1, ÖPNV-FFM, , 1883 anonymous edits

**Microsoft** *Source*: http://de.wikipedia.org/w/index.php?title=Microsoft *Contributors*: -jkb-, .rhavin, 08-15, 3122WIKI, A.Savin, A.borque, AF666, Achates, Acienix, Aerdnas, Afgert, Afrank99, Ak120, Aka, Akio, Akrause91, Alien, Alien4, Alkab, Alladdin, Allesmüller, Amtiss, Andlaus, Andreas -horn- Hornig, Andreas 06, Andreas.kirsch, Andreasw, Andrew-k, Anneke Wolf, Apple Imac, Apsomol, Ari, Asb, Aths, Audiomaniac, Azimut, Azrahel, BJ Axel, BLueFiSH.as, Bachsau, Bahnemann, Balû, Bammsi, Baumanns, Baumi, Bdk, Becke, Bemm, Ben Ben, Ben-Zin, Bender235, Bernard Ladenthin, Bernhard55, Bierdimpfl, Bildungsbürger, BilkerHartmut, Binningench1, Binter, Bits-fritz, Bitsandbytes, BjKa, Blah, Blaufisch, Boogieman95028, Borkenkäfer, Bountin, Breeze, BuSchu, Carbidfischer, CarlMosel, Casu17, Chaddy, Checkup, Chefensenner, ChikagoDeCuba, Chris828, ChrisHamburg, Christoh, ChristophDemmer, Church of emacs, Clooney17, Coaster J, Cocrane, CommonsDelinker, Complex, Conspiration, Conversion script, Cooljack82, Corse-calvi, Cpcgm, Crazy1880, CroMagnon, Crux, Cuno.1, CyruzdaViruz, Cyvh, César, D, D0n3, DFK, DaB., Daboss, Daf, Dangerous, Daniel 1992, DarkThorn, Darkone, Das emm, DasNets, David Seppi, Dbraendle, Deeleres, Defchris, Delgado, Der Messer, Der Naturfreund, DerHexer, DerMaster12, Dev107, Diba, Diesterne, Diwas, Dodo von den Bergen, Domser, Domspatz, Don Leut, Dr Mu, DreadVenturous, Drehdichnichtumder, Dundak, EddieGP, Elendsredder, Elfentritt, Elian, Ellipse, Emes, Enslin, Enth'ust'eac, Ephraim33, Erdhummel, Eschenmoser, Esco, Espri7, Essbaumer, Fafer, Farino, Felix J., Fgb, Fiorellino, Firefox13, Florian Purucker, Florian3, Fomafix, Frank Murmann, Franz Halac, Franz Richter, Friedemann Lindenthal, Fristu, Fujnky, FutureCrash, G.Halil, GLGerman, GLGermann, Gamma127, Garver, Gegensystem, Geitost, Georg Stillfried, Geraldstiehler, Gerbil, Gerd Taddicken, Ghoffart, Giessauf A, Giftmischer, Globalnetzwerk, Gloeglm, Gnomi, Gnu1742, Gordon F. Smith, Gormenghast, Graf, Grander, Grindinger, Grossonkel, Grumel, Guety, Guillermo, Gunther, GünniX, HAL Neuntausend, HPich, Habari Sakasi, Habbman1, Hadhuey, HaeB, Hannes Röst, Haseluenne, Hashar, He3nry, Head, Headbreak, Heartdisease, HeikoStamer, Heimli1978, Heinte, HenHei, Herr Th., Heubergen, Hgulf, Hilarmont, Hindermath, HirschSt, Holydiver95, Horrendus, House1630, Hubertl, IP X, IWorld, Ibn Battuta, Igelball, Igge, Ims, Inkowik, Inspektor.Godot, Intalk, Intertorsten, Intforce, J. 'mach' wust, JAF, JFKCom, JGlueck, Jan Giesen, Jan Philipp Fiedler, Jange, Jant, Janusbs, Jashuah, Jegei, Jello, Jergen, Jhdithmar, Jkbw, Jks, Joachim Blum, JohannWalter, Johanna R., Jona.Zann, Jonelo, Joni2, Joystick, Jpp, Judith.lenz, JuergenL, Juesch, JulianAlbrecht, Juncensis, KMS, Kalyxo, Kam Solusar, Kammerjaeger, Kandschwar, Karl-Henner, Kaus, Kdwnv, KevinKwxwx, Kilian Marquardt, King, King Milka, Kku, Klaeren, Klever, Kniffo, KnoffHoffGnome, Koalabaer, Koehler markus13, Koerpertraining, Krachkind, Kris Kaiser, Kruemelmo, Ktesias, Kubieziel, Kubrick, KullerhamPster, Kurmis, Kurt Jansson, Kyle, LKD, Lachbremse, Lars Trebing, LeCornichon, Leeeroy, Leider, Leipnizkeks, Leithian, Lektor, Leuchtschnabelbeutelschabe, Liberal Freemason, Libro, Limasign, Linveggie, Lllf, Lofor, Lofote, Longamp, Lord Crusader XIV., Ltrebing, Lucario100, Lukas2511, Luki09, Luzian, M104, MB-one, MFM, Maarten Bosma, Mac, Mac Moltie, Magent, Magnus, Magnus Manske, Malasa, MarSraM, Marce79, Marcel110, Marco2804, Mario23, Markus Mueller, MarkusHagenlocher, Martin Aggel, Martin Bahmann, Martin-vogel, Martin0815, Martinwilke1980, Mastacheata, Mathias Schindler, Matt1971, Matthias Geils, Matthiasb, Matthäus Wander, Mausfunktion, Melancholie, Memolus, Metrics, MiB1982, Mic4web, Michail, Microsoft de, Micus, Mijobe, Mikenolte, Mikue, MilesTeg, Millbart, Mister wichtich, Mmario, Mms, Moros, Mps, Mr. Anderson, Mre, Mrieken, Muck, Mue, Mullinger, Musik-chris, Nagy+, Nanahara, Nd, Neoroot, Nerd, NetCuRLi, NeuerName2010, Nfl, NiTenIchiRyu, Niggelei, Nightwish62, Nilsandi, Nobody perfect, Normalo, Numbo3, Nuzzoale, Ocrho, OlafRadicke, Ollinaie, Onoxegy, Outburn, Overclocker, PDCA, PM3, PSYCloned Area, Pacifier, Pajz, Pakko, PatriceNeff, Patrizier, Pbra, Pcanterino, Pede95, Pelz, Pentium1000, Pentiumforever, Peter Gerwinski, Peter200, Pfieffer Latsch, PhilipErdös, Philipendula, Php7f, Pi666, Pit, Poc, PolBer, Prinzkarneval, Priwo, Prolinesurfer, Ps246, PsY.cHo, Q'Alex, Qhx, Quasiteilchen, R2D2000, RD-Hawkeye, Radiohörer, Rainer Wasserfuhr, Ralf Roletschek, Ralf5000, Raven, Raymond, Raymond83, Rdb, Reaper35, Rectifier99, Red Grasshopper, Redumbrella, Reinhard Kraasch, Rennleitung, Requalivahanus0, Rhino2, Rho, Ri st, Richard Abendroth, Richard Huber, RoBri, Robb der Physiker, RobertDietz, Roblacroix, Roger Zenner, Rohieb, RokerHRO, Ronny van Berlin, Rotkaeppchen68, Rufus46, S.K., SPKirsch, STBR, SV23.04, Samuel Mumm, Sanftmütiger, Schakalenjaeger, SchallundRauch, Schattenraum, Schejksbier, Schelle, Schlonz, SchwarzerKrauser, Scoob, Scorpion2211, Sebastian Uellenbeck, Sebastian Wallroth, Sebastian.Dietrich, Sebs, Seestaernli, Seewolf, Simeon Kienzle, Simon.hess, Sinn, Skaterboy50, Skyried, Slashy, Sloesch, Sol1, Soloturn, SonicY, Southpark, Sovok, SpecialEd, Splattne, Sproink, Spuk968, Srittau, Sschaak, St.Krekeler, StG1990, Steadfast, Stefan Kühn, Stefan Majewsky, Stefan2, Stefan64, Stefanf74, Steffenstanischa, Stern, StillesGrinsen, Stoffel0976, Streifengrasmaus, Störfix, Superhappyboy, SvenEric, SwissAirForceSoldier, Sypholux, TFT35, Tasma3197, Terabyte, Terranic, The-pulse, The-wiz, TheK, TheRealPlextor, Thekojote, Theoprakt, Theredmonkey, Thewob, Thgoiter, Thomas R. Schwarz, Thorbjoern, Thornard, Tiago, Ticketautomat, Tim Schulz, Timt, Tobi B., TobiToaster, Tobnu, Tolentino, Tom Knox, Toru10, Trac3R, Transhuman, Trixium, Trustable, Tsor, Tullius, Tux, UW, Umapathy, Unscheinbar, Ute-s, Uwe Gille, Vader, Valentin Funk, Vercheckt, Verita, Vokainer, Volty, Vren, W. Berlin, WAH, WIKIdesigner, WIKImaniac, WStephan, WandaLeu, Wega14, WhisperToMe, Whitephoenix, Wi-infer, Wickie37, Wiegels, Wiesel, WikiNick, Wikinger77, Wikipit, Wikiritter, Wilhans, Winzigweich, Wolfgang1018, Wolfgangbeyer, XenonX3, YourEyesOnly, Zaibatsu, Zaphiro, Ziko, Zinnmann, bwcache1zhb.bluewin.ch, °, Århus, 541 anonymous edits

**ProSiebenSat.1_Media** *Source*: http://de.wikipedia.org/w/index.php?title=ProSiebenSat.1_Media *Contributors*: -EyMa-, 12chris34, 32X, Actany28, Aka, Akl, Alkhogan82, Andreas -horn-Hornig, Andy Kalies, Andy king50, Bahnemann, Ben Ben, Beni1998, Bernard Ladenthin, Birnkammer fabian, Blaupause, Boemmels, Brummis Knastgemeinschaft, Buchexperte, Buttermichi, Chaddy, Chris1by1, Chrisglub, Church of emacs, Complex, Curtis Newton, Cymothoa exigua, D0c, DF5GO, DH93, Daderich, DanielDüsentrieb, Dave it, Der Messer, Der.Traeumer, Der.metzger2009, Dev107, DiabolicDevilX, Diba, Dieter N, Dinah, Don Magnifico, Don Perignon, Druffeler, Eaaumi, EestiFan, Empire of the sun, Eriosw, Farino, Flor!an, FlügelRad, Frank Murmann, Fredo 93, FreundHein, Friedemann Lindenthal, GLGerman, GMH, Gceschmidt, Geschichtsfan, Giftmischer, HaSee, Herrick, Hurlbrink, Il Silenzio, In dubio pro dubio, Inkowik, JAF, JIR.D.B.®, JaScho, Jadadoo, Jan eissfeldt, Jarah, Jeanyfan, Jerry1994, Jivee Blau, Jkj, Jobu0101, Joeb07, Johann2793, Jumbopfandbrief, King Milka, Kolja21, Krd, LIU, Liberaler Humanist, Liesel, LigaDue, Lipstar, Lobservateur, Lofor, Lukas²³, Lukeskywalker1978, MAY, Manecke, MarkusHagenlocher, Martin-vogel, Martinvoll, MasterofAdanos, Matthias Funk, Maturion, Meleagros, Michael Doose, Minderbinder, Mmovchin, Moemoemoe999, Morten Haan, Mps, Mue, NSX-Racer, Neg, Nemissimo, Netnet, Oberlaender, Ocrho, Okin, Paeisi, Pajz, Pecy, Pendulin, Pfalzfrank, Ploxy, Politics, PsY.cHo, Puma 2010, Qhx, RIMOLA, Radiohörer, Rainer82, Rdb, Red Grasshopper, Rr2000, Rtc, Ruprecht, S.Didam, STBR, Samson1, Sayno, SchirmerPower, Schubbay, Schweißer, Seelefant, Seewolf, SevenOneMedia, Shepard, Shoot the moon, Solid State, Sportschuh, Sprachpfleger, Stauffen, Stefan Kögl, Stefan Kühn, Stefan.G.Gfroerer, TW2007, Tbv, TechnologyMC, Thomas R. Schwarz, Tim Lehmann, Tostedt, Tönjes, Upofix, Vertigo Man-iac, Vivalahives, Volunteer, WikiWikinger, Wnme, Xabbu16, Xmulzencab, XyXEL, Zaibatsu, Zaphiro, Zellreder, 256 anonymous edits

**Der_Spiegel** *Source*: http://de.wikipedia.org/w/index.php?title=Der_Spiegel *Contributors*: 20357Hamburg, 217, ADK, APPER, Aaaah, Aalhuhnsuppe, Abdull, Abendstrom, Abrisskante, Agadez, Aka, Akl, Albrecht Conz, Albtalkourtaki, AlexR, Alib, Amateurpassion, Anathema, AndreasPraefcke, Androl, Andy king50, Anfahrer, Antgila, Aristokrat, Arnomane, Asb, Assayer, Atamari, Aths, Au-hilb, B Maurice, BKSlink, Bahnemann, Basteidel, Bembo, Benatrevqre, Bene16, Benzen, Berlin-Jurist, Bernd Untiedt, Between the lines, Beyer, Bigbug21, Birger Fricke, Bjb, Björn Bornhöft, Blackjogger, Blogotron, BlueCücü, Bonzo*, Boris Kaiser, Boxerfan, Brasil26, Bunthausspitze, Burstach, Callidior, Calvin Ballantine, Carbidfischer, Carolus Ludovicus, Carter666, Casra, Cecil, Cepheiden, Charon65, ChemRR, Cherubino, Chianti, Chricho, Chriki, Christian B. 1969, Cirdan, Clemensfranz, Cocoloi, Complex, Concept1, Corrigo, Cryulf, César, D, D0c, Dachris, Dadudududdidididi, Daniel, DasBee, Dennis Siebert, DennisHH, Denny, Der.Traeumer, DerAnalyst, Dha, Diba, Diderot76, Dinah, Don Leut, Dontworry, Dr Möpuse, Drosophilia, Drummerboy, Duesentrieb, Dundak, Eaaumi, Elian, Emes, Emkaer, Englandfan, Entnahme, Etix, Euphoriceyes, Europe, Eurostarter, F2hg.amsterdam, Fabchief, Flominator, Florian Adler, Flueppel, Flups, FordPrefect42, Frank-m, Franz Richter, Fred Chess, Frederic, FredericII, Friedjof, Friedrichheinz, Fryday, Fuqnbastard, Fuzzy, GS, Galaxy07, Gamba, Gardini, Gargantorix, Gargolla, Gegen den Strom, Geof, GeorgHH, Gerd W. Zinke, Giftmischer, Gnu1742, Gottlos, Grapelli, Gsälzbär, Guaka, Guety, HaeB, Haefti, Hagbard, Halbarath, Hans J. Castorp, Hans-Peter34, Hardenacke, Head, Hecht, Hedwig in Washington, Herrick, Hgulf, Hildegund, Hinterkappelen, Hompsore, Horst Frank, Horst Gräbner, Howie78A, Howwi, Hubertl, Huebi, HurwiczRocks, Hybridbus, Ianusius, Idler, Imperatom, Inhabitant84, Inkowik, Iotatau, Ipette, Isa1508, Ivla, J.-H. Janßen, JCIV, JFH-52, JFKCom, JGlueck, JakobVoss, Janden007, Jaruni, JensBaitinger, Jintan, Jivee Blau, Jjkorff, Jobu0101, John Millerson, Jordan1976, Juesch, Jón, Kaffeefan, Kam Solusar, Karl-Henner, KarlV, Kaugummimann, Kdwnv, Kevinin, Kh555, Kira Nerys, KiwiDeaPi, Kku, Knochen, Knoerz, Kolja21, Krakatau, Krawi, Kricket, Kriddl, Kriegslüsterner, Kurt Jansson, Kwiatkowski, Kyantarodor, Labos, Langes W, Lateiner, Laureusop, Leipnizkeks, Lentando, Leon, Libelle63, Liberal Freemason, Liesel Müller, LightWolf, Lirum Larum, LotharWotan, LucaLuca, Lukasmergele, Lung, LustigerKreis, Lux lb, Löschfix, M. Yasan, MAY, MFM, MMSwa02, Mac, Maelcum, MagisterClio, Maikel, MainFrame, Manecke, Marcus Schätzle, Marrrci, Martin-vogel, Mathias Schindler, Matt1971, Matthäus Wander, Mef.ellingen, Meffo, Mghamburg, Michail, Mijobe, Mijozi, Mike Ebersbacher, Mike Rüb, Mino, Miraki, Mogelzahn, Muang, Muck31, Mvb, Mwka, Mühlstädt, Naegeli, NatureKnowsBest, Nawgen, Nemissimo, Neun-x, Nevermind99, News, NiTenIchiRyu, Nichtsdestoweniger, Nicky knows, Nightflyer, Nils Freiheit, Nockel12, O.Koslowski, Oasis, Observer, Okahandja, Onkel Sam, Ot,

Parka Lewis, PatrickD, Peter Handke, Peter-113, Peter200, Phan Ba, Phantom, Phantom62, Philipendula, Philipp Sauermann, Pincerno, Pittimann, Poip, Polarlys, Postman Lee, Poupou l'quourouce, Pvanderloewen, Qualitätskontrolle, Raamin, Rador Schmitlein, Raphael Frey, Rax, Raznor, Rdb, Rdennis, Red Grasshopper, Regi51, Romankawe, Rosenzweig, Rtc, Rudolfox, Rufus46, S.K., SEBi, STBR, Sa-se, Saltose, Saturos123, Schnargel, Schniggendiller, Schreibkraft, Scribo, Seewolf, Sekundenschlaf, Semper, Semperor, Septembermorgen, Shoot the moon, Shoshone, Sicherlich, Sinn, Sir, Small Axe, Softeis, Solid State, Sommeister, Spuerhund, Spuk968, Stadtmaus0815, Stammtisch, Standardizer, Staro1, Starwash, SteBo, Stefan Bellini, Stefan Kühn, Stefan64, Stefanf74, StephanKetz, Stern, Str1977, Suirenn, Sulfolobus, Sunbird, Superbass, SusanneSchreiber, Taixinomee, Tam, Taratonga, Terabyte, TheWolf, Thomas Dancker, ThomasK, Thommess, Tilman Berger, Tilo Körner, Tim.landscheidt, TimElessness, Tobnu, TomK32, Tomás66, TorPedo, Trigonomie, Tschure, Turdus, Tuxman, Tönjes, Ulis, Ulkomaalainen, Ulmenhof, Ulrich Rosemeyer, Umeier, Uwca, Vanpipe, Voltarin, WAH, Wachs, Wahldresdner, Walter Koch, WhisperToMe, Whistle, WiESi, Wiegels, WikiMax, Wikifreund, Wikwik, Wissenschaffer, Wistula, Wmeinhart, Wolfgang1018, Wolpertinger, Wotan, Xqt, YMS, Yummycandy, Zaphiro, Zaphodia, Zeno Gantner, Zipfelheiner, Zurichandgeneva, 450 anonymous edits

**Tomorrow_Focus** *Source*: http://de.wikipedia.org/w/index.php?title=Tomorrow_Focus *Contributors*: 20joerg, Aka, Babsl1982, CommonsDelinker, DanielDüsentrieb, Der Messer, Dev107, Domspatz, Ex201, Florian Adler, Giftmischer, Hoevekka, Itti, JaScho, Kirschkathi, Livno, Marsupilami, Papa1234, ReclaM, Reni Tenz, RobertLechner, Rr2000, Sargoth, Sebayer, ThePeter, Tomorrow Focus, Uwe Gille, WIKImaniac, Wirtschaftsjournalist, 20 anonymous edits

**Yahoo** *Source*: http://de.wikipedia.org/w/index.php?title=Yahoo *Contributors*: -Mark-, AHZ, Adornix, Afrank99, Aka, AlexDin, Alkab, Antamauna, Armin P., Aschmidt, Avoided, BLueFiSH.as, Baronnet, Baumanns, Bautsch, Biktora, Blaue Orchidee, Blunt., Bonzo*, Carbenium, Chaddy, Chrisfrenzel, Christian thomma, Clemensh, D, Dailer, Danusch, Der Messer, Der.Traeumer, DerSchreiber, Dick Tracy, Dino57, Dishayloo, Divbyzero, Doc z, Don Magnifico, Duesentrieb, Eike sauer, Elendsredder, Elendur, Englandfan, Erpel, Eruedin, Eschenmoser, ExIP, FEXX, Feliz, Filmnetz, Filzstift, Flo 1, Flominator, Florian Adler, Fragikus, Friedemann Lindenthal, Frosty79, FruitGeneration, GLGerman, GLGermann, Gartenflo, Gaspard, Gattschardo, Giessauf A, Giftmischer, Graf, Gratisaktie, Guandalug, Guenther1977, GunterS, H-j, H-stt, HaSee, Haeber, Hardenacke, Hardy Linke, Hashar, Head, Heptarch, HerrF, Horst Gräbner, Hubertl, ISBN, Idontpanic, Ifrost, Ims, Invisigoth67, Ionenweaper, Iro-Iro, Irrgärtner, JAF, Jailbird, Jcr, Jivee Blau, Jpkoester1, Jpp, JuTa, Julben, Jón, Karl-Henner, Katharina, Kdwnv, King, King Milka, KingRodriguez, Kolja21, Kungfuman, KurtR, Löschfix, M(e)ister Eiskalt, MFM, Magnus, Makikobold, Marcus Schätzle, Markus Mueller, Markus00000, Martin-vogel, Martinvoll, Masturbius, Megaman7de, Merlissimo, Metalhead64, Michael Fichmann, Michael.bender, Mister redman, Mmovchin, Mononoke, Morgenstund, Mps, Nethershadow, Neuer1234567890, Nightflyer, Nolispanmo, Noogle, Ocrho, Oktay78, Orci, PDD, Padre, Pcgod, PenumbraLpz, Peter200, Pietz, Pittimann, Plerimest, Pm, Professor Einstein, PsY.cHo, Radiohörer, Radiojunkie, Ralf Roletschek, Recompile, Reeno, Regi51, Reinhard Kraasch, Ruprecht, SAkYa, Saehrimnir, Scheppi80, Schlonz, Schwijker, Seir, Sicherlich, Sinn, Small Axe, Snahlemmuh, Spartanischer Esel, SpecialEd, Speck-Made, Sport rob, Stefan Kühn, Stern, Sunny04, Svolks, Thomas Springer, Thorsten.schmalz, Tiem Borussia 73, Tim Schulz, Timo Müller, Togs, Tomx992, Toter Alter Mann, Turkey73, Tuxman, Tw86, Twili, Ulphix, Umherirrender, Unscheinbar, Upim, Valheidelberger, W like wiki, WIKIdesigner, Wiesmaim, Wiki-Hypo, Xharald, Yahoo! Deutschland, Zaibatsu, Zeitlupe, Zellreder, Zenit, Zollernalb, ¡0-8-15!, Århus, 'Ο οἶστρος, 212 anonymous edits

**Deutsche_Telekom** *Source*: http://de.wikipedia.org/w/index.php?title=Deutsche_Telekom *Contributors*: .Mag, 3ecken1elfer, A.Savin, Aalfons, Achates, Adalmar, Afrank99, Airwave2k2, Aka, Alex1011, Alkab, Alle00, Aloiswuest, Alter Fritz, Amilamia, Andim, AndreasE, Andy king50, Anfuehrer, Anneke Wolf, Apetmec, Appaloosa, Apple Core, Arma, Augenblikk, Avoided, Baboo, Bahnemann, Balver, Bardenoki, Baumfreund-FFM, Ben Ben, Bene16, Benowar, BeroHH, Besim Karadeniz, Björn Bornhöft, Blacky24, Blaufisch, Boonekamp, Bordeaux, Borgan, Bubo bubo, Bücherhexe, Bücherwürmlein, C-M, Cafezinho, Carbidfischer, Carol.Christiansen, Cepheiden, Ch.baumi, Cholo Aleman, ChrGermany, Chris Kaese, Chrisfrenzel, Christian Lindecke, Christoph Eichhorn, Codeispoetry, Complex, Cymothoa exigua, D, Daniel Endres, DavidG, Deeroy, Deluxxe505, Der Messer, Der.Dirk, DerGraph, DerGraueWolf, DerHexer, Dev107, Devil m25, Diba, DireStrait88, Docsj, Don Nighty, Druckwelle, Dum-dum-dum-dim-dum, E.Maron, Echoray, El., ElRaki, Emkaer, Erik Warmelink, Euku, Euphoriceyes, Evrenkoruyan, FBE2005, FEXX, Faber-Castell, Fgk, Florian Weber-alt, Fomafix, Frank Murmann, Fristu, Fritz, Fuenfundachtzig, Fuexle, FutureCrash, GLGerman, Garver, Gary Luck, Geka-berlin, Gelli63, Geos, Gereon K., Giftmischer, Golfer, Grsglknr, GrößterZwergDerWelt, Gugerell, Gum'Mib'Aer, HaSee, Hadhuey, Haeber, Hans J. Castorp, Hardenacke, Harry8, Hartsig2000, Hasenläufer, HdEATH, He3nry, Head, Heckenreuter, Heidas, Heinovh, HenrikHolke, Herbert Buchbinder, Hermannh, Hicks21, Hofres, HolgerB, Horst Gräbner, Hotcha2, Hubertl, HurwiczRocks, Hégésippe Cormier, I net12, ICE21, Ice gixxe, Ilja Lorek, Illnazz, Inkowik, Itangast, Itti, JAF, JFKCom, JRG, Jailbird, Jan Giesen, JanRieke, Janw, Jivee Blau, Jochen2707, Joeb07, Johnny Yen, Joho345, Jonny good, Josey82, Joydealer, Juesch, Juliabackhausen, JøMa, Kaisersoft, Kandschwar, Karl-Henner, Katharina, Ken766, Kenji, Kilon22, KingRodriguez, Klever, Klugschnacker, Koerpertraining, Kolifi, Kozuch, Krawi, Krischy, Krulli, Kubrick, Kyber, Käsekuchen, LKD, Lars Beck, Leit, Leser, Linveggie, Lorenz Steinke, Lotje, Louis Bafrance, Lukas$^{23}$, M-J, MaKoLine, Magnummandel, MarSraM, Marcl1984, Marco Kosmehl, Marco Krohn, Mareike.Pfennig, MarkusHagenlocher, Marlus Gancher, Marsupilami, Martin1978, Martinvoll, MaryJaneWatson, Matthäus Wander, Matysik, Mauerquadrant, Maxralf, Maxx96, Mbrust, Media lib, Mgeusen, Micha2564, Michael Sch., Michael.bender, Mike Krüger, Millbart, Milziade, Mnh, Mo4jolo, Mschiffler, Muck31, Munibert, Mxr, My name, Möchtegern, Nepenthes, Ngowatchtransparent, NiTenIchiRyu, Nicor, Nihat Halici, Nikkis, Nis Randers, Nize, Nkah6raso, NoahJones2012, Nothere, Nyc12, Oese, Ojenny, Olei, Online Redaktion, OsGr, Ot, Ovambo, PDD, Paddy, PaulBommel, Pe-sa, Peregrin "Pippin" Took, Pessottino, Phobie, Phtr88, Pittimann, Pm, Printe82, PsY.cHo, Q'Alex, Qualle, Quedel, Quirin, Ra'ike, RacoonyRE, Radiohörer, Radiojunkie, Rainer Feike, Randolph33, Raymond, Red Grasshopper, Redline is courtage, Regi51, Reinhard Kraasch, Reinhard1957, Ri st, RokerHRO, RomanMLink, Romwriter, RonMeier, S.Didam, SPS, STBR, Salmi, Saxo, Schelumiel, SchirmerPower, Schnulli00, Schoopr, Schotterebene, Sebastian.nohn, Sebbl2go, SeeIt, Seewolf, Sefo, Semper, Shidata, Siebzehnwolkenfrei, Sinn, Sipo86, Sisal13, Sister Ray, Sixpax, Smarter Karl, Solid State, Sozi, Spuk968, StG1990, Steak, Stefan Kühn, Stefan h, StefanPohl, StephanKetz, Suricata, Tafkas, Talaris, Taxiarchos228, Tbv, Tebas, Telenickel, TheK, TheWolf, Thogo, ThomasPusch, Thorbjoern, TigerDriver, Toot, Topfklao, Totenmontag, TrickyTic, Tsor, Tönjes, Udo.Netzel, Ulz, Unsterblicher, Uweschwoebel, VanGore, Vehob6, Vintagesound, Virtualiter, Wannabee3, Waschl87, Waterborough, WeißNix, Westiandi, Wiebelfrotzer, Wiegels, Wiki05, Wikipartikel, Wilske, WinfriedSchneider, Wiska Bodo, Wolfgang H., X2921294H, Xacyllum, Xantener, Xeph, Xls, YMS, YourEyesOnly, Zahlendreher, Zaibatsu, Zellreder, Zenit, Zeno Gantner, Zinnus, 599 anonymous edits

**Telefónica_Germany** *Source*: http://de.wikipedia.org/w/index.php?title=Telef%C3%B3nica_Germany *Contributors*: .Mag, 12chris34, 1971markus, Achimbodewig, Addicted, Aka, AndreasE, Arminia, Beni1998, Bildungsbürger, Blofeld83, Boersianerin, Bsfdmj, Buncic, Carol.Christiansen, Christian1985, Cottbus, CoverS, Crazy1880, Crux, Deluxxe505, Der Wolf im Wald, Destino, Dev107, DiabolicDevilX, Dleipleip, Dreiundvierzig, Echtner, Emmridet, FEXX, Faltenwolf, Felix Stember, Fgb, Fish-guts, FlugTurboFan, Frank Reinhart, Fruli, G-Man, Gewinnmaximierung, Giftmischer, Gr5959, Gugerell, Hans J. Castorp, Hector Bosch, Helm, Henrik A., Hhdw, Hobbesofmalmesbury, Horgner, Howwi, IWorld, Imzadi, Invisigoth67, Itti, J4kobc, JKS, JanRieke, Jebediah42, Jensibua, Jochen2707, John-vogel, JonBs, Jpp, Juncensis, Kaisersoft, Kam Solusar, Karottensaft, King-haufen, Kungfuman, LKD, LarsWarnken, Lhoppelhase, Linveggie, Lobservateur, Ludger1961, Lukas$^{23}$, Lukeskywalker1978, Martin-vogel, Martin1978, Maxxl2, Mps, Muck31, Nholland, NiTenIchiRyu, Nierskiesel, Nkah6raso, Nobbipunktcom, Noogle, O!, Onetwo, PDCA, PaulT, Pessottino, PsY.cHo, Qualle, RIMOLA, Radiohörer, Radolfshausen, Ralf Roletschek, Regi51, RobGoa, Robb, RokerHRO, Roterraecher, Schönste Verbindung, Sentropie, Simeon Kienzle, Sleske, Sol1, SpaceRat, Spuk968, Stefan Kühn, Stevenwort, Succu, Suhadi Sadono, Svencb, TSMusik, Tafkas, Taratonga, Terabyte, Terraner87, Thabeus, Threedots, Tubeshelp, Usien, Uweschwoebel, Volkaaa, Wbaum, Weg mit den Monstern, Woehlecke, Wolfgang1018, Worel, Xurver, Zaibatsu, Zwölf, Århus, 146 anonymous edits

**Vodafone** *Source*: http://de.wikipedia.org/w/index.php?title=Vodafone *Contributors*: 1971markus, Aetas volat., Aka, Andim, Andy king50, Astrobeamer, BKSlink, Beni1998, BernieM, Betatester wiki, Birger Fricke, C0t0d0s23, Complex, DTD, Digital Nerd, Flominator, FlügelRad, Giftmischer, Grindinger, GrößterZwergDerWelt, Guandalug, Gut informiert, IronRudi, J4kobc, Jensibua, Jkbw, John-vogel, JuTe CLZ, K.Scholz, Kalligraf, Krd, Liberaler Humanist, Liebschwager1995, MalteF, Martinvoll, Mgehrmann, Mrilabs, NSX-Racer, Nicolas17, Nilix, Nkah6raso, Nobbse, Nothere, Peng, Pentachlorphenol, Pessottino, Philmo1, PsY.cHo, Radiohörer, Radschläger, Ratteos, Regi51, Revvar, Romann.knesch, SDI, Schotterebene, Seewolf, Silewe, Sunnysteffen, Ulli1235, Vodafonekritik, WWSS1, Wedderkop, Werbekritik, Wiegels, X-Weinzar, Xurver, ¡0-8-15!, 80 anonymous edits

**YOC** *Source*: http://de.wikipedia.org/w/index.php?title=YOC *Contributors*: AHZ, Boshomi, Cú Faoil, Dev107, Druffeler, Gettler23, Giftmischer, He3nry, Hydro, Inkowik, Lutheraner, Merlissimo, Rob.liebisch, Roterraecher, Sabe79, Siechfred

**Arbeitsgemeinschaft_Telegrafie** *Source*: http://de.wikipedia.org/w/index.php?title=Arbeitsgemeinschaft_Telegrafie *Contributors*: Allesmüller, Cqdx, Grenzgänger, Jergen, Lars Regensburger, Succu, Zwengelmann, 3 anonymous edits

# Image Sources, Licenses and Contributors

**Datei:Arbeitsgemeinschaft Online Forschung Logo.svg** *Source*: http://de.wikipedia.org/w/index.php?title=Datei:Arbeitsgemeinschaft_Online_Forschung_Logo.svg *License*: unknown *Contributors*: Marlus Gancher

**Datei:Internet map 1024.jpg** *Source*: http://de.wikipedia.org/w/index.php?title=Datei:Internet_map_1024.jpg *License*: unknown *Contributors*: Barrett Lyon The Opte Project

**Datei:CERN NEXT Server 2010-07-01.jpg** *Source*: http://de.wikipedia.org/w/index.php?title=Datei:CERN_NEXT_Server_2010-07-01.jpg *License*: unknown *Contributors*: User:Wimox

**Datei:WorldWideWebAroundWikipedia.png** *Source*: http://de.wikipedia.org/w/index.php?title=Datei:WorldWideWebAroundWikipedia.png *License*: unknown *Contributors*: User:Chris 73

**Datei:Verbindungen mit dem Internet Home User.jpg** *Source*: http://de.wikipedia.org/w/index.php?title=Datei:Verbindungen_mit_dem_Internet_Home_User.jpg *License*: unknown *Contributors*: Ladyt, Lukas9950, Nolispanmo, RacoonyRE, Spuk968, Suhadi Sadono, Team Rocket, 5 anonymous edits

**Datei:Verbindungen mit dem Internet Business User.jpg** *Source*: http://de.wikipedia.org/w/index.php?title=Datei:Verbindungen_mit_dem_Internet_Business_User.jpg *License*: unknown *Contributors*: Lukas9950, Niteshift, Nolispanmo, Team Rocket

**Datei:IP Deutschland Logo.svg** *Source*: http://de.wikipedia.org/w/index.php?title=Datei:IP_Deutschland_Logo.svg *License*: unknown *Contributors*: Benutzer:Brackenheim

**Datei:IP-Logo bw.svg** *Source*: http://de.wikipedia.org/w/index.php?title=Datei:IP-Logo_bw.svg *License*: unknown *Contributors*: Frank Murmann, Marlus Gancher

**Datei:Zusammenhang Organisationsbegriffe.jpg** *Source*: http://de.wikipedia.org/w/index.php?title=Datei:Zusammenhang_Organisationsbegriffe.jpg *License*: unknown *Contributors*: Grap. Original uploader was Grap at de.wikipedia

**Datei:Wappen Frankfurt am Main.svg** *Source*: http://de.wikipedia.org/w/index.php?title=Datei:Wappen_Frankfurt_am_Main.svg *License*: unknown *Contributors*: User:David Liuzzo

**Datei:Hesse F.svg** *Source*: http://de.wikipedia.org/w/index.php?title=Datei:Hesse_F.svg *License*: unknown *Contributors*: User:Hagar66

**Datei:Frankfurt am Main logo.svg** *Source*: http://de.wikipedia.org/w/index.php?title=Datei:Frankfurt_am_Main_logo.svg *License*: unknown *Contributors*: Benutzer:Marsupilami

**Datei:Frankfurt Am Main-Roemerberg 19-27 von Suedosten-20110307.jpg** *Source*: http://de.wikipedia.org/w/index.php?title=Datei:Frankfurt_Am_Main-Roemerberg_19-27_von_Suedosten-20110307.jpg *License*: unknown *Contributors*: User:Mylius

**Datei:Frankfurt Am Main-Stadtansicht von der Deutschherrnbruecke am fruehen Abend-20110808.jpg** *Source*: http://de.wikipedia.org/w/index.php?title=Datei:Frankfurt_Am_Main-Stadtansicht_von_der_Deutschherrnbruecke_am_fruehen_Abend-20110808.jpg *License*: unknown *Contributors*: User:Mylius

**Datei:Die Frankenfurt.jpg** *Source*: http://de.wikipedia.org/w/index.php?title=Datei:Die_Frankenfurt.jpg *License*: unknown *Contributors*: Flibbertigibbet, Mogelzahn, Mylius, Orrling, T.h., Túrelio, Wst, Xenophon, 1 anonymous edits

**Datei:Mk Frankfurt Nachbargemeinden.png** *Source*: http://de.wikipedia.org/w/index.php?title=Datei:Mk_Frankfurt_Nachbargemeinden.png *License*: unknown *Contributors*: Magadan, Rüdiger Wölk, T.h.

**Datei:Frankfurt Subdivisions boroughs.svg** *Source*: http://de.wikipedia.org/w/index.php?title=Datei:Frankfurt_Subdivisions_boroughs.svg *License*: unknown *Contributors*: User:Melkom

**Datei:Entwicklung des Stadtgebietes, Frankfurt.png** *Source*: http://de.wikipedia.org/w/index.php?title=Datei:Entwicklung_des_Stadtgebietes,_Frankfurt.png *License*: unknown *Contributors*: Magadan, Melkom, T.h.

**Datei:Panorama Frankfurt vom Maintower edit.jpg** *Source*: http://de.wikipedia.org/w/index.php?title=Datei:Panorama_Frankfurt_vom_Maintower_edit.jpg *License*: unknown *Contributors*: Photo taken by Holger Weinandt

**Datei:Frankfurt Am Main-Samstagsberg von Suedwesten-20110705.jpg** *Source*: http://de.wikipedia.org/w/index.php?title=Datei:Frankfurt_Am_Main-Samstagsberg_von_Suedwesten-20110705.jpg *License*: unknown *Contributors*: User:Mylius

**Datei:Hauptwache Frankfurt.jpg** *Source*: http://de.wikipedia.org/w/index.php?title=Datei:Hauptwache_Frankfurt.jpg *License*: unknown *Contributors*: User:Der Wolf im Wald

**Datei:Goethedenkmal Goetheplatz Ffm 2 DSC 0818.jpg** *Source*: http://de.wikipedia.org/w/index.php?title=Datei:Goethedenkmal_Goetheplatz_Ffm_2_DSC_0818.jpg *License*: unknown *Contributors*: User:EvaK

**Datei:Frankfurt Am Main-Alte Stadtbibliothek von der Ignatz-Bubis-Bruecke-20100424.jpg** *Source*: http://de.wikipedia.org/w/index.php?title=Datei:Frankfurt_Am_Main-Alte_Stadtbibliothek_von_der_Ignatz-Bubis-Bruecke-20100424.jpg *License*: unknown *Contributors*: User:Mylius

**Datei:Frankfurt Am Main-PalaisQuartier-Ansicht vom Maintower-20110328.jpg** *Source*: http://de.wikipedia.org/w/index.php?title=Datei:Frankfurt_Am_Main-PalaisQuartier-Ansicht_vom_Maintower-20110328.jpg *License*: unknown *Contributors*: User:Mylius

**Datei:Mk Frankfurt Kaiserstraße 1.jpg** *Source*: http://de.wikipedia.org/w/index.php?title=Datei:Mk_Frankfurt_Kaiserstraße_1.jpg *License*: unknown *Contributors*: BlackIceNRW, Magadan

**Datei:Friedberger Warte, Frankfurt.jpg** *Source*: http://de.wikipedia.org/w/index.php?title=Datei:Friedberger_Warte,_Frankfurt.jpg *License*: unknown *Contributors*: Melkom

**Datei:Frankfurt hruneburgpark koreahaus1.jpg** *Source*: http://de.wikipedia.org/w/index.php?title=Datei:Frankfurt_hruneburgpark_koreahaus1.jpg *License*: unknown *Contributors*: User:Southgeist

**Datei:Apfelweinviertel.jpg** *Source*: http://de.wikipedia.org/w/index.php?title=Datei:Apfelweinviertel.jpg *License*: unknown *Contributors*: User:Popie

**Datei:Hoechster Mainpanorama August 2007.jpg** *Source*: http://de.wikipedia.org/w/index.php?title=Datei:Hoechster_Mainpanorama_August_2007.jpg *License*: unknown *Contributors*: User:EvaK

**Datei:Enkheimer Ried.jpg** *Source*: http://de.wikipedia.org/w/index.php?title=Datei:Enkheimer_Ried.jpg *License*: unknown *Contributors*: User:Melkom

**Datei:Karl der Grosse vor dem Historischen Museum Frankfurt.jpg** *Source*: http://de.wikipedia.org/w/index.php?title=Datei:Karl_der_Grosse_vor_dem_Historischen_Museum_Frankfurt.jpg *License*: unknown *Contributors*: User:EvaK

**Datei:Mk Frankfurt Merian Stadtansicht.jpg** *Source*: http://de.wikipedia.org/w/index.php?title=Datei:Mk_Frankfurt_Merian_Stadtansicht.jpg *License*: unknown *Contributors*: AnRo0002, BlackIceNRW, Magadan, Mylius, Xenophon

**Datei:Nationalversammlung.jpg** *Source*: http://de.wikipedia.org/w/index.php?title=Datei:Nationalversammlung.jpg *License*: unknown *Contributors*: from a contemporary drawing of the Parliament in 1848; after a drawing by Ludwig von Elliot

**Datei:Frankfurt 1945 June destructions after bombing raids old town aerial.JPG** *Source*: http://de.wikipedia.org/w/index.php?title=Datei:Frankfurt_1945_June_destructions_after_bombing_raids_old_town_aerial.JPG *License*: unknown *Contributors*: BlackIceNRW, Drdoht, Horst-schlaemma, UrLunkwill, 1 anonymous edits

**Datei:Frankfurt population.svg** *Source*: http://de.wikipedia.org/w/index.php?title=Datei:Frankfurt_population.svg *License*: unknown *Contributors*: User:Gorgo

**Datei:Frankfurter Dom Eiserner Steg.jpg** *Source*: http://de.wikipedia.org/w/index.php?title=Datei:Frankfurter_Dom_Eiserner_Steg.jpg *License*: unknown *Contributors*: rupp.de

**Datei:Frankfurt Am Main-Westendsynagoge von Suedwesten-20120325.jpg** *Source*: http://de.wikipedia.org/w/index.php?title=Datei:Frankfurt_Am_Main-Westendsynagoge_von_Suedwesten-20120325.jpg *License*: unknown *Contributors*: User:Mylius

**Datei:Nuur-Moschee Frankfurt Germany.jpg** *Source*: http://de.wikipedia.org/w/index.php?title=Datei:Nuur-Moschee_Frankfurt_Germany.jpg *License*: unknown *Contributors*: rupp.de

**Datei:Peter Feldmann.jpg** *Source*: http://de.wikipedia.org/w/index.php?title=Datei:Peter_Feldmann.jpg *License*: unknown *Contributors*: User:Aholtman

**Datei:Coat of arms of Frankfurt (temporarily in Weimar Republic).svg** *Source*: http://de.wikipedia.org/w/index.php?title=Datei:Coat_of_arms_of_Frankfurt_(temporarily_in_Weimar_Republic).svg *License*: unknown *Contributors*: User:Madden

**Datei:Flag of France.svg** *Source*: http://de.wikipedia.org/w/index.php?title=Datei:Flag_of_France.svg *License*: unknown *Contributors*: User:SKopp, User:SKopp, User:SKopp, User:SKopp, User:SKopp, User:SKopp

**Datei:Flag of the United Kingdom.svg** *Source*: http://de.wikipedia.org/w/index.php?title=Datei:Flag_of_the_United_Kingdom.svg *License*: unknown *Contributors*: User:Zscout370

**Datei:Flag of Italy.svg** *Source*: http://de.wikipedia.org/w/index.php?title=Datei:Flag_of_Italy.svg *License*: unknown *Contributors*: see below

**Datei:Flag of the People's Republic of China.svg** *Source*: http://de.wikipedia.org/w/index.php?title=Datei:Flag_of_the_People's_Republic_of_China.svg *License*: unknown *Contributors*: User:Denelson83, User:SKopp, User:Shizhao, User:Zscout370

**Datei:Flag of Hungary.svg** *Source*: http://de.wikipedia.org/w/index.php?title=Datei:Flag_of_Hungary.svg *License*: unknown *Contributors*: User:SKopp

**Datei:Flag of the Czech Republic.svg** *Source*: http://de.wikipedia.org/w/index.php?title=Datei:Flag_of_the_Czech_Republic.svg *License*: unknown *Contributors*: special commission (of code): SVG version by cs:-xfi-. Colors according to Appendix No. 3 of czech legal Act 3/1993. cs:Zirland.

**Datei:Flag of Nicaragua.svg** *Source*: http://de.wikipedia.org/w/index.php?title=Datei:Flag_of_Nicaragua.svg *License*: unknown *Contributors*: User:Nightstallion

**Datei:Flag_of_Poland.svg** *Source*: http://de.wikipedia.org/w/index.php?title=Datei:Flag_of_Poland.svg *License*: unknown *Contributors*: User:Mareklug, User:Wanted

**Datei:Flag of Japan.svg** *Source*: http://de.wikipedia.org/w/index.php?title=Datei:Flag_of_Japan.svg *License*: unknown *Contributors*: Various

**Datei:Flag of Egypt.svg** *Source*: http://de.wikipedia.org/w/index.php?title=Datei:Flag_of_Egypt.svg *License*: unknown *Contributors*: Open Clip Art

**Datei:Flag of Israel.svg** *Source*: http://de.wikipedia.org/w/index.php?title=Datei:Flag_of_Israel.svg *License*: unknown *Contributors*: "The Provisional Council of State Proclamation of the Flag of the State of Israel" of 25 Tishrei 5709 (28 October 1948) provides the official specification for the design of the Israeli flag. The color of the Magen David and the stripes of the Israeli flag is not precisely specified by the above legislation. The color depicted in the current version of the image is typical of flags used in Israel today, although individual flags can and do vary. The flag legislation officially specifies dimensions of 220 cm × 160 cm. However, the sizes of actual flags vary (although the aspect ratio is usually retained).

**Datei:Flag of Canada.svg** *Source*: http://de.wikipedia.org/w/index.php?title=Datei:Flag_of_Canada.svg *License*: unknown *Contributors*: User:E Pluribus Anthony, User:Mzajac

**Datei:Flag of Germany.svg** *Source*: http://de.wikipedia.org/w/index.php?title=Datei:Flag_of_Germany.svg *License*: unknown *Contributors*: User:Madden, User:SKopp

**Datei:Flag of the United Arab Emirates.svg** *Source*: http://de.wikipedia.org/w/index.php?title=Datei:Flag_of_the_United_Arab_Emirates.svg *License*: unknown *Contributors*: Anime Addict AA, Avala, Dbenbenn, Duduziq, F l a n k e r, Fry1989, Fukaumi, Gryffindor, Guanaco, Homo lupus, Kacir, Klemen Kocjancic, Krun, Madden, Neq00, Nightstallion, Piccadilly Circus, Pmsyyz, RamzyAbueita, Zscout370, 4 anonymous edits

**Datei:Frankfurt-SkyLine-737.jpg** *Source*: http://de.wikipedia.org/w/index.php?title=Datei:Frankfurt-SkyLine-737.jpg *License*: unknown *Contributors*: BlackIceNRW, Ecelan, L.Willms, MB-one, MichiK, My name, Wo st 01, 1 anonymous edits

**Datei:Bankenviertel Frankfurt.jpg** *Source*: http://de.wikipedia.org/w/index.php?title=Datei:Bankenviertel_Frankfurt.jpg *License*: unknown *Contributors*: User:Der Wolf im Wald

**Datei:Frankfurt Am Main-Neue Boerse von Suedosten-20120222.jpg** *Source*: http://de.wikipedia.org/w/index.php?title=Datei:Frankfurt_Am_Main-Neue_Boerse_von_Suedosten-20120222.jpg *License*: unknown *Contributors*: User:Mylius

**Datei:Twintowers of Deutsche Bank Headquarter in Frankfurt a.M..jpg** *Source*: http://de.wikipedia.org/w/index.php?title=Datei:Twintowers_of_Deutsche_Bank_Headquarter_in_Frankfurt_a.M..jpg *License*: unknown *Contributors*: User:JürgenMatern

**Datei:Frankfurt Am Main-Commerzbank Tower vom Rathenauplatz-20100808.jpg** *Source*: http://de.wikipedia.org/w/index.php?title=Datei:Frankfurt_Am_Main-Commerzbank_Tower_vom_Rathenauplatz-20100808.jpg *License*: unknown *Contributors*: User:Mylius

**Datei:Frankfurt Am Main-Westend Tower-Ansicht vom Maintower.jpg** *Source*: http://de.wikipedia.org/w/index.php?title=Datei:Frankfurt_Am_Main-Westend_Tower-Ansicht_vom_Maintower.jpg *License*: unknown *Contributors*: User:Mylius

**Datei:Panorama 34.JPG** *Source*: http://de.wikipedia.org/w/index.php?title=Datei:Panorama_34.JPG *License*: unknown *Contributors*: User:Robinson3048

**Datei:Frankfurt Am Main-Zeil-Ansicht vom Maintower am fruehen Abend-20110328.jpg** *Source*: http://de.wikipedia.org/w/index.php?title=Datei:Frankfurt_Am_Main-Zeil-Ansicht_vom_Maintower_am_fruehen_Abend-20110328.jpg *License*: unknown *Contributors*: User:Mylius

**Datei:Frankfurt am Main Messeturm.jpg** *Source*: http://de.wikipedia.org/w/index.php?title=Datei:Frankfurt_am_Main_Messeturm.jpg *License*: unknown *Contributors*: BLueFiSH.as, BlackIceNRW, Dontworry, Eli the Bearded, Melkom, NeverDoING, Quadell, Raymond, Ronaldino, Rüdiger Wölk, T.h.

**Datei:AirportFrankfurt fromair.jpg** *Source*: http://de.wikipedia.org/w/index.php?title=Datei:AirportFrankfurt_fromair.jpg *License*: unknown *Contributors*: Gerd A.T. Müller

**Datei:Frankfurt Main Hauptbahnhof 6229.jpg** *Source*: http://de.wikipedia.org/w/index.php?title=Datei:Frankfurt_Main_Hauptbahnhof_6229.jpg *License*: unknown *Contributors*: Jerry Fischer. Original uploader was Jerry Fischer at de.wikipedia

**Datei:Hauptbahnhof Frankfurt ICE3-NL 251-dLuh.jpg** *Source*: http://de.wikipedia.org/w/index.php?title=Datei:Hauptbahnhof_Frankfurt_ICE3-NL_251-dLuh.jpg *License*: unknown *Contributors*: User:Pedelecs

**Datei:Frankfurt am Main - Netzplan Schienennahverkehr.png** *Source*: http://de.wikipedia.org/w/index.php?title=Datei:Frankfurt_am_Main_-_Netzplan_Schienennahverkehr.png *License*: unknown *Contributors*: Maximilian Dörrbecker (Chumwa)

**Datei:ET 423 Taunusanlage.jpg** *Source*: http://de.wikipedia.org/w/index.php?title=Datei:ET_423_Taunusanlage.jpg *License*: unknown *Contributors*: BjørnN, BlackIceNRW, MdE, Melkom

**Datei:Heddernheim U5 603 erste Fahrt.jpg** *Source*: http://de.wikipedia.org/w/index.php?title=Datei:Heddernheim_U5_603_erste_Fahrt.jpg *License*: unknown *Contributors*: MdE, Melkom, Torben

**Datei:VGF S201 29.11.2005 Suedbahnhof.JPG** *Source*: http://de.wikipedia.org/w/index.php?title=Datei:VGF_S201_29.11.2005_Suedbahnhof.JPG *License*: unknown *Contributors*: BlackIceNRW, EvaK, LennartBolks, Melkom, Philipp Gross, T.h.

**Datei:European central bank euro frankfurt germany.jpg** *Source*: http://de.wikipedia.org/w/index.php?title=Datei:European_central_bank_euro_frankfurt_germany.jpg *License*: unknown *Contributors*: User:ArcCan

**Datei:IG Farben Gebaeude Uni Frankfurt.jpg** *Source*: http://de.wikipedia.org/w/index.php?title=Datei:IG_Farben_Gebaeude_Uni_Frankfurt.jpg *License*: unknown *Contributors*: User:EvaK

**Datei:Max-Planck-Institut für Biophysik.jpg** *Source*: http://de.wikipedia.org/w/index.php?title=Datei:Max-Planck-Institut_für_Biophysik.jpg *License*: unknown *Contributors*: BlackIceNRW, Torben

**Datei:Bundesarchiv Bild 183-46019-0001, Otto Hahn.jpg** *Source*: http://de.wikipedia.org/w/index.php?title=Datei:Bundesarchiv_Bild_183-46019-0001,_Otto_Hahn.jpg *License*: unknown *Contributors*: A1B2C3D4, Bushmillsmccallan, Ephraim33

**Datei:Frankfurt Am Main-Paulskirche-Ansicht vom Maintower.jpg** *Source*: http://de.wikipedia.org/w/index.php?title=Datei:Frankfurt_Am_Main-Paulskirche-Ansicht_vom_Maintower.jpg *License*: unknown *Contributors*: User:Mylius

**Datei:Mk Frankfurt Dom Engel.jpg** *Source*: http://de.wikipedia.org/w/index.php?title=Datei:Mk_Frankfurt_Dom_Engel.jpg *License*: unknown *Contributors*: user:Magadan

**Datei:Gerechtigkeitsbrunnen-ffm001a.jpg** *Source*: http://de.wikipedia.org/w/index.php?title=Datei:Gerechtigkeitsbrunnen-ffm001a.jpg *License*: unknown *Contributors*: User:Dontworry

**Datei:Dom-ffm012.jpg** *Source*: http://de.wikipedia.org/w/index.php?title=Datei:Dom-ffm012.jpg *License*: unknown *Contributors*: User:Dontworry

**Datei:Frankfurter Mainbruecken.jpg** *Source*: http://de.wikipedia.org/w/index.php?title=Datei:Frankfurter_Mainbruecken.jpg *License*: unknown *Contributors*: EvaK

**Datei:Frankfurt Am Main-Leonhardskirche-Ansicht vom Eisernen Steg-Gegenwart.jpg** *Source*: http://de.wikipedia.org/w/index.php?title=Datei:Frankfurt_Am_Main-Leonhardskirche-Ansicht_vom_Eisernen_Steg-Gegenwart.jpg *License*: unknown *Contributors*: User:Mylius

**Datei:The Squaire 2011-07-11.jpg** *Source*: http://de.wikipedia.org/w/index.php?title=Datei:The_Squaire_2011-07-11.jpg *License*: unknown *Contributors*: User:Lostinbass

**Datei:Cityscape Frankfurt 2010-2.jpg** *Source*: http://de.wikipedia.org/w/index.php?title=Datei:Cityscape_Frankfurt_2010-2.jpg *License*: unknown *Contributors*: User:36ophiuchi

**Datei:Frankfurt Am Main-Schweizer Strasse-Ansicht vom Maintower-20110328.jpg** *Source*: http://de.wikipedia.org/w/index.php?title=Datei:Frankfurt_Am_Main-Schweizer_Strasse-Ansicht_vom_Maintower-20110328.jpg *License*: unknown *Contributors*: User:Mylius

**Datei:Dreikönigskirche Sachsenhausen.jpg** *Source*: http://de.wikipedia.org/w/index.php?title=Datei:Dreikönigskirche_Sachsenhausen.jpg *License*: unknown *Contributors*: BlackIceNRW, Melkom, T.h., Torben, 1 anonymous edits

**Datei:Henninger-turm-ffm002 crop.jpg** *Source*: http://de.wikipedia.org/w/index.php?title=Datei:Henninger-turm-ffm002_crop.jpg *License*: unknown *Contributors*: User:Der Wolf im Wald, User:Dontworry

**Datei:Frankfurt hbf 01.jpg** *Source*: http://de.wikipedia.org/w/index.php?title=Datei:Frankfurt_hbf_01.jpg *License*: unknown *Contributors*: BlackIceNRW, Maksim, Melkom, Rüdiger Wölk, T.h., 1 anonymous edits

**Datei:Mk Frankfurt Kaiserstraße 2.jpg** *Source*: http://de.wikipedia.org/w/index.php?title=Datei:Mk_Frankfurt_Kaiserstraße_2.jpg *License*: unknown *Contributors*: Dontworry, Magadan

**Datei:FrankfurtM Staedel.jpg** *Source*: http://de.wikipedia.org/w/index.php?title=Datei:FrankfurtM_Staedel.jpg *License*: unknown *Contributors*: User:Fb78

**Datei:Frankfurt Am Main-Senckenberg Naturmuseum von Osten-20120325.jpg** *Source*: http://de.wikipedia.org/w/index.php?title=Datei:Frankfurt_Am_Main-Senckenberg_Naturmuseum_von_Osten-20120325.jpg *License*: unknown *Contributors*: User:Mylius

**Datei:Liebieghaus.jpg** *Source*: http://de.wikipedia.org/w/index.php?title=Datei:Liebieghaus.jpg *License*: unknown *Contributors*: User:Popie

**Datei:C- D- F-Triebwagen Schwanheim 01052009.JPG** *Source*: http://de.wikipedia.org/w/index.php?title=Datei:C-_D-_F-Triebwagen_Schwanheim_01052009.JPG *License*: unknown *Contributors*: Jürgen Heegmann (juergen.heegmann@web.de)

**Datei:Frankfurt Am Main-Steinernes-Haus von Suedosten-20110705.jpg** *Source*: http://de.wikipedia.org/w/index.php?title=Datei:Frankfurt_Am_Main-Steinernes-Haus_von_Suedosten-20110705.jpg *License*: unknown *Contributors*: User:Mylius

**Datei:Festhalle-32.jpg** *Source*: http://de.wikipedia.org/w/index.php?title=Datei:Festhalle-32.jpg *License*: unknown *Contributors*: Gizmo23

**Datei:Alteoper ffm.jpg** *Source*: http://de.wikipedia.org/w/index.php?title=Datei:Alteoper_ffm.jpg *License*: unknown *Contributors*: Alexander Glanz ()

**Datei:Buehnen-ffm002.jpg** *Source*: http://de.wikipedia.org/w/index.php?title=Datei:Buehnen-ffm002.jpg *License*: unknown *Contributors*: User:Dontworry

**Datei:The English Theatre Ffm DSC 0808.jpg** *Source*: http://de.wikipedia.org/w/index.php?title=Datei:The_English_Theatre_Ffm_DSC_0808.jpg *License*: unknown *Contributors*: User:EvaK

**Datei:Frankfurter Buchmesse 2011 logo.svg** *Source*: http://de.wikipedia.org/w/index.php?title=Datei:Frankfurter_Buchmesse_2011_logo.svg *License*: unknown *Contributors*: Benutzer:Marsupilami

**Datei:Batschkapp-ffm002.jpg** *Source*: http://de.wikipedia.org/w/index.php?title=Datei:Batschkapp-ffm002.jpg *License*: unknown *Contributors*: User:Dontworry

**Datei:Luftbild Ffm 2005-08-11.jpg** *Source*: http://de.wikipedia.org/w/index.php?title=Datei:Luftbild_Ffm_2005-08-11.jpg *License*: unknown *Contributors*: User:Heidas

**Datei:Chasechallenge2007-ffm005.jpg** *Source*: http://de.wikipedia.org/w/index.php?title=Datei:Chasechallenge2007-ffm005.jpg *License*: unknown *Contributors*: User:Dontworry

**Datei:Henninger Turm-2005-Finale-450m vor Ziel.jpg** *Source*: http://de.wikipedia.org/w/index.php?title=Datei:Henninger_Turm-2005-Finale-450m_vor_Ziel.jpg *License*: unknown *Contributors*: User:Heidas

**Datei:Frankfurt-Waeldchestag.jpg** *Source*: http://de.wikipedia.org/w/index.php?title=Datei:Frankfurt-Waeldchestag.jpg *License*: unknown *Contributors*: BlackIceNRW, EvaK, Factumquintus, Freddo, Maksim, Melkom, Rüdiger Wölk, T.h.

**Datei:Museumsuferfest 2005 - Riesenrad.jpg** *Source*: http://de.wikipedia.org/w/index.php?title=Datei:Museumsuferfest_2005_-_Riesenrad.jpg *License*: unknown *Contributors*: BlackIceNRW, Melkom, Rüdiger Wölk, Sebastian Wallroth, T.h.

**Datei:Wolkenkratzer-fest-ffm001.jpg** *Source*: http://de.wikipedia.org/w/index.php?title=Datei:Wolkenkratzer-fest-ffm001.jpg *License*: unknown *Contributors*: User:Dontworry

**Datei:Weihnachtsmarkt Ffm Roemerberg DSC 6431.jpg** *Source*: http://de.wikipedia.org/w/index.php?title=Datei:Weihnachtsmarkt_Ffm_Roemerberg_DSC_6431.jpg *License*: unknown *Contributors*: User:EvaK

**Datei:Riesenrad Dippemess Frankfurt.jpg** *Source*: http://de.wikipedia.org/w/index.php?title=Datei:Riesenrad_Dippemess_Frankfurt.jpg *License*: unknown *Contributors*: BlackIceNRW, Melkom, Urmelbeauftragter

**Datei:Offenbach Mainbogen.jpg** *Source*: http://de.wikipedia.org/w/index.php?title=Datei:Offenbach_Mainbogen.jpg *License*: unknown *Contributors*: User:Diba

**Datei:Goethe (Stieler 1828).jpg** *Source*: http://de.wikipedia.org/w/index.php?title=Datei:Goethe_(Stieler_1828).jpg *License*: unknown *Contributors*: Cybershot800i, Darldarl, Hajotthu, Haunschmid, Ies, L.Kenzel, Shakko, Slomox, Thuresson, 2 anonymous edits

**Datei:2010-05-27 A380 LH D-AIMA 06.jpg** *Source*: http://de.wikipedia.org/w/index.php?title=Datei:2010-05-27_A380_LH_D-AIMA_06.jpg *License*: unknown *Contributors*: BlackIceNRW, Robert Weemeyer, Wo st 01

**Datei:Portal.svg** *Source*: http://de.wikipedia.org/w/index.php?title=Datei:Portal.svg *License*: unknown *Contributors*: User:Bitplane, User:Pepetps

**Datei:Qsicon Exzellent.svg** *Source*: http://de.wikipedia.org/w/index.php?title=Datei:Qsicon_Exzellent.svg *License*: unknown *Contributors*: User:Niabot

**Datei:Microsoft.svg** *Source*: http://de.wikipedia.org/w/index.php?title=Datei:Microsoft.svg *License*: unknown *Contributors*: Microsoft Corporation

**Datei:Microsoft building 17 front door.jpg** *Source*: http://de.wikipedia.org/w/index.php?title=Datei:Microsoft_building_17_front_door.jpg *License*: unknown *Contributors*: User:Dcoetzee

**Datei:Microsoft Office 2013.svg** *Source*: http://de.wikipedia.org/w/index.php?title=Datei:Microsoft_Office_2013.svg *License*: unknown *Contributors*: Original work: Microsoft Corporation This SVG version: AxG at English Wikipedia

**Datei:Windows 8 Startbildschirm.png** *Source*: http://de.wikipedia.org/w/index.php?title=Datei:Windows_8_Startbildschirm.png *License*: unknown *Contributors*: User:Alchemist-hp

**Datei:Microsoft Mediaroom Logo.svg** *Source*: http://de.wikipedia.org/w/index.php?title=Datei:Microsoft_Mediaroom_Logo.svg *License*: unknown *Contributors*: Chris828

**Datei:Microsoft Press Logo.svg** *Source*: http://de.wikipedia.org/w/index.php?title=Datei:Microsoft_Press_Logo.svg *License*: unknown *Contributors*: . Original uploader was Fornax at de.wikipedia

**Datei:Altes_Microsoft-Logo.svg** *Source*: http://de.wikipedia.org/w/index.php?title=Datei:Altes_Microsoft-Logo.svg *License*: unknown *Contributors*: Frank Murmann, Umherirrender

**Datei:Bill Gates talking 2004.jpg** *Source*: http://de.wikipedia.org/w/index.php?title=Datei:Bill_Gates_talking_2004.jpg *License*: unknown *Contributors*: Kees de Vos from The Hague, The Netherlands

**Datei:Microsoft Logo Historical.svg** *Source*: http://de.wikipedia.org/w/index.php?title=Datei:Microsoft_Logo_Historical.svg *License*: unknown *Contributors*: Original uploader was Richard Abendroth at de.wikipedia

**Datei:Microsoft - Where do you want to go today.svg** *Source*: http://de.wikipedia.org/w/index.php?title=Datei:Microsoft_-_Where_do_you_want_to_go_today.svg *License*: unknown *Contributors*: Original uploader was -Majestic- at en.wikipedia

**Datei:Microsoft logo & slogan.svg** *Source*: http://de.wikipedia.org/w/index.php?title=Datei:Microsoft_logo_&_slogan.svg *License*: unknown *Contributors*: Me

**Datei:The Microsoft logo & slogan.png** *Source*: http://de.wikipedia.org/w/index.php?title=Datei:The_Microsoft_logo_&_slogan.png *License*: unknown *Contributors*: Microsoft Corporation ( 1) "The Microsoft logo is a registered trademark of Microsoft Corporation in the United States and/or other countries." Original uploader was -Majestic- at en.wikipedia

**Datei:Microsoft_Logo_Historical.svg** *Source*: http://de.wikipedia.org/w/index.php?title=Datei:Microsoft_Logo_Historical.svg *License*: unknown *Contributors*: Original uploader was Richard Abendroth at de.wikipedia

**Datei:Microsoft wordmark.svg** *Source*: http://de.wikipedia.org/w/index.php?title=Datei:Microsoft_wordmark.svg *License*: unknown *Contributors*: Microsoft Corporation

**Datei:Rheinauhafen - Microsoft - Marinaseite (1783-85).jpg** *Source*: http://de.wikipedia.org/w/index.php?title=Datei:Rheinauhafen_-_Microsoft_-_Marinaseite_(1783-85).jpg *License*: unknown *Contributors*: User:Raymond

**Datei:ProSiebenSat1.svg** *Source*: http://de.wikipedia.org/w/index.php?title=Datei:ProSiebenSat1.svg *License*: unknown *Contributors*: Benutzer:Blaupause

**Datei:KirchMedia-Orga.svg** *Source*: http://de.wikipedia.org/w/index.php?title=Datei:KirchMedia-Orga.svg *License*: unknown *Contributors*: Benutzer:Lobservateur

**Datei:Panorama ProSiebenSat.1 Media Unterföhring DE.jpeg** *Source*: http://de.wikipedia.org/w/index.php?title=Datei:Panorama_ProSiebenSat.1_Media_Unterföhring_DE.jpeg *License*: unknown *Contributors*: -

**Datei:Detail ProSiebenSat.1 Media Unterföhring DE.jpeg** *Source*: http://de.wikipedia.org/w/index.php?title=Datei:Detail_ProSiebenSat.1_Media_Unterföhring_DE.jpeg *License*: unknown *Contributors*: -

**Datei:Entrance ProSiebenSat.1 Media Unterföhring DE.jpeg** *Source*: http://de.wikipedia.org/w/index.php?title=Datei:Entrance_ProSiebenSat.1_Media_Unterföhring_DE.jpeg *License*: unknown *Contributors*: -

**Datei:Signboard ProSiebenSat.1 TV Deutschland Unterföhring DE.jpeg** *Source*: http://de.wikipedia.org/w/index.php?title=Datei:Signboard_ProSiebenSat.1_TV_Deutschland_Unterföhring_DE.jpeg *License*: unknown *Contributors*: -

**Datei:Detail ProSiebenSat.1 TV Deutschland Unterföhring DE.jpeg** *Source*: http://de.wikipedia.org/w/index.php?title=Datei:Detail_ProSiebenSat.1_TV_Deutschland_Unterföhring_DE.jpeg *License*: unknown *Contributors*: -

**Datei:Logo ProSiebenSat.1 TV Deutschland.jpg** *Source*: http://de.wikipedia.org/w/index.php?title=Datei:Logo_ProSiebenSat.1_TV_Deutschland.jpg *License*: unknown *Contributors*: 12chris34, கலைப்பகை

**Datei:Logo-der spiegel.svg** *Source*: http://de.wikipedia.org/w/index.php?title=Datei:Logo-der_spiegel.svg *License*: unknown *Contributors*: Chaddy, Fkjt79, Matthias M., Tam, Wikifreund

**Datei:Hamburg.Spiegel.Nordwest.wmt.JPG** *Source*: http://de.wikipedia.org/w/index.php?title=Datei:Hamburg.Spiegel.Nordwest.wmt.JPG *License*: unknown *Contributors*: User:Wmeinhart

**Datei:Hamburg Der Spiegel Verlagshaus 01 KMJ.jpg** *Source*: http://de.wikipedia.org/w/index.php?title=Datei:Hamburg_Der_Spiegel_Verlagshaus_01_KMJ.jpg *License*: unknown *Contributors*: User:KMJ

**Datei:Condoleezza Rice, Stefan Aust, Gerhard Sporl, Georg Mascolo and Ralf Beste 2007.jpg** *Source*: http://de.wikipedia.org/w/index.php?title=Datei:Condoleezza_Rice,_Stefan_Aust,_Gerhard_Sporl,_Georg_Mascolo_and_Ralf_Beste_2007.jpg *License*: unknown *Contributors*: State Department photo by John Self.

**Datei:Spiegel Wiki.jpg** *Source*: http://de.wikipedia.org/w/index.php?title=Datei:Spiegel_Wiki.jpg *License*: unknown *Contributors*: User:Dennis Siebert

**Datei:Tomorrow Focus 20xx logo.svg** *Source*: http://de.wikipedia.org/w/index.php?title=Datei:Tomorrow_Focus_20xx_logo.svg *License*: unknown *Contributors*: Benutzer:Marsupilami

**Datei:Yahoo Logo.svg** *Source*: http://de.wikipedia.org/w/index.php?title=Datei:Yahoo_Logo.svg *License*: unknown *Contributors*: Yahoo!

**Datei:Yahoo Headquarters.jpg** *Source*: http://de.wikipedia.org/w/index.php?title=Datei:Yahoo_Headquarters.jpg *License*: unknown *Contributors*: Coolcaesar

**Datei:Deutsche Telekom.svg** *Source*: http://de.wikipedia.org/w/index.php?title=Datei:Deutsche_Telekom.svg *License*: unknown *Contributors*: Gr1st at en.wikipedia

**Datei:Bonn_DTAG2.jpg** *Source*: http://de.wikipedia.org/w/index.php?title=Datei:Bonn_DTAG2.jpg *License*: unknown *Contributors*: User:Qualle

**Datei:Deutsche Telekom world locations.PNG** *Source*: http://de.wikipedia.org/w/index.php?title=Datei:Deutsche_Telekom_world_locations.PNG *License*: unknown *Contributors*: User:Brejnev

**Datei:T-com-logo.svg** *Source*: http://de.wikipedia.org/w/index.php?title=Datei:T-com-logo.svg *License*: unknown *Contributors*: Deutsche Telekom

**Datei:Telekom ungarn.jpg** *Source*: http://de.wikipedia.org/w/index.php?title=Datei:Telekom_ungarn.jpg *License*: unknown *Contributors*: User:Druckwelle

**Datei:Telekomschild2005.jpg** *Source*: http://de.wikipedia.org/w/index.php?title=Datei:Telekomschild2005.jpg *License*: unknown *Contributors*: Benutzer:Topfklao, Benutzer:Topfklao/Fotosammlung

**Datei:T-Digit-Ffm.jpg** *Source*: http://de.wikipedia.org/w/index.php?title=Datei:T-Digit-Ffm.jpg *License*: unknown *Contributors*: User:Heidas

**Datei:Logo Telekom DPB.svg** *Source*: http://de.wikipedia.org/w/index.php?title=Datei:Logo_Telekom_DPB.svg *License*: unknown *Contributors*: Augenblikk

**File:Telefonica Logo.svg** *Source*: http://de.wikipedia.org/w/index.php?title=Datei:Telefonica_Logo.svg *License*: unknown *Contributors*: Telefónica; Logo selber erstellt mit Inkscape. John-vogel at de.wikipedia

**Datei:Viag Interkom Logo.svg** *Source*: http://de.wikipedia.org/w/index.php?title=Datei:Viag_Interkom_Logo.svg *License*: unknown *Contributors*: Brackenheim, John-vogel

**Datei:O2-Logo.svg** *Source*: http://de.wikipedia.org/w/index.php?title=Datei:O2-Logo.svg *License*: unknown *Contributors*:

**Datei:Uptown Munich 1.jpg** *Source*: http://de.wikipedia.org/w/index.php?title=Datei:Uptown_Munich_1.jpg *License*: unknown *Contributors*: Stromschnellenreiter

**Datei:O2 Genion Homezone Logo.svg** *Source*: http://de.wikipedia.org/w/index.php?title=Datei:O2_Genion_Homezone_Logo.svg *License*: unknown *Contributors*: John-vogel

**Datei:Fonic.svg** *Source*: http://de.wikipedia.org/w/index.php?title=Datei:Fonic.svg *License*: unknown *Contributors*: Benutzer:Wuzur

**Datei:Alice Logo.svg** *Source*: http://de.wikipedia.org/w/index.php?title=Datei:Alice_Logo.svg *License*: unknown *Contributors*: -jha-, Afrank99, Bjs, Sa-se

**Datei:O2dsl.jpg** *Source*: http://de.wikipedia.org/w/index.php?title=Datei:O2dsl.jpg *License*: unknown *Contributors*: John-vogel, Marsupilami, PsY.cHo

**Datei:Geschaeftsentwicklung Telefonica Germany.jpg** *Source*: http://de.wikipedia.org/w/index.php?title=Datei:Geschaeftsentwicklung_Telefonica_Germany.jpg *License*: unknown *Contributors*: Benutzer:John-vogel

**Datei:O2 World Berlin.JPG** *Source*: http://de.wikipedia.org/w/index.php?title=Datei:O2_World_Berlin.JPG *License*: unknown *Contributors*: User:Times

**Datei:Vodafone.svg** *Source*: http://de.wikipedia.org/w/index.php?title=Datei:Vodafone.svg *License*: unknown *Contributors*: Pablodiego15, Saibo, Varnent

**File:Düsseldorf-Lörick Vodafone Zentrale.JPG** *Source*: http://de.wikipedia.org/w/index.php?title=Datei:Düsseldorf-Lörick_Vodafone_Zentrale.JPG *License*: unknown *Contributors*: User:Marek Gehrmann

**Datei:Vodafone Zentrale Düsseldorf.jpg** *Source*: http://de.wikipedia.org/w/index.php?title=Datei:Vodafone_Zentrale_Düsseldorf.jpg *License*: unknown *Contributors*: User:Raymond

**Datei:Logo D2mannesmann.jpg** *Source*: http://de.wikipedia.org/w/index.php?title=Datei:Logo_D2mannesmann.jpg *License*: unknown *Contributors*: Chaddy, GrößterZwergDerWelt, Markus Schulenburg

**Datei:D2 Privat.svg** *Source*: http://de.wikipedia.org/w/index.php?title=Datei:D2_Privat.svg *License*: unknown *Contributors*: Benutzer:Johnny S.

**Datei:D2 mannesmann.svg** *Source*: http://de.wikipedia.org/w/index.php?title=Datei:D2_mannesmann.svg *License*: unknown *Contributors*: Benutzer:Johnny S.

**Datei:D2 vodafone.svg** *Source*: http://de.wikipedia.org/w/index.php?title=Datei:D2_vodafone.svg *License*: unknown *Contributors*: Benutzer:Johnny S.

**Datei:Vodafone (2002-2006).svg** *Source*: http://de.wikipedia.org/w/index.php?title=Datei:Vodafone_(2002-2006).svg *License*: unknown *Contributors*: Benutzer:Johnny S.

**Bild:AGCW-Logo.gif** *Source*: http://de.wikipedia.org/w/index.php?title=Datei:AGCW-Logo.gif *License*: unknown *Contributors*: Akkakk, Chaddy, Zwengelmann

MIX
Papier aus verantwortungsvollen Quellen
Paper from responsible sources
FSC® C105338

Printed by Books on Demand GmbH, Norderstedt / Germany